Ullstein

D1668254

ÜBER DAS BUCH:

Der Prozeß der Evolution verlief nicht friedlich, wie viele Untersuchungen es uns glaubhaft machen wollen. Gebirge stiegen aus Ebenen hervor, Eruptivgestein überflutete enorme Landflächen mit kilometermächtigen Schichten. Die Gesteine der Erde sind voller Überreste ausgelöschter Lebewesen in der Haltung ihres Todeskampfes. Unser Planet: ein riesiger Friedhof, Teil eines Universums, in dem tödliche Strahlung herrscht, das durchrast wird von Fragmenten zertrümmerter Himmelskörper. Der Bestsellerautor Immanuel Velikovsky analysiert all diese naturwissenschaftlich anerkannten Fakten auf neue und spannende Weise und führt dem Leser die Erde als einen Planeten des Aufruhrs vor Augen.

DER AUTOR:

Immanuel Velikovsky, Jahrgang 1895, studierte Medizin, Alte Geschichte und Altphilologie. Er begründete die wissenschaftliche Monographienreihe »Scripta Universitatis«. Später studierte er bei Wilhelm Stekel, dem ersten Schüler Freuds, Psychoanalyse. Velikovsky starb 1979 in Princeton, New Jersey.

Weitere Veröffentlichungen:
Ramses II. und seine Zeit (1983); *Die Seevölker* (1983); *Das kollektive Vergessen* (1987); *Welten im Zusammenstoß* (1994).

Immanuel Velikovsky

Erde im Aufruhr

Das kosmische Drama der Evolution

Ullstein

Phantastische Phänomene
Ullstein Buch Nr. 35438
im Verlag Ullstein GmbH,
Frankfurt/M. – Berlin
Die Originalausgabe erschien
unter dem Titel:
Earth in Upheaval
Aus dem Amerikanischen
von Christoph Marx

Neuauflage von UB 34125
Mit zahlreichen Abbildungen

Umschlagentwurf:
Vera Bauer
Unter Verwendung einer Abbildung von
Stock Imagery/Bavaria

Die Originalausgabe erschien bei Doubleday
& Company, Garden City, New York
Die Taschenbuchausgabe erscheint mit
Genehmigung des Umschau Verlags,
Frankfurt/M.

Printed in Germany 1994
Gesamtherstellung:
Ebner Ulm
ISBN 3 548 35438 6

Oktober 1994
Gedruckt auf alterungs-
beständigem Papier mit
chlorfrei gebleichtem Zellstoff

Vom selben Autor
in der Reihe
der Ullstein Bücher:

Das kollektive Vergessen (34393)
Ramses II. und seine Zeit (34145)
Die Seevölker (34139)
Welten im Zusammenstoß (35407)

Die Deutsche Bibliothek –
CIP-Einheitsaufnahme

Velikovsky, Immanuel:
Erde im Aufruhr / Immanuel Velikovsky.
[Aus d. Amerikan. von Christoph Marx]. –
Neuaufl. von UB 34126. – Frankfurt/M ;
Berlin : Ullstein, 1994
(Ullstein-Buch ; Nr. 35438 :
Ullstein-Sachbuch)
Einheitssacht.: Earth in upheaval <dt.>
ISBN 3-548-35438-6
NE: GT

INHALT

Danksagung

Die Arbeit an *Erde im Aufruhr* wurde mir durch eine Anzahl von Wissenschaftlern in dankenswerter Weise erleichtert.

Professor Walter S. Adams, der langjährige Direktor des Mount-Wilson-Observatoriums, versah mich mit allen Informationen und Unterweisungen, um die ich ihn – als hervorragende Autorität auf diesem Gebiet –, was die atmosphärischen Bedingungen auf den Planeten angeht, bat. Anläßlich meines Besuches im Sonnenobservatorium von Pasadena, Kalifornien, und in unserer Korrespondenz zeigte er sich im besten wissenschaftlichen Geiste zur Zusammenarbeit bereit.

Dr. Albert Einstein schenkte mir im Verlauf der letzten 18 Monate seines Lebens (November 1953 bis April 1955) reichlich von seiner Zeit und seinen Gedanken. Er las eine Reihe meiner Manuskripte und versah sie mit Randbemerkungen. Aus *Erde im Aufruhr* las er Kapitel 8 und 12; er kommentierte sie wie auch weitere Ausführungen mit handschriftlichen Notizen und verbrachte nicht wenige Nachmittage und Abende, oft bis Mitternacht, um mit mir die Implikationen meiner Theorien zu diskutieren. In den letzten Wochen seines Lebens las er nochmals *Welten im Zusammenstoß* und beschäftigte sich auch mit drei Ordnern, gefüllt mit »Memoiren« über dieses Buch und seine Aufnahme, wobei er seine Gedanken schriftlich niederlegte. Wir begannen an einander diametral gegenüberliegenden Punkten; der Umfang unserer Meinungsverschiedenheiten, wie er sich in unserer Korrespondenz widerspiegelt, verkleinerte sich zusehends, und obwohl im Zeitpunkt seines Todes (unser letztes Treffen fand 9 Tage vor seinem Ableben statt) noch klar definierte Widersprüche verblieben, zeigte sein damaliger Standpunkt deutlich die Entwicklung seiner Auffassung in den zurückliegenden 18 Monaten.

Professor Waldo S. Glock, Vorsteher der Geologischen Abteilung am Macalester College von St. Paul, Minnesota, und anerkannte Fachautorität für Dendrochronologie (Datierung von Baumringen), erforschte mit seinen Schülern die Literatur über Baumringe früher Zeitalter und beantwortete mir auch Fragen auf diesem Gebiet.

Dr. H. Manley vom Imperial College in London, Professor P. L. Mercanton von der Universität Lausanne und Professor E. Thellier vom Observatoire Géophysique der Universität Paris schenkten mir freizügig aus ihrem Wissen auf dem Gebiet des Erdmagnetismus und übergaben mir Nachdrucke ihrer Arbeiten.

Professor Lloyd Motz vom Department of Astronomy an der Columbia-Universität, New York, überprüfte und kommentierte unermüdlich verschiedene Probleme des Elektromagnetismus und der Himmelsmechanik, die ich ihm zur Diskussion vorlegte.

Dr. T. E. Nikulins, Geologe in Caracas, Venezuela, lenkte meine Aufmerksamkeit verschiedentlich auf eine Reihe wissenschaftlicher Veröffentlichungen, die mir von Nutzen sein konnten; er versorgte mich mit den Quellen, welche die Entdeckung der Stein- und Bronzezeitalter in Nordostsibirien behandeln.

Professor George McCready Price, Geologe in Kalifornien, las einen frühen Entwurf zu verschiedenen Kapiteln dieses Buches. Zwischen dem damals schon über achtzigjährigen Autor einer Reihe geologischer Werke aus fundamentalistischer Sicht und mir selbst gibt es ebensoviel Punkte der Übereinstimmung wie auch des Widerspruchs. Der Hauptpunkt unter den letzteren ist die von mir in den abschließenden Kapiteln dieses Buches (»Vernichtung« und »Kataklystische Evolution«) vorgeschlagene radikale Lösung für die im wissenschaftlichen Zeitalter noch nie beobachtete Entstehung neuer Arten, die Price den Nachweis gegen die Evolution überhaupt liefert.

Bei Professor Richardson vom Illinois Institute of Technology verbrachte ich mehrere Tage, um einige physikalische und geophysikalische Probleme zu diskutieren.

Mit niemandem teile ich die Verantwortung für mein Werk; allen, die mir ihre Hilfe anboten, während die Stimmung in Gelehrtenkreisen allgemein mit Animosität belastet war, drücke ich hier meine Dankbarkeit aus.

Vorwort zur Neuauflage

Über 20 Jahre sind es her, seit dieses Buch erstmals die Druckerschwärze und das Licht im Fenster einer Buchhandlung sah. In den dazwischenliegenden Jahren lief die Uhr der enträtselnden Wissenschaften immer schneller, und der Einbruch des Menschen in die Mysterien des Raumes verbreitete eine Aura der Offenbarung.

Das Antlitz der Erde und des Sonnensystems, das Gesicht unserer Galaxie und des dahinter liegenden Universums wechselten vom Heiteren-Sanften zum Kampfdröhnenden-Konvulsiven. Die Erde ist kein Ort für friedliche Evolution während ungezählter oder in Jahrmilliarden zu zählender Äonen, mit im Tertiär schon fertig errichteten Bergen, mit keinem größeren Ereignis im Verlauf von Millionen Jahren aus dem Fall eines großen Meteoriten, mit einer vorgeschriebenen Umlaufbahn, gleichbleibendem Kalender, unveränderlichen Breiten, mit langsam und mit der Präzision einer Apothekerwaage sich akkumulierenden Sedimenten, mit einigen wenigen noch ungelösten, aber im selben Rahmen des Sonnensystems gewiß noch zu lösenden Rätseln, mit Planeten auf ihren permanenten Bahnen und mit Satelliten, die sich exakter als ein Uhrwerk bewegen, mit rechtzeitig sich einstellenden Gezeiten und Jahreszeiten in korrekter Folge, eine perfekte Bühne für den Wettstreit der Arten; wo Spinne und Wurm und Fisch und Vogel und Säugetier entstanden einzig durch den Existenzkampf unter Individuen und zwischen den Arten, aus dem allen gemeinsamen Ahnen, einem einzelligen belebten Wesen.

Über den Menschen kam ein rauhes Erwachen aus einem so glückseligen und paradiesischen Traum. Während er sich vor noch nicht allzu ferner Zeit vorwarf, in einer friedvollen Natur ein kriegerischer Unruhestifter zu sein, fand er sich nur als Imitator einer aggressiven und explosiven Natur; während er die Vision derartiger Konvulsionen in das Reich transzendenter und esoterischer

Überzeugungen verbannte – von Satan und Luzifer und dem Weltenende –, erwachte er, um reale Zeichen der furchteinflößenden Vergangenheit unserer Mutter Erde vorzufinden: Asche außerirdischen Ursprungs, welche den Boden ihrer Meere überdeckt, eine die Ozeane umfassende, von einem tiefen Cañon gespaltene Gebirgskette als Zeugnis einer enormen Kraft, in deren Umarmung die Erde erschüttert, ihre Pole wiederholt vertauscht und auch verschoben wurden; er fand die kleine Schwester dieses Zweiplanetensystems, den Mond, nicht mehr als liebenswerte Leuchte unserer Nächte, sondern als die Szene eines Infernos, eine geschändete Welt ohne jeden Rest von Leben, die Oberfläche zerstört, zerschmettert, geschmolzen und mit Blasen übersät – kein neues Bild zwar, aber in seiner Bedeutung für die Erde nicht erkannt. Unser glorioses Tagesgestirn schickt Plasmazungen aus, um seine Planeten zu belecken, die sich vor solchen Liebesbekundungen durch das Ausbreiten und Härten ihrer magnetischen Schilde schützen. Planeten senden Radiosignale aus, die von den Qualen ihrer anorganischen Seelen berichten, und Strahlung kommt von kollidierenden Galaxien, und das sanfte Universum ist nichts weiter als ein teilweise von tödlicher Strahlung, von Fragmenten zertrümmerter Himmelskörper und von aus allen Richtungen kommenden Gefahrensignalen durchquerter Raum, in welchem der einzige Friede der Überzeugung entstammt, daß uns, das Juwel der Schöpfung, keine größere Unannehmlichkeit treffen kann – ganz gewiß nicht durch den Willen einer Gottheit der Liebe, und auch nicht laut Verfügung einer allwissenden Wissenschaft.

Berücksichtigt man, daß dieses Sonnensystem soeben den Schlachten entkam, die von unseren Vorfahren Theomachie – Kampf der Götter – genannt wurden, so besteht gute Aussicht, daß es im Vergleich zur menschlichen Lebensdauer für lange Zeit einen stabilen Zustand erreicht hat; und günstig ist auch die Aussicht, wenn man bedenkt, daß fast für jedes Übel eine Panazee bereitgestellt wurde – durch eine schützende höchste Intelligenz? –, so daß die zerstörenden ultravioletten Wellen und andere derartige Strahlungen von der Ionosphäre zurückgehalten werden, und daß die kosmische Strahlung durch das Magnetfeld unter Kontrolle gehalten wird, und daß dieses Feld durch die Rotation der

Erde entsteht, und daß die Erde ihre Eigendrehung beibehält; und obwohl sie nicht im Zentrum des Universums steht, wie der Mensch vor nur zwölf Generationen noch annahm, so befindet sie sich doch am optimalen Platz – in einer Entfernung von der Sonne, die den gerade richtigen Wärmeeinfall sichert, so daß ihr Hauptwasservorrat weder in verdampftem noch gefrorenem Zustand bleibt und so, daß Wasser- und Luftversorgung gerade richtig sind für das Leben. Unter derart optimalen Bedingungen erfreuen sich die Lebensformen, die in den Paroxysmen der Natur entstanden sind, eines weiteren Zeitalters des Wachstums und der Fülle – und der Mensch, der Eroberer der Natur, die ihn hervorbrachte, greift nach dem Raum, der ihn immer auf seinen heimatlichen Felsen beschränkt hat, und spielt – ein Opfer der Amnesie in bezug auf seine eigene jüngste Vergangenheit – gefährliche Spiele mit dem Atom, das er aufknacken konnte: moralisch auf einer nicht viel höheren Stufe stehend als sein Ahnherr, der aus einem Stein einen Funken schlug und damit das Feuer entzündete.

Vorwort zur amerikanischen Originalausgabe

Erde im Aufruhr ist ein Buch über die großen Drangsale, welchen der Planet, auf dem wir reisen, in vorgeschichtlichen und historischen Zeiten ausgesetzt war. Die Seiten dieses Buches sind Übertragungen der Berichte stummer Zeugen, der Gesteine, in der Verhandlung über dic Bewegungen der Himmelskörper. Sie legen Zeugnis ab durch ihr Erscheinen selbst und durch die in ihnen gestorbenen Körper, die versteinerten Skelette. Myriaden über Myriaden lebender Kreaturen wurden auf dieser im Nichts schwebenden Steinkugel geboren und vergingen zu Staub. Viele starben eines natürlichen Todes, viele kamen um in Kämpfen zwischen Rassen und Arten, und viele wurden lebend begraben in den großen Paroxysmen der Natur, als Land und Wasser sich gegenseitig in ihrer Zerstörungswut überboten. Komplette Fischgründe, welche die Ozeane gefüllt hatten, hörten plötzlich auf zu existieren; von vollzähligen Arten und sogar Gattungen blieb nicht ein einziges Exemplar am Leben.

Die Erde und das Wasser, ohne die wir nicht sein können, verwandelten sich plötzlich zu Gegnern und begruben das Tierreich, eingeschlossen die Menschen, unter sich, und es gab weder Zuflucht noch Sicherheit. In solchen Kataklysmen tauschten Land und Meer wiederholt ihre Plätze, wenn das Reich des Ozeans trokkengelegt und das Festland versenkt wurde.

In *Welten im Zusammenstoß* legte ich die Chroniken der zwei allerletzten Reihen solcher Katastrophen vor, die unsere Erde im zweiten und im ersten Jahrtausend vor unserer Zeitrechnung heimsuchten. Da sich diese Umwälzungen in historischer Zeit zugetragen hatten, als in den Zentren der Alten Kulturen die Kunst des Schreibens bereits ausgebildet war, beschrieb ich sie hauptsächlich anhand geschichtlicher Dokumente; dazu stützte ich mich auf Himmelskarten, Kalender, Sonnen- und Wasseruhren, die von Archäologen entdeckt worden waren; und ich bezog mich auch auf die klassissche Literatur, die Heiligen Schriften aus Ost und West, die Epen der nordischen Rassen und auf die mündlichen Überlieferungen der primitiven Völker von Lappland bis zur Südsee. Auf geologische Spuren dieser in Dokumenten und Traditionen überlieferten Ereignisse wurde nur hie und da hingewiesen, wenn ich glaubte, daß das unmittelbare Zeugnis der Steine zusammen mit dem historischen Beweis vorzulegen sei. Ich beschloß jene Schilderung der kataklystischen Ereignisse mit dem Versprechen, zu einem späteren Zeitpunkt die Rekonstruktion gleichartiger globaler Katastrophen in noch früheren Zeiten zu versuchen, wobei es sich bei einer von ihnen um die Sintflut handelt.

Es war meine Absicht, nachdem ich diese früheren weltweiten Umwälzungen rekonstruiert hatte, das geologische und paläontologische Material zu präsentieren, das die Zeugnisse der Menschen stützt. Aber die Aufnahme von *Welten im Zusammenstoß* durch gewisse wissenschaftliche Kreise bewegte mich dazu, noch vor dem Aufziehen des Vorhanges über den früheren Katastrophen, wenigstens einen Teil der steinernen Zeugnisse vorzustellen, die ebenso eindringlich sind wie die auf uns gekommenen schriftlichen und mündlichen Berichte. Diese Bekundungen werden nie metaphorisch gegeben; und wie im Alten Testament oder in der Ilias kann darin nichts geändert werden. Steine und Felsen, Berge und der Meeresboden werden die Beweise liefern. Wissen sie von fernen und nahen Zeiten, als die Harmonie dieser Welt durch die Naturgewalten gestört wurde? Haben sie unzählige Kreaturen begraben und sie in Stein gehüllt? Haben sie den Ozean sich über Kontinente ergießen und Kontinente unter das Wasser gleiten sehen? Wurden diese Erde und ihre weiten Meere mit Steinen übersät und mit Asche bedeckt? Wurden ihre Wälder, von Wirbelstürmen entwurzelt und in Brand gesetzt, von Flutwellen mit Sand und Trümmern aus der Tiefe des Ozeans zugedeckt? Es dauert Jahrmillionen, um einen Holzklotz in Kohle zu verwandeln, aber nur eine einzige Stunde, wenn er brennt. Hier liegt der Kern des Problems: Änderte sich die Erde in einem langsamen Prozeß, Jahr auf Jahr, Jahrmillion auf Jahrmillion, vor dem Hintergrund einer friedvollen Natur, die zugleich die Arena für den Kampf der Massen ist, in welchem die

Tüchtigsten überlebten? Oder kam es auch vor, daß die Arena selbst, in Raserei geraten, gegen die Kämpfenden antrat und ihren Schlachten ein Ende setzte?

Ich präsentiere hier einige Seiten aus dem Buch der Natur. Alle Hinweise auf die Literatur, die Traditionen und die Folklore ließ ich weg; und das mit Absicht, so daß unbekümmerte Kritiker nicht das ganze Werk als »Märchen und Legenden« abtun können. Steine und Knochen sind die einzigen Zeugen. Stumm wie sie sind, werden sie klar und unmißverständlich aussagen. Und doch werden taube Ohren und verschleierte Augen diese Beweise in Abrede stellen, und je trüber der Blick, um so lauter und beharrlicher werden sich die protestierenden Stimmen erheben. Dieses Buch wurde nicht für jene geschrieben, die auf die *verba magistri* stimmen – auf ihre gehciligte Schulweisheit; und sie mögen es wiederum debattieren, ohne es gelesen zu haben.

Kapitel 1

Im Norden

In Alaska

In Alaska, nördlich des Mount McKinley, des höchsten Berges Nordamerikas, fließt der Tanana in den Yukon. Im Tanana-Tal und in den Tälern seiner Nebenflüsse wird aus dem Geröll und dem »Muck« Gold gewonnen. Dieser Muck ist eine gefrorene Masse von Tieren und Bäumen.

F. Rainey von der Universität von Alaska beschrieb die Szene[1]: »Breite Einschnitte, oft mehrere Meilen lang und manchmal bis zu 140 Fuß (43 m) tief, werden jetzt entlang der Nebenstromtäler des Tanana im Fairbanks District ausgewaschen. Um an die goldhaltigen Geröllschichten heranzukommen, wird mit hydraulischen Giganten eine Deckschicht gefrorenen Schlamms oder ›Mucks‹ entfernt. Dieser ›Muck‹ enthält enorme Mengen gefrorener Knochen ausgestorbener Tiere wie vom Mammut, Mastodon, Riesenbison und Pferd.«[2]

Diese Tiere gingen vor recht kurzer Zeit zugrunde; gegenwärtige Schätzungen setzen ihren Untergang an das Ende der Eiszeit oder in frühe postglaziale Zeiten. Der Boden Alaskas überdeckte ihre Körper gemeinsam mit jenen von heute noch lebenden Tierarten.

Unter welchen Bedingungen fand dieses große Abschlachten statt, bei welchem Millionen über Millionen von Tieren Glied um Glied zerrissen und mit entwurzelten Bäumen vermischt wurden?

F. C. Hibben von der Universität von New Mexico schreibt: »Obwohl die Formation der Muck-Ablagerungen nicht klar ist, gibt es reichlich Beweise dafür, daß dieses Material unter katastrophenartigen Umständen abgelagert wurde. Überreste von Säugetieren sind zum größten Teil zerstückelt und exartikuliert, obwohl

1 F. Rainey, »Archaeological Investigation in Central Alaska«, *American Antiquity*, V (1940), 305.

2 Im vorkolumbianischen Amerika war das Pferd ausgestorben; die heutigen Pferde in der westlichen Hemisphäre sind Nachkommen importierter Tiere.

einige Fragmente im gefrorenen Zustand sogar noch Teile von Ligamenten, Haut, Haar und Fleisch behalten haben. Ineinander verschlungene und zerfetzte Bäume häufen sich in zersplitterten Massen ...

Wenigstens vier beträchtliche Schichten vulkanischer Asche lassen sich in diesen Ablagerungen nachweisen, obwohl sie ungemein verworfen und verzerrt sind ...«[1]

In verschiedenen Schichten des Muck wurden Steinartefakte gefunden, eingefroren in großen Tiefen. (Tafel XIV aus Hibben, *American Antiquity,* VIII)

Könnte eine vulkanische Eruption die Tierwelt Alaskas ausgelöscht und die Flüsse der Körper der getöteten Tiere die Täler hinunter geschwemmt haben? Ein Vulkanausbruch hätte die Bäume verkohlt, sie aber nicht entwurzelt und zersplittert; wenn er Tiere

1 F. C. Hibben, »Evidence of Early Man in Alaska«, *American Antiquity*, VIII (1943), 256.

getötet hätte, wären sie nicht zerstückelt worden. Das Vorhandensein vulkanischer Asche weist darauf hin, daß Vulkanausbrüche in der Tat stattgefunden hatten, und zwar wiederholt in vier aufeinander folgenden Stadien derselben Epoche; doch ist ebenso klar, daß die Bäume nur durch einen Wirbelsturm oder eine Flut oder durch eine Kombination beider Naturgewalten hätten entwurzelt und zersplittert werden können. Die Tiere konnten nur von einer riesigen Welle zerrissen worden sein, die Millionen von Körpern und Bäumen aufhob, fortführte, auseinanderriß und unter sich begrub. Ebenfalls war der von der Katastrophe betroffene Bereich viel größer, als daß ihn einige Vulkane hätten verwüsten können.

Muck-Ablagerungen wie jene im Tanana-Tal kommen auch an den unteren Stromstrecken des Yukons im westlichen Teil der Halbinsel vor, sowie im Koyukuk, der von Norden in den Yukon fließt, am Kuskokwim-Fluß, der sein Wasser in das Bering-Meer trägt, und an einer Anzahl anderer Orte entlang der arktischen Küste; somit »kann angenommen werden, daß sie sich in größerer oder kleinerer Mächtigkeit über alle eislosen Gebiete der nördlichen Halbinsel erstrecken«.[1]

Was könnte das Arktische Meer und den Pazifischen Ozean zu einem Ausbrechen veranlaßt haben, bei welchem Wälder mit ihrem gesamten Tierbestand weggewaschen und als eine einzige vermischte Masse in großen Anhäufungen verteilt auf ganz Alaska geworfen wurden, dessen Meeresufer länger sind als die Atlantikküste von Neufundland bis nach Florida? Hatte es eine tektonische Umwälzung in der Erdkruste gegeben, die auch die Vulkanausbrüche und so die Bedeckung der Halbinsel mit Asche verursachte?

In verschiedenen Schichten des Muck wurden Steinartefakte gefunden, »eingefroren *in situ* in großen Tiefen und offenbar im Zusammenhang« mit der Eiszeitfauna, was bedeutet, daß »Menschen zur gleichen Zeit wie die ausgestorbenen Tiere Alaskas lebten«.[2] Bearbeiteter Feuerstein in charakteristischer, Yuma-Spitze genannter Formgebung, wurde im Alaska-Muck wieder-

1 Ebenda.
2 Rainey, *American Antiquity*, V, 307.

holt gefunden, in 30 und mehr Metern Tiefe. Eine dieser Speerspitzen ist zwischen den Kiefern eines Löwen und einem Mammutstoßzahn gefunden worden.[1] Vor nur wenigen Generationen wurden solche Waffen von den Indianern des Athapaska-Stammes verwendet, die im oberen Tanana-Tal jagten.[2] »Es wurde auch darauf hingewiesen, daß sogar moderne Eskimo-Spitzen bemerkenswert Yuma-ähnlich sind«[3]; und somit läßt alles darauf schließen, daß die auseinandergerissenen Tiere und die zersplitterten Wälder nicht aus einer viele tausend Jahre zurückliegenden Zeit stammen.

Die Elfenbeininseln

Die arktische Küste Sibiriens ist kalt, kahl und unwirtlich. Für Schiffe, die im Packeis manövrieren müssen, ist das Meer nur zwei Monate lang im Jahr befahrbar; von September bis Mitte Juli ist der Ozean im Norden Sibiriens gefesselt, eine durch nichts unterbrochene Eiswüste. Polarwinde wehen über die gefrorenen Tundren Sibiriens, wo kein Baum wächst und der Boden nie bestellt wird. Auf seiner Forschungsreise von 1878 bis 1880 mit dem Dampfer *Vega* fuhr Nils Adolf Erik Nordenskiöld – der erste, der die nordöstliche Durchfahrt in ihrer vollen Länge bezwang – wochenlang an der Küste von Nowaja Semlja bis Kap Schelagski (170° 30' Ost), an der östlichsten Spitze Sibiriens, entlang, ohne an der Küste einem einzigen Menschen zu begegnen.

Fossile Stoßzähne des Mammuts – einer ausgestorbenen Elefantenart – sind in Nordsibirien gefunden und seit alters her auf die Märkte im Süden gebracht worden, möglicherweise schon zur Zeit von Plinius im ersten Jahrhundert unserer Zeitrechnung. Die Chinesen waren unübertreffliche Elfenbeinbearbeiter und bezogen große Mengen davon aus dem Norden. Und seit den Tagen der Eroberung Sibiriens (1582) durch den Kosakenführer Jermak unter Iwan dem Schrecklichen bis zur heutigen Zeit ist

1 Hibben, *American Antiquity*, VIII, 257.
2 Rainey, *American Antiquity*, V, 301.
3 Hibben, *American Antiquity*, VIII, 256

Fossile Stoßzähne des Mammuts sind in Nordsibirien gefunden und seit alters her in den Süden gebracht worden. (Aus Digby, *The Mammoth*)

der Handel mit Mammutstoßzähnen weitergegangen. Nordsibirien lieferte mehr als die Hälfte des Elfenbeinangebotes auf der Welt, und große Mengen von Klaviertasten und viele Billardbälle werden aus den fossilen Stoßzähnen dieser Mammuts hergestellt.

Der Körper eines Mammuts mit Fleisch, Haut und Haar wurde 1797 in Nordostsibirien gefunden, und seitdem sind aus dem gefrorenen Boden weitere Mammutkörper an verschiedenen Orten dieser Region ans Tageslicht gebracht worden. Das Fleisch hatte das Aussehen frisch gefrorenen Rindfleisches; es war eßbar, und Wölfe und Schlittenhunde fraßen davon, ohne Schaden zu nehmen.[1]

Seit dem Tag ihrer Einschließung muß der Boden ständig gefroren gewesen sein; wäre er das nicht gewesen, wären die Mammutkörper im Verlauf eines einzigen Sommers verwest – aber Jahrtausende lang blieben sie unverdorben. »Es ist deshalb abso-

1 Wahrnehmung von D. F. Hertz in B. Digby, *The Mammoth* (1926), 9.

lut notwendig zu glauben, daß die Körper unmittelbar nach dem Tod der Tiere eingefroren und bis zum Tage ihrer Entdeckung *kein einziges Mal aufgetaut wurden.*«[1]

Hoch im Norden über Sibirien, nahezu 1000 km innerhalb des Polarkreises im Nordpolarmeer, liegen die Ljachow-Inseln. Ljachow war ein Jäger, der zur Zeit von Katharina II. zu diesen Inseln vordrang und den Bericht zurückbrachte, daß sie von Mammutknochen wimmelten. »So enorm war die Menge von Mammutüberresten, daß es schien ... als ob die Insel in Wirklichkeit aus den Knochen und Stoßzähnen bestünde, zementiert durch eisigen Sand.«[2]

Die 1805 und 1806 entdeckten Neusibirischen Inseln, wie auch die Stolbowoi- und die Belkowski-Insel westlich davon, zeigen das gleiche Bild. »Der Boden dieser wüsten Eilande ist vollgepackt mit den Knochen von Elefanten und Nashörnern in erstaunlichen Mengen.«[3] »Diese Inseln waren voller Mammutknochen, und die Mengen an Stoßzähnen und Zähnen von Elefanten und Flußpferden, die auf der neuentdeckten Neusibirischen Insel gefunden wurden, waren geradezu wundervoll und übertrafen alles, was bis dahin entdeckt worden war.«[4]

Kamen die Tiere über das Eis dorthin? Zu welchem Zweck? Wie konnten sie sich ernährt haben? Nicht von den Flechten der sibirischen Tundren, die den größten Teil des Jahres vom Schnee bedeckt sind, und noch weniger vom Moos der Polarinseln, die 10 Monate im Jahr zugefroren sind: Mammuts, die zur Familie der gefräßigen Elefanten gehören, benötigten riesige Mengen pflanzlicher Nahrung an jedem Tag des Jahres. Wie hätten so große Herden dieser Tiere in einem Land wie Nordostsibirien existieren können, das als die kälteste Gegend auf der Welt gilt, und wo es keine Nahrung für sie gab?

Mammutzähne sind in Netzen vom Boden des Nordpolarmeeres heraufgeholt worden; und nach arktischen Stürmen finden sich Stoßzähne, die von den Wogen aufgewirbelt wurden, über die

1 D. Gath Whitley, »The Ivory Islands in the Arctic Ocean«, *Journal of the Philosophical Society of Great Britain*, XII (1910), 35.

2 Ebenda, 41.

3 Ebenda, 36.

4 Ebenda, 42.

Inselufer verstreut. Man erklärt sie als einen Hinweis dafür, daß der Boden des Nordpolarmeeres zwischen den Inseln und dem Kontinent einst, als das Mammut dort umherstreifte, trockenes Land gewesen sei.

Seit dem Tag ihrer Einschließung muß der Boden ständig gefroren gewesen sein: Wäre er das nicht gewesen, wären die Mammutkörper im Verlauf eines einzigen Sommers verwest. (Aus Digby, *The Mammoth*)

Georges Cuvier, der große französische Paläontologe (1769–1832), nahm an, in einer ausgedehnten Katastrophe kontinentalen Ausmaßes habe die See das Land überschwemmt, die Mammutherden seien dabei umgekommen, und in einer zweiten spasmodischen Bewegung sei das Meer zurückgeflutet, die Kadaver zurücklassend. Diese Katastrophe muß von einem jähen Temperatursturz begleitet gewesen sein; der Frost ergriff die toten Körper und rettete sie vor der Verwesung.[1] Bei einigen der ent-

1 Georges Cuvier, Discours sur les révolutions de la surface du globe et sur les changements qu'elles ont produits dans le règne animal (1825).

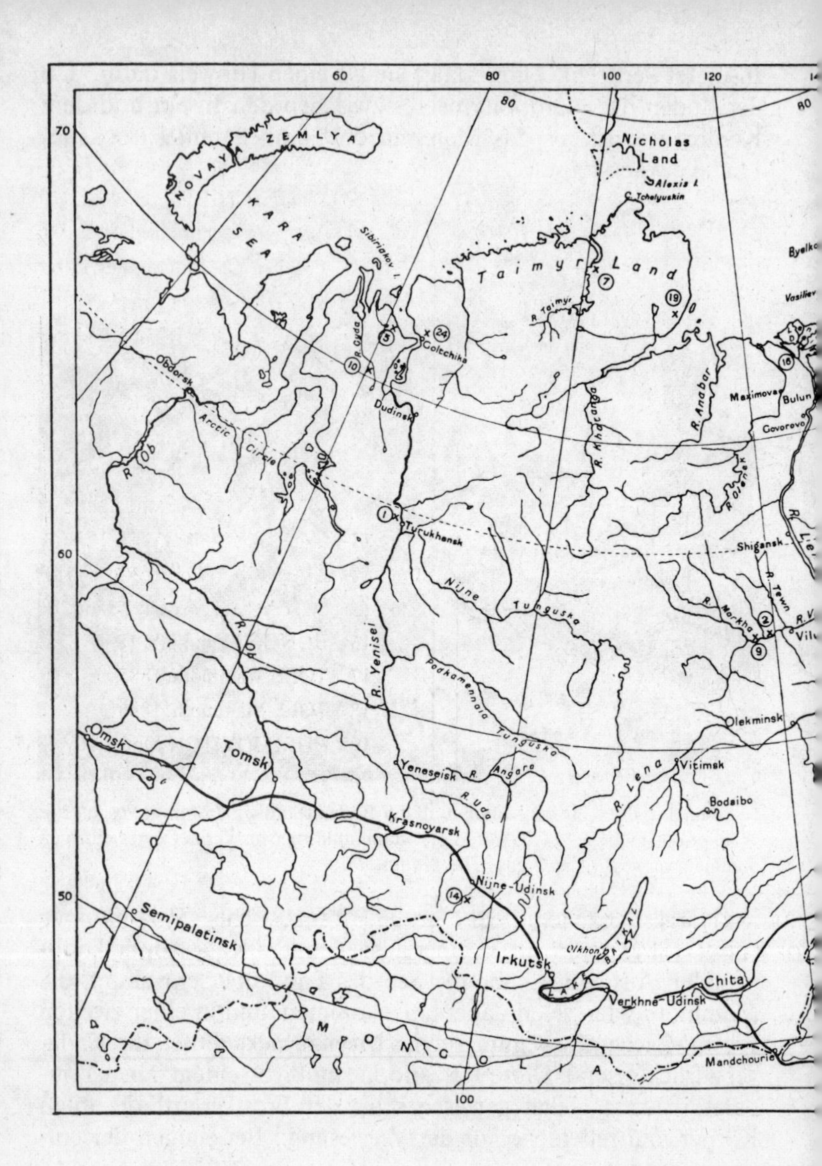

60
80
100
120
70
80
80
NOVAYA ZEMLYA
Nicholas Land
Alexis I.
C. Tchelyuskin
KARA SEA
Sibiriakov I.
Taimyr Land
R. Taimyr
R. Gyda
Goltchiha
Obdorsk
Dudinsk
Arctic Circle
R. Ob
R. Khatanga
R. Anabar
Maximova
Bulun
Govorovo
R. Olenek
Turukhansk
Shigansk
60
Nijne Tunguska
R. Tewn
R. Markha
R. Yenisei
Podkamennaia Tunguska
Olekminsk
Omsk
Tomsk
Yeneseisk
R. Angara
R. Lena
Vitimsk
Bodaibo
R. Uda
Krasnoyarsk
Nijne-Udinsk
50
Semipalatinsk
Irkutsk
Olkhon
LAKE BAIKAL
Chita
Verkhne-Udinsk
MONGOLIA
Mandchourie
100

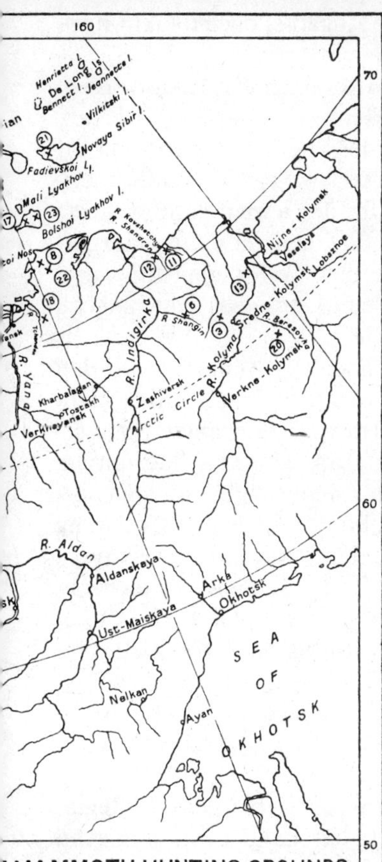

1 IDES Mammoth, 1707
2 PALLAS Woolly Rhino, 1771
3 SARIETCHIEV Mammoth, 1787
4 ADAMS Mammoth, 1799
5 TROFIMOV Mammoth, 1839
6 ROZHIN Mammoth, 1839
7 MIDDENDORF Mammoth, 1843
8 A Mammoth, 1844
9 A Woolly Rhino, 1858
10 SCHMIDT Mammoth, 1864
11 MAYDELL Mammoth, 1869
12 MAYDELL Mammoth, 1869
13 MAYDELL Mammoth, 1870
14 TCHERSKI Woolly Rhino, 1875
15 SCHRENCK Woolly Rhino, 1877
16 BUNGE Mammoth, 1884
17 TOLL Mammoth, 1885
18 TOLL Mammoth, 1886
19 BURIMOVITCH Mammoth, 1887
20 HERTZ Mammoth, 1901
21 BRUSNIEV Mammoth, 1902
22 VOLOSOVITCH Mammoth, 1908
23 VOLOSOVITCH Mammoth, 1910*
24 GOLTCHIKA Mammoth, 1912

---

* This appears to be the specimen given to the Paris Natural History Museum by Count Stenbock-Fermor (see p. 208).

(Aus Digby, *The Mammoth*)

deckten Mammuts wurden sogar die Augäpfel noch intakt gefunden.

Charles Darwin, der das Auftreten kontinentaler Katastrophen in der Vergangenheit bestritt, gestand in einem Brief an Sir Henry Howorth ein, daß die Auslöschung der Mammuts in Sibirien für ihn ein unlösbares Problem sei.[1] J. D. Dana, der führende amerikanische Geologe der zweiten Hälfte des letzten Jahrhunderts, schrieb: »Die Einschließung riesiger Elefanten im Eis und die perfekte Erhaltung ihres Fleisches zeigt, daß die Kälte *plötzlich* und ein für allemal hereinbrach, wie in einer einzigen Wintersnacht, und nie wieder nachließ.[2]

Im Magen und zwischen den Zähnen der Mammuts wurden Pflanzen und Gräser gefunden, die heute in Nordsibirien nicht wachsen. »Die Mageninhalte wurden sorgfältig untersucht; sie bestanden aus unverdauter Nahrung aus heute in Südsibirien, aber weit weg von den vorhandenen Elfenbeinanhäufungen vorkommenden Baumblättern. Die mikroskopische Untersuchung der Haut wies rote Blutkörperchen nach, was ein Beweis nicht nur für den plötzlich eingetretenen Tod war, sondern auch dafür, daß der Tod infolge Erstickens entweder durch Gase oder durch Wasser eingetreten war, im vorliegenden Fall offensichtlich letzteres. Doch zurück blieb das Rätsel, eine Ursache für das plötzliche Einfrieren dieser großen Menge Fleisches zu finden, das dadurch für zukünftige Zeitalter vor dem Verderben bewahrt wurde.«[3]

Was konnte den plötzlichen Temperatursturz in diesen Regionen verursacht haben? Heute liefert das Land nicht genügend Nahrung für große Vierbeiner, der Boden ist unfruchtbar und bringt lediglich Moos und Pilze während weniger Monate im Jahr hervor; zu jener Zeit ernährten sich die Tiere mit Pflanzen. Und nicht allein Mammuts weideten in Nordsibirien und auf den Inseln des Nordpolarmeeres. Auf der Kotelny-Insel »existieren weder Bäume, noch Sträucher, noch Büsche ... und doch

1 Whitley, *Journal of the Philosophical Society of Great Britain*, XII (1910), S. 56. G. F. Kunz, Ivory and the Elephant (1916), 236.
2 J. D. Dana, *Manual of Geology* (4. Ausg., 1894), 1007.
3 Whitley, *Journal of the Philosophical Society of Great Britain*, XII (1910), 56.

findet man in dieser Eiswüste die Knochen von Elefanten, Nashörnern, Büffeln und Pferden in Mengen, die jeder Kalkulation trotzen«.[1]

Als 1806 Hedenström und Sannikow die Neusibirischen Inseln entdeckten, fanden sie in der »verlassenen Wildnis« des Nordpolarmeeres die Überreste »unermeßlicher versteinerter Wälder«. Diese Wälder konnten aus Dutzenden von Kilometern Entfernung gesehen werden. »Die Baumstämme in diesen zugrundegerichteten Wäldern standen teilweise aufrecht und lagen zum anderen Teil horizontal begraben im gefrorenen Boden. Ihre Ausdehnung war sehr groß.«[2] Hedenström beschrieb sie folgendermaßen: »An der Südküste Neusibiriens sind bemerkenswerte Holzberge (Anhäufungen von Baumstämmen) zu finden. Sie sind 30 Klafter (über 50 Meter) hoch und bestehen abwechselnd aus horizontalen Sandsteinschichten und pechhaltigen Baumästen und -stämmen. Besteigt man diese Hügel, so findet man überall offenbar mit Asche bedeckte, versteinerte Holzkohle; bei näherer Untersuchung aber findet man, daß auch diese Asche eine Versteinerung und so hart ist, daß sie mit einem Messer kaum abzuschaben ist.«[3] Einige der Baumstämme stehen senkrecht im Sandstein, mit abgebrochenen Enden.

Der deutsche Wissenschaftler Adolph Erman reiste 1829 zu den Ljachow- und den Neusibirischen Inseln, um dort das Magnetfeld der Erde zu messen. Er schilderte den Boden voll von Elefanten-, Nashorn- und Büffelknochen. Über die Holzhügel schrieb er: »An dem nach Süden gekehrten Abhange von (der Insel) Neu-Sibirien liegen nämlich 250–300 Fuß hohe Berge aus Treibholz, dessen uralte Entstehung, ebenso wie die des Holzes unter den Tundren, selbst den ungebildetsten Fuchs- und Elfenbein-Jägern einleuchtet ... Andre Hügel derselben und der westlichern Insel Kotélnoi bestehen bis zur gleichen Höhe aus Skeletten von Pachydermen (Elephanten, Nashörner), Bisonen u. a., welche durch gefrornen Sand, so wie durch Schichten und Gänge von Eis verkittet sind ... Oben auf den Hügeln sieht man sie (die Stämme)

1 Ebenda, 50.
2 Ebenda, 43.
3 F. P. Wrangell, *Narrative of an Expedition to Siberia and the Polar Sea* (1841), Anmerkung zu S. 173 der amerikanischen Ausgabe.

hingegen durcheinander gewirrt, der Schwere zuwider steil aufgerichtet, und an ihren Spitzen zertrümmert, gcrade so, als seien sie gewaltsam von Süden her an ein Ufer gespült und auf demselben gehäuft worden.«[1]

Eduard von Toll besuchte von 1885 bis 1902, dem Jahr, als er im Nordpolarmeer umkam, wiederholt die Neusibirischen Inseln. Er untersuchte die »Holzhügel« und fand sie »aus verkohlten Baumstämmen bestehend, mit Blatt- und Fruchtabdrücken.«[2] Auf Maloi, einer der Ljachow-Inseln, fand Toll Mammut- und andere Tierknochen zusammen mit versteinerten Baumstämmen, mit Blättern und Zapfen. »Diese eindrucksvolle Entdeckung beweist, daß zur Zeit, als Mammut- und Nashornherden in Nordsibirien lebten, diese wüsten Inseln mit großen Wäldern und einer üppigen Vegetation bewachsen waren.«[3]

Offenbar entwurzelte ein Wirbelsturm die Bäume Sibiriens und schleuderte sie in den hohen Norden; berggleiche Wogen des Ozeans häuften sie zu riesigen Hügeln, und ein bituminöser Stoff verwandelte sie zu Holzkohle, entweder vor- oder nachdem sie abgelagert und in angeschwemmten Massen Sandes zu Sandstein gebacken wurden.

Diese versteinerten Wälder wurden aus Nordsibirien in den Ozean gespült, wo sie zusammen mit den Knochen von Tieren und angeschwemmtem Sand die Inseln bildeten. Es kann sein, daß nicht sämtliche verkohlten Bäume und die Mammuts und die anderen Tiere in einer einzigen Katastrophe zerstört und weggeschwemmt worden sind. Es ist wahrscheinlicher, daß ein ganzer großer Tier- und Wälderfriedhof auf der Krone einer zurückweichenden Flutwelle durch die Luft geflogen kam und auf einem anderen, älteren Friedhof tief im Polarkreis abgesetzt wurde.

Die Wissenschaftler, welche die »Muck«-Schichten Alaskas erforschten, haben sich über die Ähnlichkeit dieser Tierreste mit jenen in den Polarregionen Sibiriens und auf den arktischen Inseln keine Gedanken gemacht und deshalb auch nicht eine gemeinsame Ursache diskutiert. Die Erforschung der Neusibirischen In-

1 Adolph Erman, *Reise um die Erde* »Historischer Bericht« II (1838), 261.
2 Whitley, *Journal of the Philosophical Society of Great Britain*, XII (1910), 49.
3 Ebenda, 50.

seln, über einundeinhalbtausend Kilometer entfernt von Alaska, war das Werk von Gelehrten des 18. und 19. Jahrhunderts, die den Elfenbeinjägern folgten; die Erforschung des Bodens Alaskas war das Werk von Wissenschaftlern des 20. Jahrhunderts, die den Goldgräbermaschinen folgten.

Diese zwei Beobachtungen – die eine alt, die andere neu – stammen aus dem Norden. Bevor ich noch viele andere aus allen Teilen der Welt präsentiere, werde ich einige der dominierenden Theorien über die Geschichte unserer Erde und ihres Tierreiches besprechen. In den Originalworten der Autoren werden wir in kurzgefaßter Form lesen, wie die frühen Naturforscher die Phänomene erklärten; wie dann dieselben Phänomene in der Sprache der allmählichen Evolution interpretiert wurden; und wie in den letzten 80 Jahren mehr und mehr Tatsachen ans Licht kamen, die mit dem Bild einer friedlichen Welt, eingebettet in einen langsamen und ereignislosen Evolutionsprozeß, nicht übereinstimmen.

Kapitel 2

Umwälzung

Die Findlinge

»Die Wasser des Ozeans, in welchen unsere Berge gebildet wurden, bedeckten noch immer einen Teil dieser Alpen, als eine gewaltige Erschütterung der Erde plötzlich große Höhlungen öffnete ... und das Aufbrechen beträchtlicher Gesteinsmengen bewirkte ...

Die Wasser stürzten aus ihrer vormaligen Höhe mit extremer Wildheit in die Abgründe, gruben tiefe Täler aus und rissen immense Mengen von Erde, Sand und Trümmer aller Gesteinsarten mit sich. Diese vom Gewicht der Wasser weggeschwemmten halbflüssigen Massen wurden bis zu den Höhen abgelagert, wo wir noch heute viele dieser zerstreuten Trümmer sehen.«[1]

So erklärte der führende Schweizer Naturforscher Horace Bénédict de Saussure gegen Ende des 18. Jahrhunderts das Vorhandensein von Steinen, die von den Alpen abgebrochen und auf die Bergzüge des Jura im Nordwesten getragen worden waren; so erklärte er auch die Meeresüberreste auf den Alpenkämmen sowie den Sand, das Geröll und den Lehm, welche die Alpentäler und die davorliegenden Ebenen füllen.

Die auf den Jurahöhen liegenden losen Gesteinsbrocken wurden von den Alpen weggerissen; ihre Gesteinsart entspricht nicht den Felsformationen des Jura, sondern zeigt ihre alpine Herkunft. Blöcke, deren Gesteinsart sich von jener ihres Fundorts unterscheidet, nennt man »Findlinge«.

Diese Steinblöcke liegen auf den Jurabergen in Höhen von 700 Metern über dem Genfer See. Einige davon sind weit über 100 Kubikmeter groß, und der Pierre à Martin mißt 300 Kubikmeter. Sie müssen über den Raum hinweg getragen worden sein, der heute vom Genfer See eingenommen wird, bis auf die Höhe, wo sie heute zu finden sind.

1 Horace Bénédict de Saussure, *Voyages dans les Alpes*, I (1779), 151.

An vielen Orten der Welt gibt es Findlinge. Über die Nordsee gelangten von den Bergen Norwegens gewaltige Mengen an die Küsten und auf das Hochland der Britischen Inseln. Irgendeine Macht entriß sie jenen Gebirgen, trug sie über die ganze Distanz, die Skandinavien von Großbritannien trennt, und setzte sie an der Küste oder auf den Hügeln wieder ab. Aus Skandinavien stammende Findlinge sind auch nach Deutschland getragen und über das Land zerstreut worden; an einigen Orten liegen sie so dicht, daß man meinen könnte, sie wären von Steinmetzen zum Bau einer Stadt dorthin getragen worden. Auch im Harz liegen Steine, die aus Norwegen kamen.

Aus Finnland wurden Gesteinsbrocken in das Baltikum geschwemmt, über Polen hinweg bis hinauf in die Karpaten. Ein weiterer Zug erratischer Blöcke breitete sich von Finnland kommend fächerförmig über die Waldaihöhen und das Gebiet um Moskau bis hin zum Don aus.

In Nordamerika finden sich erratische Blöcke aus dem Granit Kanadas und Labradors in den Bundesstaaten Maine, New Hampshire, Vermont, Massachusetts, Connecticut, New York, New Jersey, Michigan, Wisconsin und Ohio; sie sitzen auf den Kämmen und liegen an Hängen und in den Tiefen der Täler. Sie liegen in der Küstenebene und auf den White Mountains und in den Berkshire-Hügeln, manchmal als ununterbrochene Kette; in den Pocono-Bergen balancieren sie bedenklich am Rande von Bergrücken. Der aufmerksame Wanderer wundert sich über das Ausmaß dieser Blöcke, die in der Vergangenheit einmal dorthin gebracht und liegen gelassen wurden, angehäuft auf schreckenerregende Art.

Einige Findlinge sind riesig. Der Felsklotz bei Conway in New Hampshire (USA) mißt 30 x 13 x 12 Meter und wiegt ungefähr 10 000 Tonnen, was der Ladekapazität eines großen Frachtschiffes entspricht. Ebenso groß ist der Mohegan Rock, der in Connecticut über der Stadt Montville aufragt. Der große Flachfindling im Warren County, Ohio, wiegt ca. 13 500 Tonnen und bedeckt rund 3000 Quadratmeter; der erratische Block von Ototoks, 50 Kilometer südlich von Calgary in Alberta (Kanada), besteht aus zwei Stücken Quarzit mit einem geschätzten Gewicht

Mohegan Rock, aus Wright, *The Ice Age in North America*

Aus Shackleton, *The Heart of the Antarctic,* II

von über 18 000 Tonnen, »die von mindestens 80 Kilometer weiter westlich kommen«.[1] Blöcke von 80 bis 100 Metern Umfang sind indessen klein, gemessen an einer Kalksteinmasse bei Malmö in Südschweden, die »5 Kilometer lang, 300 Meter breit und zwischen 30 und 70 Meter stark ist, und die über eine unbekannte Entfernung dorthin transportiert wurde . . .«. Sie wird kommerziell ausgebeutet. Eine gleichartige Kalksteinplatte liegt an der Ostküste Englands, »auf welcher unwissentlich ein Dorf gebaut wurde«.[2]

An unzähligen Orten auf der Erde, wie auch auf isolierten Inseln im Atlantik, im Pazifik und in der Antarktis[3] liegen Steine fremder Herkunft, die durch eine mächtige Kraft von weither gebracht wurden. Von ihren heimatlichen Bergrücken und Küstenklippen losgebrochen, wurden sie über Berg und Tal, über Land und Meer getragen.

Meer und Land tauschen die Plätze

Der berühmteste Naturforscher aus der Generation der Französischen Revolution und der Napoleonischen Kriege war Georges Cuvier. Er war der Begründer der Wirbeltierpaläontologie, d. h. der Wissenschaft über versteinerte Knochen, und so der Lehre von den ausgestorbenen Lebewesen. Er studierte die in den Montmartre-Gipsformationen in Paris und anderswo in Frankreich gemachten Funde und kam zum Schluß, daß selbst zwischen den ältesten Meeresformationen andere Schichten voller tierischer und pflanzlicher Überreste von Land- oder Süßwasserformen vorkommen; und daß bei den jüngeren Schichten, d. h. bei den näher an der Oberfläche liegenden, auch Landtiere unter den angesammelten Meeressedimenten begraben liegen. »Es ist mehrmals vorgekommen, daß schon aufs Trockne gesetzte Landesstriche wieder von Wassern bedeckt worden sind, entweder dadurch, dass sie

1 R. F. Flint, *Glacial Geology and the Pleistocene Epoch* (1947), 116–117.

2 G. F. Wright, *The Ice Age in North America and Its Bearing upon the Antiquity of Man* (5th ed; 1911), 238–239.

3 E. H. Shackleton, The Heart of the Antarctic, II (1909), Abbildung gegenüber S. 293.

in Abgründe versanken, oder auch nur, weil sich die Wasser wieder über sie erhoben; ... Sehr wichtig ist aber auch zu bemerken, dass diese Irruptionen, diese wiederholten Rückzüge nicht alle langsam, nicht alle stufenweise vor sich gegangen sind. Im Gegentheile traten die meisten Catastrophen, welche dieselben herbeiführten, plötzlich ein, und dieses ist vorzüglich von der letzten dieser Catastrophen leicht zu beweisen, von derjenigen nemlich, welche durch eine zwiefache Bewegung unsere heutigen Continente oder wenigstens einen grossen Theil ihrer jetzigen Oberfläche erst überschwemmte, und dann trocken zurückliess.«[1]

»Die Zerstörungen, Umbiegungen und Umstürzungen der ältern Lager [der Erde] lassen uns nicht bezweifeln, dass plötzlich und heftig einwirkende Ursachen sie in die Lage versetzt haben, worin wir sie jetzt erblicken; ja es zeugen von der Heftigkeit und Gewalt der Bewegung, welche die Masse der Gewässer erlitten haben muss, die Anhäufungen von Trümmern und Geschieben, die an verschiedenen Orten zwischen den festen Lagern sich vorfinden. Das Leben ward aber auf dieser Erde häufig durch schreckliche Ereignisse gestört. Zahllose Lebewesen waren das Opfer dieser Catastrophen. Die Einen, welche den trocknen Boden des Festlandes bewohnten, wurden von Fluthen verschlungen; während Andere, die den Schooss der Gewässer belebten, mit dem Meeresgrund plötzlich emporgehoben und aufs Trockne gesetzt wurden; selbst ihre Arten sind für immer untergegangen, und haben nur wenige, kaum nur noch dem Naturforscher erkennbare Trümmer zurückgelassen.«[2]

Cuvier war überrascht zu finden, daß »das Leben selbst nicht immer auf dem Erdball existiert hat«, denn es gibt tiefe Schichten, die keine Spuren von Lebewesen bergen. Das bewohnerlose Meer »scheint die Materialien für die Mollusken und Zoophyten vorbereitet zu haben«, und als sie entstanden und die See bevölkerten, lagerten sich ihre Schalen ab und bildeten Korallen – zuerst in kleinen Mengen und schließlich in ausgedehnten Formationen.

Cuvier glaubte, daß in der Natur Änderungen nicht erst seit der Entstehung des Lebens wirksam waren, denn die vor diesem Er-

1 Georges Cuvier. *Die Umwälzungen der Erdrinne* (5. Ausg. 1830) (deutsche Übersetzung von *Discours sur les révolutions de la surface du globe*), 14.
2 Ebenda, 16.

eignis gebildeten Landmassen schienen ebenfalls gewaltsam verschoben worden zu sein.[1]

In den Gipsablagerungen der Vorstädte von Paris fand er Kalkstein mit über 800 Spezies von Meeresmuscheln. Unter diesem Kalkstein gibt es eine weitere – Süßwasser- – Ablagerung aus Lehm. Unter den Muscheln, die alle auf dem Trockenen oder im Süßwasser lebten, gibt es auch Knochen – aber »was bemerkenswert ist«, es sind die Knochen von Reptilien und nicht von Säugetieren, »von Krokodilen und Schildkröten«.

Große Gebiete Frankreichs lagen einst unter dem Meeresspiegel; dann wurden sie zu trockenem Land, bevölkert von Landreptilien; darauf kam wieder die See, in welcher Meerestiere lebten; dann wurden sie wiederum zu Land, mit Säugetieren; und einmal mehr das Meer, und dann wieder Festland. Jede Schicht enthält die Zeugnisse ihres Zeitalters: die Knochen und Schalen der Tiere, die dort lebten und sich vermehrten und von den wiederkommenden Umwälzungen begraben wurden. Und so wie es sich im Gebiet von Paris abspielte, so geschah es auch in anderen Teilen Frankreichs und in anderen Ländern Europas.

Die Schichten der Erde enthüllten, daß hier »der Faden der Wirksamkeiten zerrissen ist, der Gang der Natur verändert, und keines der Agentien, deren sie sich heut zu Tage bedient, zugereicht haben würde, ihre alten Wirkungen hervorzubringen«.[2]

»Allein wir haben keinen Beweis dafür, dass das Meer solche Conchilien noch heut zu Tage mit einer Masse incrustieren könne, die so fest wie Marmor, Sandstein oder selbst nur wie der Grobkalk wäre . . .

Alle diese Ursachen vereinigt würden endlich nicht das Niveau des Meeres auf eine bemerkliche Weise zu verändern, nicht ein einziges Lager über dieses Niveau zu erheben . . . vermögen . . . Wenn daher auch eine allmähliche Abnahme des Wassers Statt gefunden, wenn auch das Meer feste Massen bald hier abgesetzt, bald dort wieder abgerissen, die Temperatur der Erde zu oder abgenommen hätte: so könnte doch nichts von dem Allem unsere Lager in eine gestürzte Lage gebracht, die grossen Vierfüsser mit

1 Ebenda, 21.
2 Ebenda, 25.

ihrer Haut und ihrem Fleisch in Eis begraben, Muscheln die noch so vollkommen sind, als wären sie heute erst gefischt worden, aufs Trockene gesetzt, und endlich ganze Gattungen und Arten auf einmal vernichtet haben.«[1]

»Demnach, wir wiederholen es, sucht man in den Kräften, welche auf der Oberfläche der Erde noch heut zu Tage thätig sind, vergebens nach zureichenden Ursachen, um jene Umwälzungen und Catastrophen hervor zu bringen, deren Spuren uns die Erdhülle darbietet.«[2]

Aber was hat diese Katastrophen verursachen können? Cuvier untersuchte die zu seiner Zeit gängigen Weltentstehungstheorien, fand aber keine Antwort auf die ihn beschäftigende Frage. Er kannte die Ursache dieser unermeßlichen Kataklysmen nicht; er wußte nur, daß sie sich ereignet hatten. »Viele fruchtlose Anstrengungen« wurden unternommen, und er fühlte, daß seine Suche nach den Ursachen ebenso fruchtlos geblieben sei. »Diese Gedanken haben mich verfolgt, fast möchte ich sagen gepeinigt, während ich meine Untersuchungen über die fossilen Knochen anstellte.«[3]

Die Höhlen Englands

William Buckland, Professor der Geologie an der Universität Oxford, veröffentlichte 1823 seine *Reliquiae diluvianae* (Zeugen der Sintflut), mit dem Untertitel »Bemerkungen über die in Höhlen, Spalten und Diluvialkies enthaltenen organischen Rückstände und über andere geologische Phänomene einer Weltsintflut«. Buckland war eine der großen Autoritäten in der Geologie der ersten Hälfte des 19. Jahrhunderts. In einer Höhle bei Kirkdale in Yorkshire, 80 Fuß (25 Meter) über dem Tal und unter einem von Stalagmiten bedeckten Boden, fand er Zähne und Knochen von Elefanten, Nashörnern, Flußpferden, Pferden, Hirschen, Tigern (deren Zähne »größer waren als jene der größten Löwen oder Bengaltiger«), Bären, Wölfen, Hyänen, Füchsen, Hasen, Kanin-

1 Ebenda, 33, 34, 38.
2 Ebenda, 37.
3 Ebenda, 266.

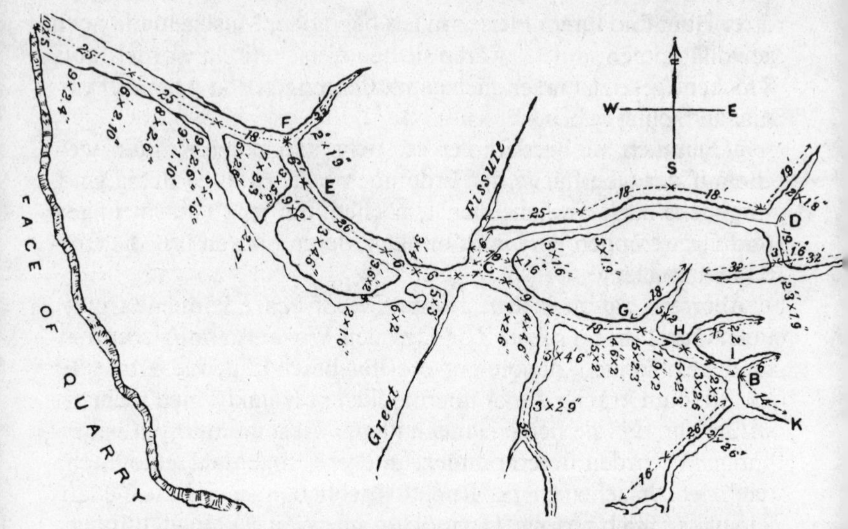

In einer Höhle in Kirkdale in Yorkshire fand man (S. 39/40) Zähne und Knochen von Elefanten, Nashörnern, Flußpferden, Pferden, Hirschen, Tigern, Bären, Wölfen, Hyänen, Füchsen, Hasen, Kaninchen, Raben, Tauben, Lerchen, Schnepfen und Enten. (Aus Dawkins, *Cave-hunting,* und Buckland, *Reliquiae diluvianae*)

chen, wie auch Knochen von Raben, Tauben, Lerchen, Schnepfen und Enten. Viele dieser Tiere waren verendet noch »bevor sie ihre ersten Zähne, oder Milchzähne, verloren hatten«.

Gewisse Gelehrte vor Buckland hatten ihre eigene Erklärung über die Herkunft von Elefantenknochen im Boden Englands, und auf diese verwies Buckland: »[Die Idee], die lange im Vordergrund stand und von vielen Altertumskennern [Archäologen] als ausreichend angesehen wurde, war, daß sie die Überbleibsel von Elefanten seien, die von den römischen Heeren importiert wurden. Diese Idee ist ebenfalls widerlegt: Erstens durch die anatomische Tatsache, daß sie zu einer ausgestorbenen Spezies dieser Familie gehören; zweitens, weil sie gewöhnlich zusammen mit den Knochen des Nashorns und Flußpferdes gefunden werden, die niemals die römischen Armeen begleitet haben konnten; drittens, weil sie in gleicher oder sogar größerer Häufigkeit als in den von den Römern beherrschten Gebieten Europas über Sibirien und Nordamerika verteilt gefunden werden.«[1]

Es schien, als ob in Kirkdale Flußpferd und Ren und Bison Seite an Seite gelebt hätten; Flußpferd, Ren und Mammut weideten gemeinsam bei Brentford in der Nähe von London.[2] Ren und Grizzlybär lebten mit dem Flußpferd bei Cefn in Wales. Lemming- und Renknochen wurden zusammen mit Knochen des Höhlenlöwen und der Hyäne bei Bleadon in Somerset gefunden.[3] Flußpferd, Bison und Moschustier wurden gemeinsam mit bearbeitetem Feuerstein in den Kiesschichten des Themsetales entdeckt.[4] Die Ren-Überreste lagen mit den Knochen von Mammuts und Flußpferden in der Höhle von Breugue in Frankreich, im selben Rotlehm und in die gleichen Stalagmiten eingebettet.[5] Ebenfalls in einer Höhle bei Arcy, Frankreich, wurden Flußpferd- mit Renknochen gefunden, zusammen mit einem bearbeiteten Feuerstein.[6]

Laut der Prophezeiung Jesaias (11:6) sollten in messianischen Zeiten »Kalb und Jungleu vereint sich mästen«. Doch selbst prophetische Vision vermochte sich nicht vorzustellen, daß ein Ren aus dem schneebedeckten Lappland gemeinsam mit dem Flußpferd aus dem tropischen Kongo auf den Britischen Inseln oder in Frankreich leben würde. Und doch hinterließen sie tatsächlich ihre Knochen im selben Schlamm derselben Höhlen, gemeinsam mit den Knochen noch anderer Tiere in seltsamster Auswahl.

Diese Tierknochen wurden in Kies- und Lehmsedimenten entdeckt, denen Buckland den Namen Diluvium gab.

Buckland ging es darum, »zwei wichtige Tatsachen festzustellen: Erstens, daß es unlängst eine allgemeine Weltüberschwemmung gegeben habe; und zweitens, daß die Tiere, deren Überreste in den Trümmern dieser Überschwemmung begraben sind, Einheimische der hohen nördlichen Breiten waren«. Die Präsenz tro-

1 W. Buckland, *Reliquiae diluvianae*, 173.
2 W. B. Dawkins, *Proceedings of the Geological Society* (1869), 190.
3 Ebenda.
4 James Geikie, *Prehistoric Europe* (1881), S. 137; Dawkins, *Cave-hunting* (1874), 416.
5 Cuvier, *Recherches sur les ossements fossiles des quadrupèdes*, IV, 94.
6 E. Lartet, Reliquiae aquitanicae, 147–148.

G. Scharf del.

MASS OF TUSKS, TEETH AND BON

M signifies Mammoth. *R, Rh*

A 1,2,3,4,5,6,7 *Tusks of M.*
B 1 2 *Lower Jaw of R.*
B 3 *Upper Jaw of R.*
C 1 *Thigh Bone of M.*
C 2 *Thigh Bone of R.*
D 1 2 3 *Head Part of Thigh Bone of M.*
E 1 *Upper Part of Humerus of M.*

E 2 *Lower Part of the same Bone.*
F 1,2 *Vertebræ of the Back of R.*
G 1,2,3,4 *Toe Bones of M.*
H 1 *First Vertebra of the neck of M.*
H 2 *Second Vertebra of the same.*
I *Lower Jaw of M.*
K *Patella of M.*

L *Hip Bone of M*
M 1 *Horn of S.*
M 2 *Middle Part o*
N *Lower Jaw of R*
O 1,2,3,4 *Ribs of*
P 1 *Tibia of H.*
P 2 *Tibia of S.*

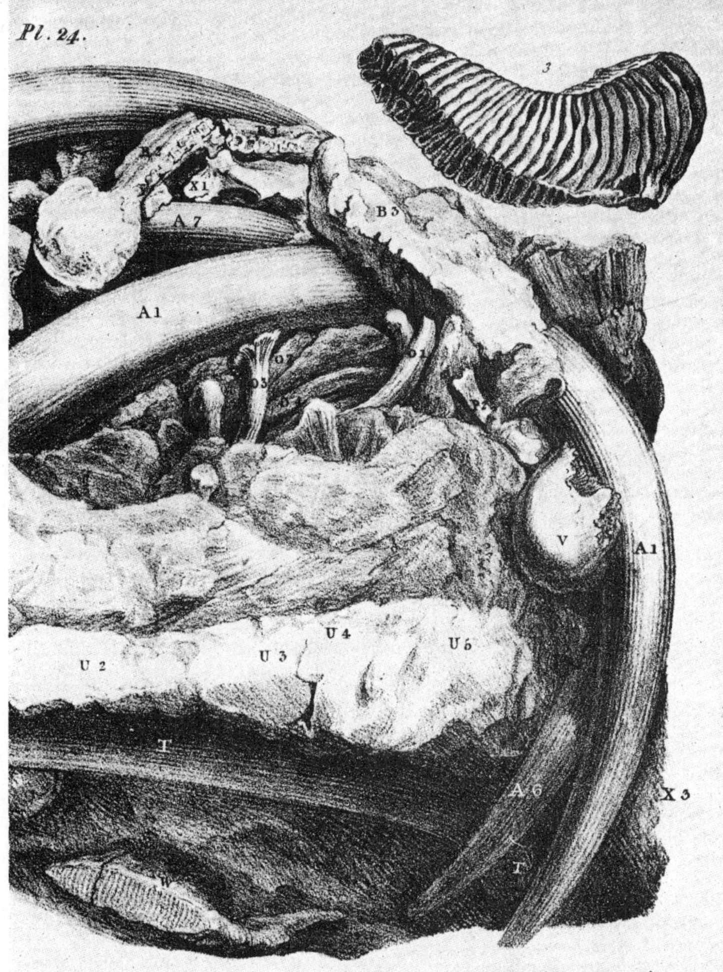

Printed by C. Hullmandel.

S FOUND AT THIEDE NEAR BRUNSWICK.

ocerus. *H. Horse.* *O. Ox.* *S. Stag.*

he same.

Q *Metatarsus of H.*
R 1.2. *Molar Teeth from Upper Jaw of H.*
S *Part of Pelvis of M.*
T *Humerus of M. which measures 6. 8.* *&*
may be considered the Scale for the rest.
U 1,2,3.4.5 *Cervical Vertebræ of M.*
V *Part of a Skull of M.*

W *Half of the Lower Jaw with Teeth of M.*
X 1,2,3 *Shoulder Blades of M.*
Y *Vertebra of the Back of M.*
Z 1,2,3,4,5,6,7 *Molar Teeth of M.*
1, 2. Teeth of Upper Jaw of M.
3. Tooth of Lower Jaw of M.
4. Upper Jaw of R.

pischer Tiere in Nordeuropa »kann nicht mit der Vermutung periodischer Wanderungen gelöst werden ... denn im Falle von Krokodilen oder Schildkröten ist eine extensive Auswanderung praktisch unmöglich, ebenso wie für ein so unbeholfenes Tier, wie es das Flußpferd außerhalb des Wassers ist«. Aber wie konnten sie in der Kälte Nordeuropas existieren? Buckland sagt: »Es ist gleichermaßen schwierig, sich vorzustellen, sie hätten ihre Winter in zugefrorenen Seen oder Flüssen verbringen können.« Wenn es kaltblütigen Landtieren unmöglich gemacht wird, im Boden zu überwintern, würde in frostigen Klimazonen ihr Blut gefrieren: Sie verfügen nicht über die Fähigkeit, ihre Körpertemperatur zu regulieren. Wie Cuvier war Buckland »fast sicher, daß – wenn ein Klimawechsel tatsächlich vorgefallen war – er sich plötzlich eingestellt hatte«.[1]

Über die Zeit, in der die Katastrophe eingetreten war, welche die Knochen in der Kirkdale-Höhle mit Schlamm und Kies bedeckte, schrieb Buckland: »Aus der geringen Menge nachsintflutlicher Stalaktiten, wie auch aus dem *unverwesten Zustand der Knochen*«, muß der Schluß gezogen werden, daß »die seit dem Eindringen des Diluvialschlammes vergangene Zeit nicht besonders lang ist«. Die Knochen waren noch nicht versteinert; ihre organischen Stoffe waren noch nicht durch Mineralien ersetzt. Buckland nahm an, daß die Zeit seit einer Sintflutkatastrophe 5000 oder 6000 Jahre kaum überschritten habe, eine Zahl, die auch von De Luc, Dolomieu und Cuvier angenommen wurde, die alle ihre eigenen Gründe dafür vorbrachten.

Dann fügte der hervorragende Geologe die folgenden Worte hinzu: »Was der Grund war, ob eine Änderung in der Neigung der Erdachse oder der nahe Vorbeizug eines Kometen oder irgendeine andere oder eine Kombination rein astronomischer Ursachen, ist eine Frage, deren Diskussion dem Zweck der vorliegenden Abhandlung fremd ist.«

1 Buckland, *Reliquiae diluvinae*, 47.

Das Wassergrab

Der untere Buntsandstein wird als eine der ältesten Schichten mit darin eingeschlossenen Zeichen ausgestorbenen Lebens angesehen. Kein tierisches Leben höher als das der Fische ist darin zu erkennen. Was immer auch das Zeitalter seiner Formation sein mag, er enthält diese Zeugnisse und ist »ein erstaunliches Dokument gewaltsamen Todes, der schlagartig nicht nur einige wenige Individuen, sondern ganze Stämme überfällt«.[1]

In den späten dreißiger Jahren des vorigen Jahrhunderts befaßte sich Hugh Miller in besonderen Untersuchungen mit dem unteren Buntsandstein in Schottland. Er bemerkte: »Die Erde war bereits zu einer riesigen Grabstätte geworden, bis zu einer Tiefe unter dem Meeresboden, die mindestens der doppelten Höhe des Ben Nevis über dem Erdboden entsprach.«[2] Der Ben Nevis in den schottischen Grampian Mountains ist mit 1343 Metern der höchste Gipfel in Großbritannien. Die untere Buntsandsteinschicht ist doppelt so mächtig.

Diese Formation zeigt das Schauspiel einer in einem einzigen Augenblick festgehaltenen und für immer versteinerten Umwälzung. Hugh Miller schrieb:

»Die erste Szene in (Shakespeares) *Der Sturm* beginnt inmitten des Durcheinanders und Aufruhrs eines Orkans – unter Donner und Blitz, dem Getöse des Windes, dem Schreien der Seeleute, dem Lärmen der Takelage und dem wilden Stürmen der Wogen. Die Geschichte der im unteren Buntsandstein festgehaltenen Periode scheint für das Gebiet, das jetzt die nördliche Hälfte Schottlands umfaßt, einen ähnlichen Auftakt genommen zu haben ... Der weite Raum, in welchem heute die Orkney-Inseln und Loch Ness, Dingwall und Gamrie und dazu noch Tausende von Quadratmeilen liegen, zeigte das Bild eines seichten, von kräftigen Strömungen durchwirbelten und von Wellen aufgewühlten Ozeans. Eine mächtige Schicht wassergewälzter Kiesel von 30 bis 100 Meter Tiefe an tausend verschiedenen Stellen blieb als Zeugnis der tumultartigen Wirkungskräfte in jener Zeit des Aufruhrs zu-

1 Hugh Miller, *The Old Red Sandstone* (Boston, 1865; erstmals 1841 in England veröffentl.), 48.
2 Ebenda, 217.

rück.« Miller fand, daß die härtesten Schichtmassen – »Porphyrite mit glasigen Bruchflächen, mit denen sich Glas genauso gut wie mit Feuerstein schneiden läßt, sowie große Mengen von Quarz, mit dem sich ebenso gut Funken vom Stahl schlagen lassen – trotzdem zu kugelartigen Formen geschliffen und poliert sind . . . Und doch ist es gewiß schwierig, sich vorzustellen, wie der Boden irgend eines Meeres derart kräftig und so gleichmäßig in einem so großen Raum . . . und über eine derart ausgedehnte Zeitdauer hinweg hätte bewegt werden können, daß das gesamte Gebiet mit einer fünfzehn Stockwerke dicken Schicht gewälzter Kiesel fast aller alten Steinarten bedeckt werden konnte.«[1]

Im Buntsandstein eingebettet ist eine reichhaltige aquatische Fauna. Die Tiere nehmen unnatürliche Haltungen ein. Zur Zeit, als diese Formationen gebildet wurden, verursachte eine »schreckliche Katastrophe die Vernichtung der Fische in einem Gebiet, das sich mindestens über 100 Meilen [160 km] und vielleicht über eine noch weit größere Distanz erstreckt. Dieselbe Schicht in Orkney wie auch in Cromarty ist angefüllt mit Überresten, die unmißverständliche Zeichen gewaltsamen Todes aufzeigen. Die Körper sind gekrümmt, zusammengezogen und -gebogen; in vielen Fällen ist der Schwanz bis zum Kopf zurückgeschlagen; das Rückgrat steht heraus; die Flossen sind völlig ausgebreitet, wie bei Fischen, die unter Konvulsionen sterben. Pterichthys[2] streckt die Arme im steifsten Winkel von sich, wie von einem Feind bedroht. Ichthyoliten (versteinerte Fische oder Teile davon) in dieser Schicht nehmen eine Haltung der Angst, der Wut oder des Schmerzes ein. Diese Überbleibsel scheinen auch nicht unter den späteren Angriffen von Raubfischen gelitten zu haben, von welchen gleichfalls keiner überlebt zu haben schien. Das Bild zeigt eine zugleich weit verteilte und totale Vernichtung . . .«[3]

Welche Vernichtungsursache könnte verantwortlich sein für »die Auslöschung zahlloser Existenzen in einem einzigen Augenblick in einem Gebiet von wohl 10 000 Quadratmeilen (26 000 km²)?« »Es fehlen die Grundlagen, um sich mit Mutmaßungen

1 Ebenda, 217–218.
2 Ein ausgestorbenes, fischähnliches Tier mit flügelartigen Gliedern, dessen rückwärtige Körperpartie von knochigen Schildern umgeben war.
3 Miller, *The Old Red Sandstone*, 222.

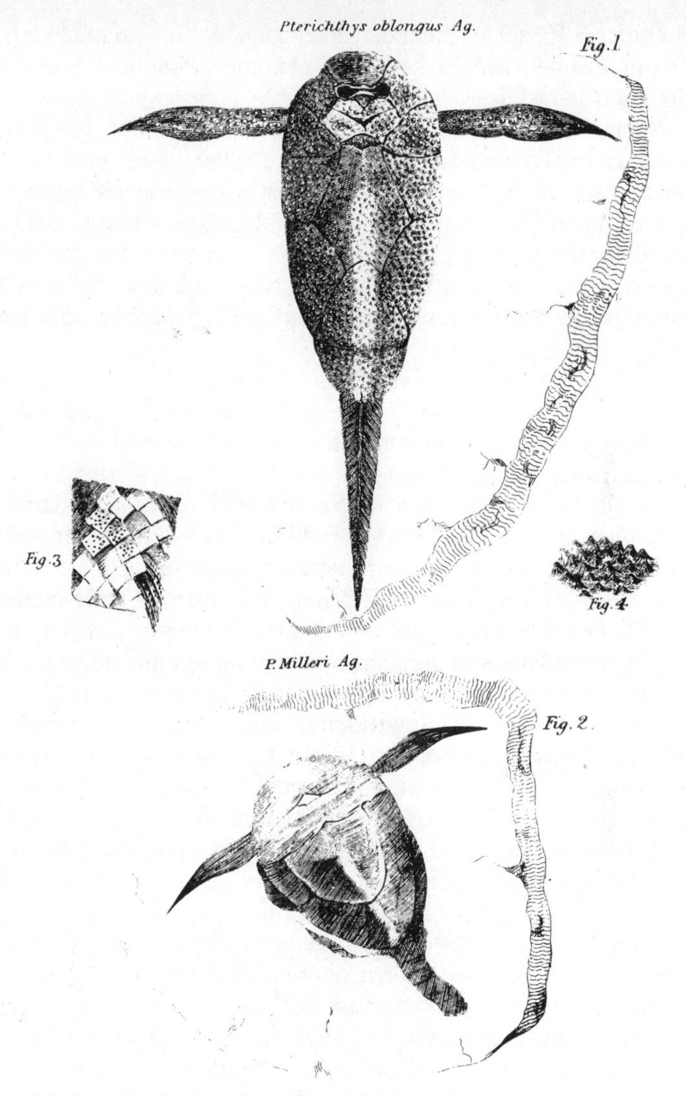

Pterichthys streckt die Arme im steifesten Winkel von sich, wie von einem Feind bedroht. (Aus Miller, *The Old Red Sandstone*)

über dieses Rätsel auseinandersetzen zu können, und man verliert sich in Zweifeln angesichts aller bekannten Phänomene des Todes«, schrieb Miller.[1]

Auch eine noch so bösartige Seuche konnte einige der Phänomene dieser Todesarena nicht erklären. Selten befällt eine Seuche viele verschiedene Gattungen gleichzeitig, und nie schlägt sie mit blitzschneller Plötzlichkeit zu; und doch enthält diese Schicht 10 bis 12 verschiedene Gattungen und viele Arten; und so unvermittelt vollbrachte die Ursache ihre Wirkung, daß ihre Opfer in der ersten Haltung der Überraschung und des Schreckens fixiert blieben.

Das von Miller untersuchte Gebiet des unteren Buntsandsteines umfaßt die Hälfte von Schottland, vom Loch Ness über die nördlichste Spitze hinaus bis zu den Orkney-Inseln. »Tausende verschiedene Orte« lassen dieselbe Szene der Vernichtung erkennen.

Ein identisches Bild findet man überall auf der Welt an vielen anderen Stellen, in ähnlichen und auch andersartigen Formationen. Über Monte Bolca bei Verona in Norditalien schrieb Buckland: »Die Umstände, unter welchen die fossilen Fische am Monte Bolca gefunden werden, scheinen darauf hinzudeuten, daß sie plötzlich umkamen ... Ihre Skelette liegen parallel mit den Schichten des sie einschliessenden kalkigen Schiefers; sie sind immer ganz und liegen so dicht beisammen, dass oft viele Individuen in einem einzigen Block enthalten sind ... Alle müssen plötzlich an dieser fatalen Stelle umgekommen und sogleich in die damals sich absetzende Kalkmasse eingehüllt worden sein, denn der Umstand, dass gewisse Individuen noch Spuren von ihrer Hautfarbe behalten haben, beweist hinlänglich, dass sie begraben wurden, ehe eine Zersetzung der weichen Teile eintreten konnte.«[2]

Derselbe Autor schrieb über die Fischfunde im Harz: »Ein anderer berühmter Fundort für fossile Fische ist der Kupferschiefer am Harzrand. Viele dieser Fische, zu Mansfeld, Eisleben etc., haben eine gebogene Lage, die man öfters den Zuckungen im Todeskampfe zugeschrieben hat ... Und da diese fossilen Fische in dem

1 Ebenda, 223.
2 W. Buckland, *Geologie und Mineralogie* (Bern, Leipzig 1838), 145–146.

unmittelbar auf den Tod folgenden steifen Zustand gefunden werden, so kann man daraus schliessen, dass sie begraben wurden, ehe die Fäulnis begann, und zwar wahrscheinlich in demselben bituminösen Schlamm, welcher ihren Untergang herbeiführte.«[1]

Die Geschichte der Agonie und des plötzlichen Todes und der sofortigen Einhüllung wird erzählt vom unteren Buntsandstein in Schottland; dem Kalkstein von Monte Bolca in der Lombardei; dem bituminösen Schiefer von Mansfeld in Thüringen; und auch von den Kohleschichten bei Saarbrücken, »den berühmtesten Ablagerungen fossiler Fische in Europa«; im Plattenkalk von Solnhofen (Bayern); dem Blauschiefer von Glaris; dem Mergel von Oensingen in der Schweiz und von Aix-en-Provence in Frankreich, um nur einige der bekanntesten Fundorte in Europa aufzuzählen.

Ähnliche Schichten findet man in Nordamerika, »vollgepackt mit großartig erhaltenen Fischen«, im Schwarzen Kalkstein von Ohio und Michigan, im Bett des Green River in Arizona, in den Kiesellagern von Lompoc, Kalifornien, und in vielen anderen Formationen.[2]

In Kataklysmen früherer Zeitalter starben Fische in Agonie; und der Sand und das Geröll des aufgeworfenen Meeresbodens deckten die Wassergräber zu.

1 Ebenda, 146–147.

2 George McCready Price, *Evolutionary Geology and New Catastrophism* (1926), 236; J. M. Macfarlane, *Fishes the Source of Petroleum* (1923).

Kapitel 3

Aktualismus[1]

Die Doktrin der Uniformen Evolution

Über 25 Jahre lang, vom Beginn der Französischen Revolution im Jahre 1789 bis zur Schlacht von Waterloo (1815) war Europa im Aufruhr. In Frankreich wurden König und Königin enthauptet; und auch viele der Revolutionäre selbst gingen auf das Schafott. Spanien, Italien, Deutschland, Österreich und Rußland wurden zu Schlachtfeldern. Die Britischen Inseln waren von der Invasion bedroht, und bei Trafalgar kämpfte die englische Flotte gegen den Tyrannen, der aus der revolutionären Armee hervorgegangen war. Nach 1815 stellte sich ein allgemeines Bedürfnis nach Frieden und Ruhe ein. Die Heilige Allianz wurde organisiert; Europa versank in der Reaktion und England im Geist des Konservatismus. Die unzeitige Revolution von 1830 erreichte die Britischen Inseln nicht mehr.

Kein Wunder, daß in einem Klima der Reaktion auf die Eruptionen der Revolution und der Napoleonischen Kriege die aktualistische Theorie der Uniformen Evolution populär wurde und bald die Naturwissensschaften beherrschte. Laut dieser Theorie ging die Entwicklung der Erdoberfläche durch alle Zeitalter hindurch ohne jegliche Störung vor sich; der Prozeß sehr langsamer Veränderungen, den wir heute beobachten, war seit Anbeginn der einzige maßgebende Entwicklungsvorgang.

Diese Theorie, die erstmals von Hutton (1795) und Lamarck (1800) vorgetragen wurde, ist von Charles Lyell – einem jungen Anwalt, dessen geologisches Interesse ihn zur einflußreichsten Person auf diesem Gebiet machen sollte – und von Lyells Jünger und Freund Charles Darwin auf ihren heutigen Stand eines wis-

1 »Meth. Prinzip der histor. Naturwissenschaften, insbes. der Geologie, demzufolge sich in der erd-(tier-, pflanzen-)geschichtl. Vergangenheit geolog. (entwicklungsgeschichtl.) Geschehen auf dieselbe Weise vollzogen haben wie in der Gegenwart. Der A. ist damit im Ggs. zur Katastrophentheorie ein im eigtl. Sinne ahistor. Prinzip.« *(Meyers 1971)*

senschaftlichen Gesetzes gehoben worden. Darwin errichtete seine Evolutionstheorie auf Lyells Prinzip der Gleichmäßigkeit. Ein moderner Vertreter der Evolutionstheorie, H. F. Osborn, schrieb: »Die Kontinuität der Gegenwart bedeutet die Unwahrscheinlichkeit vergangener Katastrophen und gewaltsamer Veränderungen sowohl in der leblosen als auch in der belebten Welt; darüber hinaus suchen wir die Veränderungen und Gesetze vergangener Zeiten mittels jener zu interpretieren, die wir in der Gegenwart beobachten. Das war Darwins Geheimnis, das er Lyell abgelauscht hatte.«[1] Lyell präsentierte seinen Fall mit überzeugender Dialektik.

Wind und Sonnenwärme zerbröckeln nach und nach das Gestein im Hochland. Flüsse tragen den Schutt zum Meer. Durch diesen Prozeß, der Äonen dauert, wird das Land abgetragen, bis ein großes Gebiet in Schutt verwandelt ist. Wie in einem langsamen Atmungsvorgang, der wiederum Äonen dauert, steigt die massive Erde langsam wieder empor, während der Meeresboden sich senkt und die Zerbröckelung des Gesteins wieder von vorne beginnt. Das Land erhebt sich als Hochebene; die nachfolgenden Wirkungen von Wasser und Wind schneiden Furchen, und ganz allmählich verwandelt sich die Hochebene zu einer Gebirgskette; weitere Äonen, und auch diese Höhen zerbröckeln, und Wind und Regen tragen sie Körnchen um Körnchen in die See; das seichte Meer greift auf das Land über und zieht sich langsam zurück. Keine großen Katastrophen treten dazwischen, um das Antlitz der Erde zu ändern. Wenn auch vulkanische Aktivität sporadisch auftritt, so hatte sie nach Lyell keinen, im Vergleich mit jenem von Flüssen, Wind und Wellen wichtigen, Einfluß auf die Veränderung der Erdoberfläche.

Was den äonenlangen Prozeß des Hebens und Senkens verursacht, ist nicht ermittelt worden. Naturforscher des 18. Jahrhunderts behaupteten, sie hätten winzige gleichmäßige Änderungen der Meeresspiegelhöhe am Bottnischen Meerbusen der Ostsee im Vergleich zur Küstenlinie festgestellt. Ähnliche Vorgänge in vergangenen geologischen Zeitaltern müssen sämtliche Veränderungen auf der Erde hervorgebracht haben: die majestätischen Berge,

1 H. F. Osborn, *The Origin and Evolution of Life* (1917), 24.

die sich erhoben, und andere, die eingeebnet wurden; die Meeresküsten, die in langsamem Rhythmus hin und zurück verschoben wurden und die Erdkruste, die von Regen und Wind neu verteilt wurde. Laut der Theorie des Aktualismus fand in der Vergangenheit kein anderer Prozeß statt, der nicht auch heute stattfindet; und nicht nur die Art, sondern auch die Intensität der physikalischen Phänomene unseres Zeitalters ist der Maßstab für das, was in der Vergangenheit geschehen sein konnte.

Weil die aktualistische Theorie der Uniformen Evolution noch immer an allen Stätten der Gelehrsamkeit gelehrt wird und weil es Ketzerei ist, sie in Frage zu stellen, scheint die Wiederholung einiger von Lyells Originalbehauptungen angemessen, die in seinem Werk *Die Grundsätze der Geologie* aufgestellt werden; sie dienen als Manifest oder Kredo allen seinen Anhängern, ob man sie nun Aktualisten, Uniformisten oder Evolutionisten nennt. Lyell schrieb:

»Es ist sehr richtig bemerkt worden, dass, wenn wir die versteinerungsführenden Formationen chronologisch ordnen, sie eine unterbrochene und mangelhafte Reihe von Denkmälern bilden. So gehen wir, ohne irgend ein Zwischenglied von horizontalen Schichtensystemen, zu andern, sehr stark abfallenden, von Gesteinen mit einem eigenthümlichen Mineralcharacter zu andern mit einem gänzlich verschiedenen – von einer Vereinigung organischer Reste zu einer andern über, in welcher häufig alle Gattungen und die meisten Geschlechter verschieden sind. Diese Unterbrechungen der Continuität sind so gewöhnlich, dass sie weit eher für die Regel als für Ausnahme angesehen werden können, und von manchen Geologen sind sie als bündig zu Gunsten plötzlicher Revolutionen in der belebten und in der leblosen Welt angesehen worden.«[1]

So anerkannte er, daß die Erdoberfläche den Eindruck macht, als sei sie mächtigen und gewaltsamen plötzlichen Veränderungen unterworfen gewesen; aber er glaubte, daß die Zeugnisse unvollständig seien und der Hauptteil der Beweise verloren sei. »In dem festen Gezimmer des Erdkörpers haben wir eine chronologische Reihe natürlicher Berichte, (aber) manche Glieder dieser Kette

1 Sir Charles Lyell, *Grundsätze der Geologie* (nach der 6. Originalauflage, Weimar 1841), I, 338–339.

fehlen.«[1] Um dies glaubhaft zu machen, zitierte Lyell ein Beispiel aus dem menschlichen Bereich. Veranstaltete man alle 60 Jahre in 60 Provinzen eine Volkszählung, so würden Änderungen in der Bevölkerungszahl nur graduell aufscheinen; würde aber die Zählung jedes Jahr in einer anderen Provinz, und ausschließlich in einer einzigen, vorgenommen, so sei dort die Veränderung in der Bevölkerungsdichte zwischen den Zählungen alle 60 Jahre sehr groß. Lyell hielt daran fest, daß geologische Ablagerungen auf diese Art erfolgten.

Die Theorie der Uniformen Evolution, oder der gleichmäßigen Veränderungen in der Vergangenheit gemessen am heute beobachteten Grad, findet – wie Lyell zugestand – im unvollständigen Zeugnis der Erdkruste keinen positiven Nachweis; demzufolge brauchte die Theorie, die auf ein *argumentum ex silentio* – einen Beweis aus Nichtvorhandenem – gestützt ist, weitere Analogien.

»Wir wollen annehmen, wir hätten am Fusse des Vesuvs zwei unmittelbar übereinanderliegende verschüttete Städte, beide durch eine grosse Tuff- und Lavamasse getrennt ... Ein Altertumsforscher könnte leicht aus den Inschriften an alten Gebäuden zu der Folgerung veranlasst werden, dass die Bewohner der untern oder ältern Stadt Griechen, die der neuern aber Italiener waren. Er würde aber zu voreilig seyn, wenn er aus diesen Daten folgern wollte, dass in Campanien ein plötzlicher Wechsel von der griechischen zu der italienischen Sprache stattgefunden habe. Wenn er aber später *drei* begrabene Städte übereinanderliegend fand, von denen die mittlere von Römern ... bewohnt worden war, so würde er das Irrige seiner frühern Meinung bekennen und würde zu folgern beginnen, dass die Katastrophen, durch welche die Städte begraben wurden, keine Beziehungen zu den Schwankungen der Sprache ihrer Bewohner haben konnten; und dass die römische oder lateinische Sprache offenbar zwischen der griechischen und italienischen gesprochen wurde, so manche Dialecte auch nacheinander gesprochen worden, und wie stufenweis auch der Übergang von dem Griechischen zum Italienischen gewesen seyn mochte ...«[2]

1 Ebenda.
2 Ebenda, 369.

Diese oft wiederholte Passage ist ein unglückliches Beispiel, denn um zu beweisen, daß keine gewaltsamen Veränderungen vorgefallen seien, wählte Lyell ein Bild gewaltsamer Katastrophen: Die Horizonte werden durch Lavaschichten voneinander getrennt. Damit bedient er sich des so oft in geologischen Untersuchungen zutagetretenden Bildes. Dieses Beispiel als Nachweis für die Uniformität heranzuziehen, ist ein dialektischer Höhenflug.

Dem Vergleich folgt eine Anklage, die entsprechend der Unzulänglichkeit des Beispiels, das als Ersatz für geologische Zeugnisse angeführt wird, um so eindringlicher ausfällt. Lyell sagte:

»Es scheint ganz klar zu seyn, dass die frühern Geologen nicht allein eine nur geringe Kenntniss von den existirenden Ursachen [Wind, fließendes Wasser, usw.] hatten, sondern dass sie auch ihre Unkunde nicht erkannten. Mit der ganz natürlich durch diese Bewusstlosigkeit veranlassten Voraussetzung, waren sie gar nicht unschlüssig, darüber sogleich entschieden zu seyn, dass die Zeit nie die vorhandenen Naturkräfte in den Stand zu setzen vermöge, so grosse Veränderungen und noch weit weniger so bedeutende Umwälzungen hervorzubringen, als die sind, welche die Geologie an's Licht gebracht hat.«[1]

Und er fuhr fort:

»Niemals gab es ein Dogma, das mehr darauf berechnet gewesen wäre, die Gleichgültigkeit zu nähren und die scharfe Kante der Wissbegierde abzustumpfen, als diese Annahme von der Nichtübereinstimmung zwischen den alten und den vorhandenen Ursachen der Veränderung. Es veranlasste eine im höchsten Grade ungünstige Stimmung für die aufrichtige Annahme der Überzeugung von jenen geringen aber unaufhörlichen Veränderungen, die jeder Theil der Erdoberfläche erleidet.«[2]

Der Ton dieses Plädoyers für die damals unorthodoxe Theorie der Uniformen Evolution war zunächst defensiv; der Standpunkt wurde nicht durch ausreichende Beweise gestützt. Dann, als ob einige Analogien mit menschlichen Situationen stark genug wären, einen Ersatz für das mangelhafte Zeugnis der Natur zu bieten,

1 Ebenda, 395.
2 Ebenda, 396.

wechselte der Ton und wurde kompromißlos.

»Aus diesem Grunde werden alle Theorien, welche plötzliche und heftige Katastrophen und Umwälzungen der ganzen Erde und ihrer Bewohner voraussetzen, verworfen, indem dieselben durchaus keine Beziehung zu vorhandenen Ursachen haben, und durch dieselben der Gordische Knoten weit eher zerhauen, als geduldig aufgelöst wird.«[1]

Trotz der starken Sprache, die zur Anwendung gelangt, ist das wissenschaftliche Prinzip – was immer in der Gegenwart nicht geschieht, ist auch in der Vergangenheit nicht vorgefallen – eine selbstauferlegte Einschränkung: weniger ein Grundsatz der Wissenschaft, denn ein Glaubenssatz. Und Lyell beendet dann auch sein berühmtes Kapitel mit einem Appell an den Glauben und mit einem Gebot für Gläubige:

»Glaubt er (der angehende Geolog) fest an die Ähnlichkeit oder Gleichheit des alten und des jetzigen Systems der irdischen Veränderungen, so wird er jede über die Ursachen der täglichen Wirksamkeit gesammelte Thatsache als einen Schlüssel zur Erläuterung irgend eines Geheimnisses der Vergangenheit ansehen.«[2]

Flußpferde

Das Flußpferd bevölkert die großen Flüsse und Sumpfgebiete Afrikas; in Europa oder Amerika kommt es nicht vor, außer in zoologischen Gärten, wo es sich zumeist in Tümpeln suhlt und seinen unförmigen Körper im schlammigen Wasser untertaucht. Neben dem Elefanten gehört es zu den größten Landtieren. Flußpferdknochen werden im Boden Europas bis hinauf nach Yorkshire in England gefunden.

Lyell gab zum Vorhandensein des Flußpferdes in Europa folgende Erklärung ab:

»Der Geologe kann daher ungehindert Vermuthungen über die Zeit anstellen, in welcher Heerden von Flußpferden aus den nord-

1 Ebenda, 397.
2 Ebenda, 398.

afrikanischen Flüssen, wie z. B. dem Nil, hervorbrachen und längs den Küsten des Mittelmeers im Sommer nordwärts schwammen oder selbst hie und da Inseln in der Nähe der Küsten besuchten. Andere mögen in wenigen Sommertagen aus den Flüssen Südspaniens oder Südfrankreichs nach der Somme, der Themse oder dem Severn geschwommen und wieder zurückgekehrt sein, ehe Schnee und Eis anfingen.«[1]

Eine Argonautenexpedition von Flußpferden aus den Flüssen Afrikas zu den Inseln Albions klingt wie eine Idylle.

In der Viktorianischen Höhle bei Settle in West-Yorkshire wurden 440 m ü. d. M. unter einer 4 m starken Lehmschicht, die einige stark mitgenommen aussehende Steinblöcke enthielt, zahllose Überreste des Mammuts, Nashorns, Flußpferdes, Büffels, der Hyäne und anderer Tiere gefunden.

In Nord-Wales im Vale of Clwyd lagen in vielen Höhlen die Überreste des Flußpferdes zusammen mit solchen des Mammuts, des Nashorns und des Höhlenlöwen. In der Höhle von Cae Gwyn im Vale of Clwyd »wurde es im Laufe der Ausgrabungen klar, daß die Knochen durch Wasserbewegungen stark durcheinandergebracht wurden«. Der Höhlenboden »wurde danach durch Lehm und Sand bedeckt, der fremde Kiesel enthielt. Dies schien zu beweisen, daß die jetzt 400 Fuß (121 m) [ü. d. M. liegenden] Höhlen nach ihrer Bewohnung durch Tiere und Menschen versunken gewesen sein mußten ... Der Inhalt dieser Höhlen muß durch die Tätigkeit des *Meeres* während der Überflutung in der mittleren Eiszeit zerstreut und nachher durch Meersand bedeckt worden sein ...«, schreibt H. B. Woodward.[2]

Nicht nur reisten Flußpferde während der Sommernächte nach England und Wales, sondern sie bestiegen auch Berge, um dort inmitten anderer Tiere in den Höhlen friedlich zu sterben; und das sanft herannahende Eis breitete zärtlich kleine Kieselsteine über den in Frieden ruhenden Reisenden aus; und das Land mit seinen Hügeln und Höhlen wiegte sie langsam unter den Meeresspiegel, und leise Strömungen liebkosten die toten Körper und deckten sie mit rosarotem Sand zu.

1 Charles Lyell, *Das Alter des Menschengeschlechts* (nach der 3. Originalauflage, Leipzig 1864), 129–130.

2 H. B. Woodward, *Geology of England and Wales* (2. Aufl., 1887), 543.

Drei Annahmen sind von den Repräsentanten der Uniformen Evolution unterstellt worden: Irgendwann vor nicht allzu langer Zeit war das Klima der Britischen Inseln so warm, daß Flußpferde jeweils im Sommer dorthin kamen; die Britischen Inseln senkten sich in einem solchen Ausmaß, daß Höhlen in den Bergen untertauchten; das Land erhob sich wieder zu seiner gegenwärtigen Höhe – und all das ohne einen einzigen Vorgang gewaltsamer Art.

Oder war es, vielleicht, eine bergeshohe Welle, die über das Land hinweg in die Höhlen hereinbrach und sie mit Meeressand und Geröll anfüllte? Und tauchte der Boden hinab und stieg wieder empor in einem Paroxysmus der Natur, bei welchem auch das Klima sich veränderte? Flüchteten die Tiere angesichts der nahenden Katastrophe, und folgte ihnen die gewalttätige See und erstickte sie in den Höhlen, die ihre letzte Zuflucht waren und zu ihrer Begräbnisstätte wurden? Schwemmte das Meer sie aus Afrika und warf sie in Mengen auf die Britischen Inseln und andere Gebiete und bedeckte sie mit Erde und Trümmern? Die Eingänge zu einigen der Höhlen waren zu eng und die Höhlen selbst zu »geschrumpft« (verengt), um ein Zufluchtsort für so riesige Tiere wie Flußpferde oder Nashörner gewesen zu sein. Welche dieser Antworten oder Vermutungen auch immer richtig sein mögen, und ob die Flußpferde in England lebten oder vom Ozean dorthin geworfen wurden, ob sie in den Höhlen Zuflucht suchten oder die Höhlen nur zu ihrem Grab wurden: Ihre Knochen auf den Britischen Inseln wie auch auf dem Meeresboden im Gebiet dieser Inseln sind Zeichen gewaltiger Naturvorgänge.

Eisberge

Die Theorie, die das Vorkommen katastrophischer Ereignisse in der Vergangenheit bestritt, war unvereinbar mit der damaligen Lehrmeinung, welche die Verteilung des Geschiebes (die Ablagerungen von Steinschutt, Lehm und organischen Stoffen, die kontinentale Gebiete überdecken) und von Findlingen der Tätigkeit des Wassers zuschrieb, und zwar in Form von großen Flutwellen, die über die Kontinente hereinbrachen. Eine sich langsam bewegende

Wirkung, welche dieselbe Arbeit, aber in längeren Zeiträumen zu leisten vermochte, mußte gefunden werden. Lyell nahm an, daß Eisberge die Steine über weite Meeresstrecken transportierten. Eisberge sind abgebrochene Teile von Gletschern, die sich von gebirgigen Küsten zur See bewegen. Seeleute haben in den nördlichen Meeren Eisberge mit darauf liegenden Felsbrocken beobachtet. Und wenn wir die enormen geologischen Epochen der Vergangenheit bedenken und die Tätigkeit der Eisberge als Erd- und Steinträger mit der vergangenen Zeit multiplizieren, so könnten wir – laut Lyell – das Vorhandensein der Findlinge wie auch des Geschiebes und Gerölls auf dem Land erklären.

Findlinge sind weit weg von den Küsten zu finden: Lyell lehrte, daß das Land versunken war und darüber schwimmende Eisberge ihre Steinlasten fallen ließen; danach tauchte das Land mit den darauf liegenden Steinen wieder auf. Findlinge sind auf Gebirgen zu finden; deshalb waren die Berge unter seichtem Wasser, als Eisberge aus anderen Regionen ihre Steine auf die Gipfel fallen ließen. Um die Herkunft der Findlinge auf diese Art zu erklären, war die Versenkung großer Teile von Kontinenten in recht junger Zeit vorauszusetzen.

An einigen Orten sind die Findlinge in langen Ketten angeordnet – wie in den Berkshires (Massachusetts, USA). Eisberge konnten nicht als intelligente Träger gehandelt haben, und Lyell muß sich der Schwäche seiner Theorie an dieser Stelle bewußt gewesen sein. Die einzige, zu jener Zeit bekannte Alternative war eine Flutwelle. Aber Lyell hatte einen Horror vor Katastrophen. In der Natur waren sie ihm ebenso zuwider wie im politischen Leben Europas. So beginnt seine Selbstbiographie in charakteristischer Weise mit einer Schilderung seiner lebhaftesten Kindheitserinnerung: »Ich war viereinhalb Jahre alt, als sich ein Ereignis zutrug, das kaum je vergessen weden konnte.« Seine Familie befand sich, in zwei Wagen, auf einer Reise und war eineinhalb Etappen von Edinburgh entfernt, als »auf einer schmalen Straße, mit einer steilen Böschung sowohl darüber als auch darunter, eine Herde Schafe mitten in den Weg sprang und die Pferde (des anderen Wagens) scheuten. Sie gingen durch und waren mit Kutsche, Menschen, Pferden und allem im nächsten Moment über der Böschung völlig verschwunden.« Es erfolgte eine Rettung durch zerbrochene Fenster, ein wenig Blut wurde vergossen, und jemand fiel in Ohnmacht.[1] Das Ereignis hinterließ den ersten und nachhaltigsten Eindruck in den Kindheitserinnerungen des Erfinders der Theorie der Gleichmäßigkeit.

Darwin in Südamerika

Charles Darwin, der zunächst sein Medizinstudium in Edinburgh aufgegeben und dann vom Christ College in Cambridge seinen Doktortitel der Theologie erworben hatte, begab sich im Dezember 1831 als Naturforscher auf das Schiff *Beagle*, welches auf einer fünfjährigen Forschungsexpedition um die Welt segeln sollte. Darwin trug mit sich Lyells gerade veröffentlichten Band *Grundsätze der Geologie*, der zu seiner Bibel wurde. Auf dieser Reise schrieb er sein *Tagebuch*, dessen zweite Auflage er Lyell widmete.

Diese Rund-um-die-Welt-Reise war Darwins einzige Erfahrung an praktischer wissenschaftlicher Arbeit in Geologie und Paläontologie, und er verwertete diese sein ganzes Leben lang. Später schrieb er, daß ihm diese Beobachtungen als »Ursprung aller seiner Ansichten« dienten. Seine Beobachtungen stammten von der Südhalbkugel, und vor allem aus Südamerika, einem Kontinent, der seit den Expeditionen Alexander von Humboldts (1799–1804) die Aufmerksamkeit der Naturforscher auf sich gelenkt hatte. Darwin war beeindruckt von den zahllosen Ansammlungen fossiler und ausgestorbener Tiere, die zumeist von größerer Statur als die heute lebenden Arten waren; diese Fossilien sprachen von einer blühenden Fauna, die in einem jüngeren geologischen Zeitalter plötzlich ihr Ende fand. Unter dem 9. Januar 1834 schrieb er in sein Reisetagebuch:

»Es ist unmöglich, über den veränderten Zustand des americanischen Continents ohne das tiefste Erstaunen nachzudenken. Früher muß er von großen Ungeheuern gewimmelt haben. Jetzt finden wir bloße Zwerge im Vergleich mit den vorausgegangenen verwandten Rassen.«

1 Charles Lyell, *Life, Letters and Journals* (1881), I, S. 2.

Und so fuhr er weiter: »Die größere Zahl, wenn nicht sämtliche dieser ausgestorbenen Säugethiere haben in einer späten Periode gelebt und waren Zeitgenossen der meisten der jetzt lebenden Meermuscheln. Seit der Zeit, wo sie lebten, kann keine sehr große Veränderung in der Bildung des Landes stattgefunden haben. Was hat denn nun so viele Species und ganze Gattungen vertilgt? Zunächst wird man unwiderstehlich zu der Annahme einer großen Katastrophe getrieben; aber um hierdurch Thiere und zwar sowohl große als kleine im südlichen Patagonien, in Brasilien, auf der Cordillera, in Peru, in Nord-America bis hinauf nach der Beringstraße zerstören zu lassen, *müßten wir das ganze Gerüste der Erde erschüttern.*«

Kein kleineres physikalisches Ereignis hätte diese Massenvernichtung herbeiführen können, die nicht nur die amerikanischen Kontinente, sondern die gesamte Welt umfaßte. Und da ein solcher Vorgang keinesfalls zur Debatte stand, wußte Darwin keine Antwort darauf. »Es kann kaum eine Veränderung der Temperatur gewesen sein, welche in ungefähr derselben Zeit die Bewohner tropischer, gemäßigter und arctischer Breiten auf beiden Seiten der Erdkugel zerstörte.«

Sicher war auch dem Menschen die Rolle des Zerstörers nicht zuzuschreiben; und würde er alle Großtiere angreifen, wäre er auch die Ursache der Vertilgung »der vielen fossilen Mäuse und anderen kleinen Säugethiere?« fragte Darwin.

»Niemand wird sich vorstellen, daß eine Dürre ... alle Individuen aller Species vom südlichen Patagonien bis zur Beringstraße zerstören könnte. Was sollen wir vom Aussterben des Pferdes sagen; gaben jene Ebenen keine Weide, welche jetzt von Tausenden und Hunderten von Tausenden der Nachkommen jenes von Spaniern eingeführten Stammes überschwärmt werden?« Darwin kam zum Schluß: »Gewiß ist keine Thatsache in der langen Geschichte der Erde so verwirrend, als das ausgedehnte und wiederholt vorkommende Vertilgen ihrer Bewohner.«[1] Aus Darwins Verwirrung entstanden die Ideen der Auslöschung der Arten als ein Vorspiel zur natürlichen Zuchtwahl.

1 Charles Darwin, *Reise eines Naturforschers um die Welt* (Stuttgart 1875), unter dem 9. Januar 1834, 199–200.

Kapitel 4

Eis

Die Geburt der Eiszeit-Theorie

Louis Agassiz, ein junger Schweizer Naturforscher, begab sich 1836 mit Professor Jean Charpentier, ebenfalls ein Naturforscher, auf einen alpinen Gletscher: Er wollte ihm die Unlogik der neuen Idee demonstrieren, wonach einmal eine Eisdecke sich über weite Teile Europas erstreckt habe. Vier Jahre früher hatte ein Lehrer der kleinstädtischen Forstakademie zu Dreißigacker geschrieben, »daß einst das Polareis bis an die südlichste Grenze des Landstriches reichte, welcher jetzt von jenen Felstrümmern [Findlingen] bedeckt wird.«[1] Der Botaniker C. Schimper war, vermutlich unabhängig davon, auf die gleiche Idee verfallen und hatte den Begriff »Eiszeit« geprägt; es war ihm gelungen, Charpentier für die Hypothese zu gewinnen. Am Rande des Gletschers wurde Agassiz, der als Skeptiker gekommen war, selbst bekehrt; er wurde zum Hauptapostel der neuen Theorie. Auf dem Aaregletscher baute er eine Hütte, in der er lebte, um die Bewegungen des Eises beobachten zu können, und er zog dadurch die Aufmerksamkeit von Naturforschern und Neugierigen aus ganz Europa auf sich.

Das Studium der Alpengletscher offenbarte, daß Gletschereis sich durch das eigene Gewicht täglich meterweise fortbewegen kann; und daß dadurch in der Tat Steine weggetragen und -gestoßen werden. Einige der losen Brocken werden seitwärts geschoben und bilden so die Seitenmoränen; andere stehen vor der Front des Eises als Endmoränen. Wenn der Gletscher schmilzt und sich zurückzieht, bleibt das lose Gestein an der Stelle der größten Gletscherausdehnung liegen. Agassiz nahm an, daß die Findlinge auf den Jurahöhen vom Eis der Alpen dorthin getragen wurden und daß die Findlingsketten in Nordeuropa und Amerika von giganti-

1 A. Bernardi. »Wie kamen die aus dem Norden stammenden Felsbruchstücke und Geschiebe, welche man in Norddeutschland und den benachbarten Ländern findet, an ihre gegenwärtigen Fundorte?« *Jahrbuch für Mineralogie, Geognosie, Geologie und Petrefaktenkunde*, III (Heidelberg, 1832), 258.

schen Gletschern geformt worden waren, die in der Vergangenheit große Gebiete dieser Kontinente bedeckt hatten. Ebenfalls folgerte er, daß das Geschiebe von diesen Eisdecken gebracht und hinterlassen worden sei. Durch im Eis eingebetteten Flint oder andere Splitter harten Gesteins wurde das Felsenbett ausgescharrt; und sie schliffen den steinigen Untergrund der Hänge und Täler und höhlten die Seebecken aus.

Seine Schlußfolgerungen in bezug auf andere Teile der Welt stützte Agassiz lediglich auf seine in der Schweiz und in den umliegenden Gebieten angestellten Beobachtungen. Könnte er zwei der führenden Geologen – Buckland, den Autor von *Reliquiae diluvianae*, und Murchison – zur Eiszeittheorie bekehren und damit ihre Unterstützung gewinnen, so dachte er, dann würde die erstrebte Anerkennung sehr viel leichter fallen. Agassiz ging nach Großbritannien. »In seinen späteren Jahren«, schildert seine Witwe, »wenn er sich an seine wissenschaftliche Ausgeschlossenheit erinnerte, in der er damals infolge seiner Opposition zu allen prominenten Geologen stand, sagte er: ›Unter den älteren Naturforschern hielt nur ein einziger zu mir: Dr. Buckland, der Dekan von Westminster ... Zuerst besuchten wir das Schottische Hochland; und es ist eine meiner köstlichsten Lebenserinnerungen, als ich – gerade näherten wir uns dem Schloß des Herzogs von Argyll, in einem den Schweizer Tälern nicht unähnlichen Tal – zu Buckland sagte: ›Hier werden wir unsere erste Spur eines Gletschers sehen‹; und als die Kutsche in das Tal einbog, fuhren wir in der Tat über eine alte Endmoräne, welche vor dem Ausgang des Tales lag.‹«[1] Es war der Schauplatz für eine Offenbarung. Agassiz gewann einen Anhänger.

Einige Wochen später, am 4. November 1840, verlas Agassiz eine Abhandlung vor der Geological Society of London, in welcher er die Exkursion im Licht der Eiszeittheorie zusammenfaßte, und Buckland, damals Vorsitzender der Gesellschaft, folgte ihm mit einem eigenen Aufsatz über das gleiche Thema. Schon vor der Sitzung hatte er an Agassiz über den Erfolg seiner missionarischen Tätigkeit geschrieben: »Lyell hat Ihre Theorie *in toto* übernom-

1 *Louis Agassiz, His Life and Correspondence*, Hrsg. Elizabeth Cary Agassiz (1893), I. 307.

men!!! Als ich ihm eine eindrucksvolle Ansammlung von Moränen im Umkreis von nur zwei Meilen vom Haus seines Vaters zeigte, akzeptierte er sie sofort als die Lösung einer ganzen Reihe von Schwierigkeiten, die ihn sein Leben lang behindert hatten.«[1] Auch Lyell stimmte dem Vortrag eines Aufsatzes kaum als drei Wochen nach dieser Episode, am Tag nach den Vorlesungen von Agassiz und Buckland, zu. In diesem hastig vorbereiteten Papier erklärte er die Moränen in Großbritannien aus der Sicht von Agassiz' Lehre.

An der Sitzung vom 4. November »versuchte Murchison Widerstand zu leisten«, aber – in den Worten von Agassiz – »ohne viel Erfolg«. Er fügte hinzu: »Dr. Buckland war wahrhaft überzeugend.«

Im gleichen Jahr (1840) veröffentlichte Agassiz seine Theorie in einem Werk mit dem Titel *Etudes sur les glaciers*. Er schrieb:

»Der Boden Europas, ehemals geschmückt mit einer tropischen Vegetation und bewohnt von Herden großer Elefanten, riesiger Flußpferde und gigantischer Fleischfresser, fand sich unvermittelt unter einem ausgedehnten Eismantel, der ohne Unterschied die Ebenen, die Seen, die Meere und die Plateaus bedeckte. Auf das Leben einer reichen Schöpfung folgte die Stille des Todes. Die Quellen versiegten, die Ströme hörten auf zu fließen, und die von der eisigen Fläche zurückgeworfenen Sonnenstrahlen wurden (wenn sie überhaupt bis dahin gelangten) nur vom Brausen des Nordwindes und vom Donner der Gletscherspalten begrüßt, die sich auf der Oberfläche des riesigen Eismeeres öffneten.«[2]

Agassiz betrachtete Beginn und Ende der Eiszeit als katastrophische Ereignisse. Er glaubte, daß Mammuts in Sibirien plötzlich im Eis gefangen wurden, das sich schnell über einen größeren Teil der Welt ausbreitete. Er gab der Meinung Ausdruck, daß wiederholt weltweite Katastrophen von einer Temperatursenkung des Globus und seiner Atmosphäre begleitet waren und daß Eiszeiten, deren die Erde mehr als eine erlebte, jedesmal durch erneuerte Eruptivtätigkeit aus dem Erdinnern *(éruptions de l'intérieur)* wieder beendet wurden. So hielt er fest, daß die westlichen Alpen sich

1 Ebenda, 309.
2 Louis Agassiz, Etudes sur les glaciers (Neuchâtel 1840), 314.

vor erst kurzer Zeit erhoben hätten, am *Ende* der letzten Eiszeit, und jünger als die Kadaver der sibirischen Mammuts, deren Fleisch noch immer eßbar ist, seien: diese Tiere, so dachte er, seien *zu Beginn* der Eiszeit umgekommen.[1] Mit der Erneuerung der eruptiven Tätigkeit schmolz der Eismantel, große Fluten entstanden, die Berge und Seen in der Schweiz und an vielen anderen Orten wurden gebildet, so daß die Reliefkarte der Welt allgemein verändert wurde.

Es wird oft behauptet, Agassiz habe eine halbe bis zu einer ganzen Million Jahre der Neuzeit hinzugefügt, indem er die Eiszeit zwischen dem Tertiär (Entfaltung der Säugetiere) und der Jungsteinzeit und dem historischen Zeitalter anordnete. Man muß sich aber vor Augen halten, daß die Spanne von einer Million Jahre für die Eiszeit Lyells Schätzung ist und daß er Agassiz' Theorie im Geiste der Gleichmäßigkeit interpretierte.[2]

Die Theorie einer kontinentalen Eisdecke war für Lyell akzeptabel. Er stimmte ihr zu und gab sich damit zufrieden, für den Nachweis nicht weiter als zwei Meilen von seinem Heim fortgehen zu müssen. Es war ihm klar, daß schwimmende Eisberge das Phänomen des Geschiebes und der Findlinge nicht für alle Orte erklären konnten. Die einzige Alternative waren über das Land hereinbrechende Flutwellen gewesen, eine indessen vollkommen katastrophistische Erklärung. Jetzt, mit der Festlandeistheorie, glaubte er, die richtige Lösung gefunden zu haben, wenn der von Agassiz selbst, einem Anhänger Cuviers, vorgeschlagene katastrophistische Aspekt eliminiert wurde. Es wurde noch nicht danach gefragt, was eine solche Eisdecke hätte verursachen können.

1 Ebenda, 304–329.
2 Lyell übernahm die Schätzung von einer Million Jahre für die Eiszeit von J. Croll, der diese Zeitdauer für seine astronomische Eiszeitentheorie brauchte, die inzwischen längst aufgegeben wurde.

Über die Ebenen Rußlands

Bald nach der historischen Sitzung, auf welcher die Eiszeittheorie von der Mehrheit der Mitglieder der Geological Society akzeptiert wurde, reiste R. I. Murchison nach Rußland; Zar Nikolaus I. hatte ihn zu geologischen Vermessungen eingeladen. Aus dieser Arbeit wuchs die Erkenntnis des Perm-Systems; Perm, Devon – ebenfalls zuerst von Murchison in Zusammenarbeit mit Sedgwick erkannt – und Silur bilden drei der großen Unterteilungen in der modernen Auffassung früher geologischer Zeitalter. Viele Monate lang durchquerte Murchison Rußland nach Länge und Breite und beobachtete dabei genau die über die großen russischen Ebenen verstreut liegenden Findlinge, um die Gültigkeit von Agassiz' Theorie nachzuprüfen. In Finnland und in den nördlichen Provinzen Rußlands fand er sehr große Blöcke; doch ihre Größe nahm ab, je weiter südlich man kam, was auf die Wirkung von Wasser deutete – auf eine Flutwelle, die, von Norden oder Nordwesten kommend, die Felsblöcke entlang ihres Weges fallen ließ. Er beobachtete ebenfalls, daß die Findlinge in den Karpaten nicht lokalen, sondern skandinavischen Ursprungs waren.

Über das Geschiebe, »Steinhaufen, Sand, Lehm und Geröll, in derart enormen Mengen verteilt auf die Tiefebenen Rußlands, Polens und Deutschlands«, äußerte Murchison die Überzeugung, daß »ein erheblicher Anteil, bei weitem der größere Teil ... durch Tätigkeit des Wassers transportiert worden ist, Folge mächtiger Translationswellen und Strömungen, die durch relative und oft paroxysmale Änderungen des Meeresspiegels hervorgerufen wurden«[1] Was immer die Ursache des Meereseinbruchs gewesen sein konnte, solche Wasserstürze brachten »mit der Hilfe von Eisschollen« das Geschiebe hervor.

»Da es in Südschweden, Finnland und Nordostrußland keine Berge gibt, aus welchen je Gletscher gekommen sein könnten, und da diese Regionen trotzdem stark abgeschürft, eingekerbt und abgeschliffen sind«, kam Murchison zum Schluß, daß so weiträumig hervorgerufene Wirkungen über so flachen Ländern das Resultat

1 R. I. Murchison, The Geology of Russia in Europe and the Ural Mountains, I (London 1845).

einer hereinbrechenden See sein mußte, die auch enorme Mengen von Schutt und Geröll hinterließ.

Murchison »wies die Anwendung der terrestrischen Gletschertheorie auf Schweden, Finnland, Nordostrußland und ganz Norddeutschland – also überhaupt auf alle europäischen Tiefländer – zurück«.[1] Er stimmte dem zu, daß im gebirgigen Nordskandinavien und Lappland arktische Gletscher früher existiert hatten. Von diesen Gletschern losbrechende Eisschollen trugen kantige Bruchsteine über vom Meer bedecktes Land und ließen sie auf das vom Meeresausbruch hervorgebrachte Geschiebe fallen.

Murchison lenkte die Aufmerksamkeit auf die Tatsache, daß »Sibirien von Findlingen völlig frei ist, obwohl auf drei Seiten von Bergen umgeben«.[2]

Er benötigte die Hilfe von aus Gletschern gebrochenen Eisbergen »zur Erklärung gewisser Nebenphänomene«, doch hielt er fest an der Überzeugung, daß »neptunische Geröllverhältnisse am besten die große Ausbreitung des Geschiebes überall auf der Erde und gleichzeitig die sehr allgemeine Furchenbildung und Abschleifung des Gesteins sowohl in tiefen wie auch hohen Lagen und auf zahllosen Breitengraden erklären«.[3]

In späteren Jahren anerkannte Murchison in einem Brief an Agassiz, daß er seine erste Opposition gegen die Eiszeittheorie bedauerte – ohne allerdings irgendeine seiner Beobachtungen und Schlußfolgerungen aus Rußland zurückzuziehen. Andererseits sind Meeresablagerungen aus der Erd-Neuzeit in weiten Gebieten des europäischen und asiatischen Rußland gefunden worden. Im Kaspischen Meer, das sich zwischen Südrußland und Persien erstreckt, leben Robben, die mit den Seehunden der Arktis verwandt sind. Deshalb nimmt man an, daß das Nordpolarmeer sich ausbreitete und eine Verbindung zum Kaspischen Meer hergestellt wurde, und das alles in der Erd-Neuzeit.

»Seit das Eis zurückwich, hat sich das Nordpolarmeer über weite Gebiete Nordrußlands ausgebreitet und an vielen Orten Meeresrückstände auf dem Gletschergeschiebe wie auch auf dem festeren Gestein zurückgelassen. Das arktische Wasser verbreitete

1 Ebenda, 554.
2 Ebenda.
3 Ebenda.

sich ebenfalls über das weit im Süden liegende Obi-Bassin und stellte Verbindungen zum Kaspischen Meer her; zu jener Zeit zogen die Vorfahren der heutigen Robben auf den kaspischen Felseninseln dorthin, wo sie gestrandet zurückblieben, als die Wasser sich zurückzogen.«[1]

Eiszeit in den Tropen

Agassiz reiste 1865 nach Äquatorialbrasilien, einer der heißesten Gegenden auf der Welt, wo er alle die Zeichen wiederfand, die er der Tätigkeit des Eises zuschrieb. Jetzt wurden sogar jene unruhig, die ihm bislang gefolgt waren. Eine Eisdecke in den Tropen, direkt auf dem Äquator? Aber es gab Geschiebeakkumulationen, und gefurchtes Gestein, und erratische Blöcke, und kannelierte Täler und die glatte Oberfläche von Tillit (verfestigter Geschiebelehm), so daß Eis zum Transport und Glätten vorhanden gewesen und die Region durch eine Eiszeit gegangen sein mußte. Was konnte das Zudecken einer tropischen Region mit einer Hunderte von Metern dicken Eisschicht verursacht haben?

Vielfältige Spuren einer Eiszeit wurden auch in Britisch-Guinea ausgemacht, ebenfalls einem der heißesten Gebiete auf der Erde.

Bald kam dieselbe Meldung aus Äquatorialafrika; und dabei erschien noch seltsamer, daß die Zeichen dort nicht nur darauf hindeuteten, daß Äquatorialafrika und Madagaskar unter einer Eisschicht gelegen haben, sondern daß dieses Eis sich *vom* Äquator her gegen die höheren Breiten der Südhalbkugel bewegt hatte, also in der falschen Richtung.

Dann wurden Zeugnisse einer Eiszeit in Indien entdeckt, und auch dort hatte sich das Eis *vom* Äquator her bewegt, und nicht allein in Richtung nördlicher Breiten, sondern auch bergauf, vom Tiefland hinauf zu den Vorgebirgen des Himalaya.

Nach erneuten Erwägungen wurden die Eiszeitzeugnisse aus äquatorialen Regionen einer anderen Eiszeit zugeschrieben, die nicht vor Tausenden, sondern vor vielen Millionen von Jahren

1 G. D. Hubbard, The Geography of Europe (1937), 47.

stattgefunden hat. Heute werden die Glazialphänomene in den Tropen und auf der südlichen Halbkugel hauptsächlich dem Perm-Zeitalter zugeschrieben, einer viel früheren Periode, als es die neuzeitliche Eiszeit ist. »Das auffallendste Merkmal der Perm-Vereisung ist ihre Verteilung«, schreibt C. O. Dunbar von der Yale-Universität. »Südamerika trägt in Argentinien und Südostbrasilien Zeugnisse von Vereisung sogar bis 10° zum Äquator. Auf der Nordhalbkugel war die Halbinsel Indien der Hauptschauplatz der Vereisung, mit gegen Norden fließendem Eis (d. h. von den Tropen her in Richtung höherer Breitengrade).«[1] »Die Eiskappe bedeckte praktisch ganz Südafrika bis mindestens 22° südlicher Breite und reichte bis nach Madagaskar.«[2]

Sogar wenn das Phänomen sich vor sehr langer Zeit ereignete, ist eine Hunderte oder gar Tausende von Metern dicke Eisdecke in den heißesten Regionen der Erde ein herausforderndes Rätsel. R. T. Chamberlain sagt: »Einige dieser riesigen Eismassen rückten bis hinein in die Tropen vor, wo ihre Ablagerungen von gletschergetragenem Schutt, Hunderte von Metern dick, die Geologen, die sie sahen, in Erstaunen versetzen. Keine zufriedenstellende Erklärung ist bis heute für die Ausdehnung und Lage dieser außergewöhnlichen Gletscher vorgeschlagen worden ... Gletscher, wegen ihrer Größe und Lage fast unglaublich, entstanden ganz sicher nicht in Wüsten ...«[3]

Grönland

Grönland ist das zeitgenössische Beispiel dessen, was laut der Eiszeittheorie in der Vergangenheit auf einem großen Teil der Welt vor sich ging. Grönland gehört zur ausgedehnten Inselgruppe, die über Nordostkanada liegt, obwohl man es manchmal zu Europa zählt. Es ist die größte Insel der Welt, wenn wir die Antarktis und Australien als Kontinente ansehen. Die Insel ist 2670 km lang,

1 C. O. Dunbar, *Historical Geology* (1949), 298–299.
2 Ebenda, 298.
3 R. T. Chamberlain, »The Origin and History of the Earth«, The *World of Man*, Hrsg. F. R. Moulton (1937), 80.

liegt zum größten Teil innerhalb des Polarkreises und reicht bis zu 83° 39' nördlicher Breite. Von ihren 2175600 km² sind über 1,8 Millionen mit einem immensen Gebirge von Eis bedeckt, das nur die Küstenzonen frei läßt. Die Eisdecke wird mit Hilfe des Echos gemessen, das nach der Auslösung einer Detonation auf der Oberfläche des Eises von der Gesteinsoberfläche zurückgeworfen wird. Die Mächtigkeit des Eises beträgt durchschnittlich 1500 m und reicht bis zu 3400 m.

»Lange Zeit glaubten viele, daß eine große Region im Innern Grönlands eisfrei und vielleicht bevölkert sei. Zum Teil, um dieses Problem zu lösen, begab sich [N. A. E.] Nordenskiöld auf seine Expedition von 1883.«[1] Von der Eiskappe der Disko-Bay aufsteigend, reiste er 18 Tage lang ostwärts über die Eisfläche. »Flüsse strömten in Betten wie auf dem Land ... nur daß das klare Blau der Eiswände im Vergleich unendlich viel schöner war. Nachdem sie in den Flußrinnen über einige Distanz auf der Oberfläche dahinflossen, stürzten sie allesamt mit betäubendem Tosen in gähnende Spalten, um ihren Weg zur See durch subglaziale Kanäle zu suchen. Zahllose Seen mit Ufern aus Eis wurden ebenfalls angetroffen.«

»Näherte man das Ohr dem Eis«, schrieb der Entdecker, »so hörten wir auf allen Seiten ein eigenartiges unterirdisches Brausen, das von unter dem Eis strömenden Flüssen ausging; und gelegentlich wies ein lauter Knall, wie von einer Kanone, auf die Bildung einer neuen Gletscherspalte hin ... Am Nachmittag sahen wir in einiger Entfernung von uns eine klar abgezeichnete Nebelsäule, die, als wir sie erreichten, aus einem bodenlosen Abgrund aufzusteigen schien, in den ein mächtiger Gletscherstrom fiel. Die riesige tosende Wassermasse hatte sich ein senkrechtes Loch gebohrt, wohl bis hinunter auf den Felsen, sicher mehr als 700 Meter darunter, auf welchem der Gletscher ruhte.«[2]

In Grönland überlebte die Eiszeit. Diese arktische Insel offenbart, wie ausgedehnte kontinentale Gebiete in der Vergangenheit aussahen. Aber sie erklärt nicht, wie Eis Britisch-Guinea oder Madagaskar in den Tropen überdeckt haben könnte. Und was nicht

1 Wright, *The Ice Age in North America*, 75.
2 Ebenda.

weniger überraschend ist: Der nördliche Teil Grönlands war, laut einstimmiger Meinung der Glaziologen, nie vergletschert. »Wahrscheinlich, damals wie heute, war der nördlichste Teil Grönlands eine Ausnahme; denn es scheint eine Regel zu sein, daß die nördlichsten Landstriche nicht vergletschert sind und es auch niemals waren«, schreibt der Polarforscher Vilhjalmur Stefansson.[1] »Die Inseln des arktischen Archipels«, schreibt ein anderer Wissenschaftler, »waren nie vergletschert. Auch das Innere Alaskas war es nicht.«[2] »Es ist eine bemerkenswerte Tatsache, daß eine Eismasse die Tiefebenen Nordsibiriens ebensowenig bedeckt wie jene Alaskas«, schrieb James D. Dana, der führende amerikanische Geologe des letzten Jahrhunderts.[3] In Nordsibirien und auf Inseln des Nordpolarmeeres wurden Felsensäulen gesehen, die sicher abgebrochen worden wären, hätte sich eine Eisdecke über jene Orte bewegt.[4]

Knochen des Grönland-Rens sind im Süden von New Jersey und in Südfrankreich gefunden worden und Knochen des Lappland-Rens auf der Krim. Das wurde mit der Eisinvasion und dem Rückzug der Tiere des Nordens nach dem Süden erklärt. Das Flußpferd wurde in Frankreich und England gefunden, der Löwe in Alaska. Um ähnliche Vorfälle zu erklären, wurde eine Zwischenglazialperiode in das Schema aufgenommen: Das Land wurde erwärmt, und die Tiere des Südens besuchten nördliche Breiten. Und da der Wechsel von einer Fauna zur anderen sich wiederholt abspielte, wurden allgemein vier Eiszeitperioden mit drei Zwischeneiszeiten gezählt, obwohl die Anzahl der Perioden nicht im Einklang steht mit allen Ländern und auch nicht bei Forschern.

Warum aber die Polarländer während der Eiszeit nicht vergletschert waren, wurde nie erklärt. Grönland weist mit den davorliegenden Formationen, jenen des Tertiärs, auch noch ein weiteres Rätsel auf. In den 60er Jahren des letzten Jahrhunderts veröffentlichte Oswald Heer in Zürich sein klassisches Werk über die fossilen Pflanzen der Polarländer; er identifizierte die pflanzlichen

1 V. Stefansson, *Greenland* (1942), 4.
2 R. F. Griggs, *Science*, XCV (1942), 2473.
3 Dana, *Manual of Geology* (4. Ausg.), 977.
4 Whitley, Journal of the Philosophical Society of Great Britain, XII, 55.

Überreste aus dem Norden Grönlands, unter anderen Arten, als Magnolien und Feigenbäume.[1] Wälder von exotischen Bäumen und Haine mit saftigen Tropenpflanzen wuchsen auf dem Land, das tief in der kalten Arktis liegt und jährlich in der ein halbes Jahr anhaltenden Polarnacht versinkt.

Korallen in den Polarregionen

Spitzbergen im Nordpolarmeer liegt ebensoweit nördlich von Oslo in Norwegen wie Oslo von Neapel. Heer identifizierte 136 Arten fossiler Pflanzen in Spitzbergen (78° 56' Nord), die er dem Tertiär zuschrieb. Unter den Pflanzen waren Pinien, Tannen, Fichten und Zypressen, ebenfalls Ulmen, Haselsträucher und Wasserlilien.

Am nördlichsten Zipfel des Spitzbergen-Archipels wurde eine 8 bis 10 Meter mächtige Schicht schwarzer und glänzender Kohle gefunden; sie liegt unter schwarzem Schiefer und mit fossilen Landpflanzen inkrustiertem Sandstein. »Wenn wir uns daran erinnern, daß diese Vegetation üppig innerhalb von 8° 15' des Nordpols gedieh, in einem Gebiet, das während der Hälfte des Jahres in Dunkelheit liegt und heute fast immerwährend unter Schnee und Eis begraben ist, realisieren wir die Schwierigkeit des Problems der Klimaverteilung, welche diese Tatsachen dem Geologen vorhalten.«[2]

Es muß auf Spitzbergen große Wälder gegeben haben, um eine 10 Meter mächtige Kohleschicht hervorzubringen. Und hätte Spitzbergen, eineinhalbtausend Kilometer innerhalb des Polarkreises, aus einem unbekannten Grund sogar das Klima der französischen Riviera am Mittelmeer gehabt, so könnten diese dichten Wälder nicht dort gewachsen sein, weil sechs Monate lang immerwährende Nacht herrscht. Während des übrigen Jahres steht die Sonne nur wenig über dem Horizont.

Nicht allein fossile Bäume und Kohle, sondern auch Korallen

1 O. Heer, Flora fossilis arctica: Die fossile Flora der Polarländer (Zürich 1868).
2 Archibald Geikie, *Text-Book of Geology* (1882), 869.

wurden dort gefunden. Korallen wachsen nur in tropischen Gewässern. Im Mittelmeer, im Klima Ägyptens und Marokkos, ist es zu kalt für sie. Aber sie gediehen auf Spitzbergen. Heute noch sind große, mit Schnee und Eis bedeckte Korallenformationen zu sehen. Das Problem ihrer Ablagerung wird nicht dadurch gelöst, daß sie in einer älteren geologischen Epoche gebildet wurden.

In einer weit entfernten Vergangenheit wuchsen Korallen in allen Randgebieten des polaren Amerika – in Alaska, Kanada und Grönland –, wo sie noch immer gefunden werden.[1] In späterer Zeit (Tertiär) blühten Feigenbäume innerhalb des Polarkreises; Riesenmammutbaumwälder – *Sequoia gigantea*, der gigantische Baum aus Kalifornien – wuchsen von der Beringstraße bis in den Norden von Labrador. »Es ist schwierig, sich irgendwelche möglichen Bedingungen vorzustellen, unter denen diese Pflanzen so nahe am Pol gedeihen konnten, wo ihnen das Sonnenlicht während vieler Monate im Jahr fehlte.«[2]

Es wird gewöhnlich gesagt, daß in vergangenen Zeitaltern das Klima überall auf der Welt das gleiche war oder daß eine Charakteristik der »warmen Perioden, die den größten Teil der geologischen Epochen ausmachten, die kleine Temperaturdifferenz zwischen den Äquatorial- und den Polarregionen gewesen sei«. Dazu erklärt C. E. P. Brooks in seinem Buch *Climate through the Ages*: »So lange die Rotationsachse nahezu in ihrer gegenwärtigen Lage gegenüber der Umlaufbahnebene der Erde um die Sonne bleibt, müssen die äußeren Schichten der Atmosphäre in tropischen Regionen mehr von der Sonnenwärme empfangen als (in) den mittleren Breiten, und [in] den mittleren Breiten mehr als (in) den Polarregionen; dies ist ein unwandelbares Gesetz ... Es ist viel schwerer, sich eine Ursache vorzustellen, welche die Temperatur der Polarregionen um vielleicht 18° C erhöht und dabei die Äquatorialzonen fast unverändert läßt.«[3]

Der antarktische Kontinent ist größer als Europa, inbegriffen das europäische Rußland. Es gibt dort nicht einen einzigen Baum, keinen einzigen Busch und auch keinen einzigen Grashalm. Nur

1 Dunbar, *Historical Geology*, 162, 194.

2 D. H. Campbell, »Continental Drift and Plant Distribution« *Science*, 16. 1. 1942.

3 C. E. P. Brooks, *Climate through the Ages* (1949), 31.

ganz wenige Pilzgewächse sind dort gefunden worden. Berichte der Polarforscher weisen darauf hin, daß keine größeren Landtiere als Insekten gesehen worden sind und es sich nur um wenige und degenerierte Varianten handelt. Pinguine und Seemöwen kommen von der See. Stürme mit hohen Geschwindigkeiten kreisen während fast des ganzen Jahres um den Kontinent. Der größte Teil der Antarktis ist mit Eis bedeckt, das stellenweise bis in den Ozean taucht.

E. H. Shackleton fand im Laufe seiner Expedition in die Antarktis von 1907–1909 fossiles Holz im Sandstein einer Moräne auf 85° 5' Breite. Er fand auch erratische Blöcke, Findlinge, aus Granit auf den Hängen des Erebus, einem Vulkan. Dann entdeckte er sieben Kohleschichten, gleichfalls ungefähr auf dieser Breite von 85°. Die Schichten sind jede zwischen einem bis zwei Meter dick. Assoziiert mit der Kohle ist Sandstein, der Nadelholz enthält.[1]

Auch Antarktika muß in der Vergangenheit große Wälder besessen haben. Oft scheint es, als habe der Klimahistoriker eine Disziplin erwählt, deren Meisterung ebenso schwierig wie die Quadratur des Kreises ist. Manchmal sieht es aus, als ob die Klimageschichte eine Sammlung ungelöster, ja unlösbarer Probleme sei. Ohne drastische Veränderungen in der Lage der Erdachse oder der Gestalt der Umlaufbahn oder beider zusammen konnten keine Bedingungen existiert haben, unter denen tropische Pflanzen in Polarregionen gedeihen konnten. Sollte irgend jemand davon nicht überzeugt sein, so möge er versuchen, Korallen am Nordpol zu kultivieren.

Wale in den Bergen

In Mooren auf glazialen Ablagerungen in Michigan sind die Skelette von zwei Walen entdeckt worden. Wale sind Meerestiere. Wie kamen sie nach der Eiszeit nach Michigan? Wale reisen nicht über Land. Gletscher transportieren keine Wale, und die Eisdecke

1 Shackleton, *The Heart of the Antarctic*, II, 314, 316, 319, 323 und Fotografien gegenüber 293, 316. Nach Chamberlain ist Kohle nur 300 km vom Südpol entfernt gefunden worden.

konnte sie nicht in die Mitte eines Kontinentes getragen haben. Abgesehen davon, wurden die Walknochen in *nach*eiszeitlichen Ablagerungen gefunden. Gab es in Michigan ein Meer *nach* der Eiszeit, vor nur wenigen tausend Jahren?

Zur Begründung von Walen in Michigan wurde die Mutmaßung aufgestellt, die Großen Seen seien nach der Eiszeit Teil eines Meeresarmes gewesen. Gegenwärtig liegt der Wasserspiegel des Michigansees 177 Meter über dem Meeresspiegel.

Walknochen wurden nördlich des Ontariosees 134 m ü. d. M. gefunden; das Skelett eines weiteren Wales ist in Vermont entdeckt worden, gut 150 m ü. d. M.[1]; und noch ein anderes im Montreal-Quebec-Gebiet, ungefähr 180 m ü. d. M.[2]

Obwohl Wale sich hin und wieder in die Mündung des St.-Lorenz-Stromes verirren mögen, klettern sie nicht auf Hügel. Um das Vorhandensein von Walen in den Hügeln von Vermont und Montreal auf Höhen von 150 und 180 Metern zu erklären, muß das Land im gleichen Grade abgesenkt werden. Eine andere Lösung ist die, eine Wale tragende ozeanische Flutwelle anzunehmen, die über das Land hereinbrach. In beiden Fällen müßten herkulische Kräfte am Werk gewesen sein, aber die zweite Erklärung ist offensichtlich katastrophistisch. Demzufolge heißt die akzeptierte Theorie, daß das Land in der Region von Montreal und Vermont durch das Eis um mehr als 180 Meter hinuntergedrückt worden sei und daß es diese Lage eine Zeitlang nach der Eisschmelze beibehalten habe.

Aber an den Küsten von Nova Scotia und Neu-England stehen Baumstümpfe im Wasser, die von einem einst bewaldeten, jetzt aber abgesenkten Landstrich berichten. Und im Anschluß an die Mündungen des St.-Lorenz-Stromes und des Hudson-Rivers liegen tiefe Schluchten, die sich weit ins Meer hinaus erstrecken. Sie weisen darauf hin, daß das Land vom Meer bedeckt wurde und sich nach der Eiszeit senkte. Verliefen also beide Prozesse gleichzeitig in benachbarten Gebieten, hier hinunter, dort hinauf?

Eine Spezies von Tertiär-Walen, *Zeuglodon*, hinterließ große

1 Dana, *Manual of Geology*, 983.
2 Dunbar, *Historical Geology*, 453.

Mengen von Knochen in Alabama und in anderen Gebieten am Golf von Mexiko. Die Knochen dieser Tiere bedeckten die Felder in solchem Überfluß und waren »derart lästig, daß sie von den Farmern zusammengetragen und zu Zäunen aufgeschichtet wurden«.[1] In den Golf-Staaten gab es keine Eisdecke; was hat dann das Untersinken und Auftauchen des Landes dort bewirkt?

Nicht allein die früher vom Eis bedeckte, sondern die ganze Meeresküste von Maine bis nach Florida versank einmal und erhob sich dann wieder. Reginald A. Daly von der Harvard-Universität schrieb: »Vor geologisch gesehen nicht langer Zeit befand sich das Flachland von New Jersey bis Florida unter dem Meeresspiegel. Zu jener Zeit brach sich die Meeresbrandung direkt an den Alten Appalachen ... Die keilförmige Masse der Meeresablagerungen wurde dann emporgehoben und von Flüssen durchschnitten, wodurch das Atlantische Flachland der Vereinigten Staaten entstand. Weshalb hat es sich gehoben? Im Westen sind die Appalachen. Der Geologe berichtet uns über die Zeiten, als der Streß auf einen sich von Alabama bis nach Neufundland ausdehnenden Gesteinsgürtel durch Aufstoßen, Zerdrücken und Falten dieses Gebirgssystem entstehen ließ. Warum? Wie ging das vor sich? In früheren Zeit überflutete das Meer die Region der Great Plains von Mexiko bis nach Alaska und zog sich dann zurück. Weshalb dieser Wandel?«[2]

Im Staat Georgia gibt es Meeresablagerungen in Höhen von 50 Metern, in Nordflorida von »mindestens 240 Fuß (73 m)«. In den Ablagerungen in Georgia wurden Walroßknochen gefunden. »Meerescharakteristika des Pleistozäns (Eiszeit) sind östlich des Mississippi entlang der Golfküste vorhanden, an manchen Orten bis zu einer 200 Fuß (61 m) überschreitenden Höhe.«[3] In Texas werden Landsäugetiere der Eiszeit in Meeresablagerungen gefunden. Diese Gebiete waren nicht im Eis bedeckt, das – aus dem Norden kommend – nur bis nach Pennsylvanien reichte.

Eine Meeresablagerung liegt auf der Küste der nordöstlichen Vereinigten Staaten und der kanadischen Arktisküste; darin findet man das Walroß, die Robbe und wenigstens fünf Walgattungen.

1 George McCready Price, *Common-sense Geology* (1946), 204–205.
2 R. A. Daly, Our Mobile Earth (1926), 90.
3 R. F. Flint, *Glacial Geology and the Pleistocene Epoch* (1947), 294–295.

Meeresablagerungen auf trockenem Land, die »sowohl mit eiszeitlichen als auch zwischeneiszeitlichen Perioden zu identifizieren sind« – oder die Tiere aus arktischen und gemäßigten Zonen enthalten –, »existieren an der arktischen ebenso wie an der pazifischen Küste an Stellen, die mehr als 200 Meilen [320 km] weit in das Land hineinreichen«.[1]

Die Änderung in der Höhe des Landes im Bereich des Eises wird dem Wegschmelzen der Eisdecke zugeschrieben, welche die Erdkruste hinunterdrückte; aber was veränderte die Höhe von Gebieten außerhalb des Eismantels? Wenn das vom Eis befreite Land sich langsam erhob und die Knochen von Walen auf die Gipfel von Hügeln trug, warum sank das angrenzende Land meilenweit unter das Wasser, wie die Meeresschluchten zeigen?

Daly schloß: »Die Geschichte des Pleistozäns in Nordamerika enthält zehn große Mysterien für jedes, das schon gelöst wurde.«[2]

1 Ebenda, 362.
2 Daly, *The Changing World of the Ice Age* (1934), 111.

Kapitel 5

Flutwelle

Klüfte in den Felsen

Joseph Prestwich, Professor der Geologie in Oxford (1874–88) und anerkannter Experte des Quartärs (Pleistozän und Holozän) Englands, war sich zahlloser Phänomene bewußt, die ihn alle zur Annahme führten, daß »Südengland zwischen der glazialen – oder nachglazialen – und der neolithischen [jungsteinzeitlichen] Periode nicht weniger als 1000 Fuß [305 m] unter Wasser gesetzt war«.[1] In einer spasmodischen Bewegung des Geländes wurden die Küste und die Landmassen von Südengland so tief abgesenkt, daß 300 Meter hohe Punkte unter dem Meeresspiegel lagen.[2]
Ein äußerst auffallendes unter den beobachteten Phänomenen war der Inhalt von Felsklüften. Im Gebiet von Plymouth am Ärmelkanal gibt es in Kalksteinformationen Felsenklüfte verschiedener Breiten, angefüllt mit scharfkantigen Steinsplittern und mit Tierknochen – Mammut, Flußpferd, Nashorn, Pferd, Eisbär, Büffel. Die Knochen sind »in zahllose Stücke zerbrochen. Kein vollständig erhaltenes Skelett ist zu sehen. Tatsächlich liegen die einzelnen Knochen auf höchst unregelmäßige Art zerstreut und ohne jede Beziehung zu ihrer Position im Skelett. Weder weisen sie eine Abnutzung auf, noch sind sie von Raubtieren benagt worden, obwohl sie zusammen mit den Knochen von Hyäne, Wolf, Bär und Löwe auftreten.«[3] An anderen Orten, in Devonshire und auch in Pembrokeshire, findet man Knochen-Breccien – Konglomerate

1 Joseph Prestwich, The Raised Beaches and ›Head‹ or Rubble-drift of the South of England«, *Quarterly Journal of the Geological Society,* XLVIII (1892), S. 319–37; Prestwich, »On the Evidences of a Submergence of Western Europe and of the Mediterranean Coasts at the Close of the Glacial or So-called Post-Glacial Period«, *Philosophical Transactions of the Royal Society of London, 1893,* Series A (1894), 904 ff.

2 Ebenda, 906.

3 Prestwich, *On Certain Phenomena Belonging to the Close of the Last Geological Period and on Their Bearing upon the Tradition of the Flood* (London 1895), 25–26.

aus Bruchstücken fossiler Tierknochen und Steinen – in Kalksteinklüften, bestehend aus eckigen Steinstücken und »zerschlagenen und zersplitterten« Knochen mit scharf gebrochenen Kanten in »frischem Zustand« und exzellenter Erhaltung« ohne jede Nagespur.[1]

Wären die Felsspalten Fallgruben gewesen, in welche die Tiere lebendig fielen, müßten einige der Skelette vollständig erhalten geblieben sein. Doch das ist »nie der Fall«. »Andrerseits, wären sie in den Klüften eine Zeitlang schutzlos liegengeblieben, müßten sie unterschiedlich ausgewittert sein, was sie nicht sind. Ebensowenig hätte bloßes Hinunterfallen genügt, das weitgehende Zersplittern verursacht zu haben, welchem die Knochen ausgesetzt waren: Dies, so meine ich, sind entscheidende Einwände gegen diese Erklärung, und keine andere wurde seither angeboten«, schrieb Prestwich.[2]

Nicht allein in England und Wales, sondern überall im westlichen Europa gibt es mit Tierknochen verstopfte Felsenklüfte – mit Knochen von ausgestorbenen und, obwohl aus dem gleichen Zeitalter stammend, von noch lebenden Rassen. Knochen-Breccie aus den Tälern um Paris ist beschrieben worden, ebenso wie Felsenklüfte auf isoliert stehenden Hügeln in Zentralfrankreich. Sie enthalten Überreste des Mammuts, Wollnashorns und anderer Tiere. Diese Hügel sind oft von beträchtlicher Höhe. »Ein bemerkenswertes Beispiel«[3] befindet sich bei Semur im Burgund: ein Hügel – Mont Genay, 436 m hoch – ist von einem Breccie-Sediment bedeckt, das Überreste vom Mammut, Ren, Pferd und anderer Tiere enthält.

Im Felsen auf dem Gipfel des Mont de Sautenay – einem flachgipfligen Hügel bei Chalon-sur-Saône zwischen Dijon und Lyon – gibt es eine mit Tierknochen angefüllte Kluft. »Warum sollten so viele Wölfe, Bären, Pferde und Rinder einen von allen Seiten isoliert dastehenden Hügel hinaufgestiegen sein?« fragte Albert Gaudry, Professor beim Jardin des Plantes. Laut seinem Bericht sind die Knochen in diesem Felsenriß größtenteils zerbrochen und in zahllose scharfe Fragmente zersplittert und »offensichtlich nicht

1 Prestwich, *Quarterly Journal of the Geological Society,* XLVIII, 336.
2 Prestwich, *On Certain Phenomena,* 30.
3 Ebenda, 36.

solche von Tieren, die von Raubtieren gefressen wurden; noch sind sie vom Menschen zerbrochen worden. Dennoch waren die Überreste des Wolfes besonders zahlreich, zusammen mit jenen des Höhlenlöwen, Bären, Nashorns, Pferdes, Rindes und Hirsches. Es ist nicht möglich anzunehmen, daß Tiere so verschiedener Natur und so verschiedener Herkunft im Leben je zusammen waren.«[1] Und doch zeigt der Erhaltungszustand der Knochen, daß die Tiere – und zwar alle – zur gleichen Zeit zugrunde gingen. Prestwich dachte, daß die Tierknochen, »die jetzt zusammen in der Kluft auf der Höhe des Hügels liegen«, in gemeinsamen Haufen gefunden wurden, weil »wir annehmen können, alle diese Tiere seien auf der Flucht vor den steigenden Wassern [dorthin] geflohen«.[2]

An der französischen Mittelmeerküste gibt es zahllose, mit Tierknochen bis zum Rande vollgestopfte Klüfte in den Felsen. Marcel de Serres schrieb in seinem Bericht über den Montagne de Pédémar im Département Gard: »Gerade auf dieser Fläche geringen Umfanges findet sich das seltsame Phänomen der Akkumulation großer Mengen von Knochen verschiedener Tiere in Aushöhlungen oder Rissen«.[3] De Serres fand die Knochen alle in Stücke zerbrochen, aber weder angenagt noch abgenutzt. Offenbar hatten die toten Tiere nicht in diesen Höhlungen oder Klüften gelebt, denn es fanden sich keine Koprolithen (fossile Kotballen).

Der Felsen von Gibraltar wird von zahlreichen, mit Knochen gefüllten Spalten durchzogen. Die Knochen sind zerbrochen und zersplittert. »Die Überreste von Panther, Luchs, Hyäne, Wolf, Bär, Nashorn, Pferd, Wildschwein, Rothirsch, Damhirsch, Steinbock, Rind, Hase, Kaninchen wurden in diesen knochengefüllten Spalten gefunden. Die Knochen sind meistens in tausend Stücke zerbrochen – keine davon sind abgenutzt oder -gewälzt und auch nicht angenagt, obwohl so viele fleischfressende Tiere damals auf dem Felsen lebten«, sagte Prestwich[4] und fügt hinzu: »Allein eine große

1 Ebenda, 37–38.
2 Ebenda, 38.
3 Marcel de Serres, »Notes sur de nouvelles brèches osseuses découvertes sur la montagne de Pédémar dans les environs de Saint-Hippolyte-du-Fort (Grand)«, Bulletin du Société Géologique de France, 2e série, XV (1858), 233.
4 Prestwich, *On Certain Phenomena,* S. 47; derselbe, *Philosophical Transactions of the Royal Society of London, 1893,* 935.

Swansea
Barnstaple
Oxford
LONDON
Lands End
Folkestone
Dover
Utrecht
I. of Wight
Sangatte
Calais
Portland Pt.
Alderney
Guernsey
Jersey
Cherbourg
Abbeville
Brussels
Dinant
Havre
RIV. SOMME
RIV. SEINE
RIV. MEUSE
RIV. RHINE
Brest
Auvers
Paris
Vannes
Noirmoutier
Avallon
Chalon S. Saône
Santenay
Dordogne
Lyons
RIV. RHONE
Oviedo
Bayonne
Oporto
Cette
Montpellier
Genoa
Spezia
Mentone
Nice
Pisa
Leghorn
Bastia
CORSICA
Lisbon
RIV. TAGUS
Madrid
Barcelona
Minorca
Majorca
SARDINIA
Cagliari
Cadiz
Tarifa
Malaga
Gibraltar
Tangiers
Tetuan
M E D I T E R R
Oran
Algiers
Tunis
Constantine
Kerkenna

West Newman lith.

MAP OF WESTERN EUROPE,
AND OF THE
COASTS OF THE MEDITERRANEAN
Showing some of the chief Places submerged (see explanation of Map)
Rubble Drift on Slopes and "Head".
Ossiferous Fissures.
Raised Beaches.
Scale of Miles
Dresden
Vienna
HUNGARY
DALMATIA
ROUMANIA
RIV. DANUBE
Ekaterinoslav
Odessa
Constantinople
Smyrna
GREECE
IONIAN SEA
Cerigo
Crete
Rhodes
SEA
Cyprus
SYRIA
Beyrout
Jaffa
Alexandria
EGYPT

und gemeinsame Gefahr, wie z. B. eine große Flut, kann diese Tiere der Ebene und der Klippen und Höhlen zusammengetrieben haben.«[1]

Der Felsen ist weitgehend verworfen und rissig. Uferspuren hoch über Gibraltar zeigen, daß die Redewendung, welche diesen Felsen zum Symbol der Unerschütterlichkeit macht, nicht begründet ist. Diese Ufer bedeuten, daß zu einer früheren Zeit die See den Felsen an der 180-Meter-Marke umbrandete; heute ist er 417,6 Meter hoch. Er war demzufolge »im Quartär (d. h., als es schon Menschen gab) eine Insel von nicht mehr als ungefähr 800 Fuß (243 m) Höhe, oder etwas weniger, der sich stufenweise bis zur heutigen Höhe erhob. Es ist indessen mehr als wahrscheinlich, daß zu einer Zeit, bevor er diese Höhe endgültig einnahm, das gesamte Gebiet derart emporgehoben wurde, daß eine Landpassage zum afrikanischen Kontinent gebildet wurde . . .«[2]

Ein menschlicher Backenzahn und einige vom paläolithischen (altsteinzeitlichen) Menschen bearbeitete Feuersteine, ebenso wie zerbrochene Töpferware des neolithischen (jungsteinzeitlichen) Menschen wurden in einigen der Klüfte unter den Tierknochen aufgefunden.[3]

Auf Korsika, Sardinien und Sizilien wie auch im kontinentalen Europa und auf den Britischen Inseln verstopfen zerbrochene Tierknochen die Felsenklüfte. Die Berge bei Palermo in Sizilien enthüllten eine »außergewöhnliche Menge von Flußpferdknochen – in ganzen Hekatomben«. »Im Lauf der ersten sechs Monate ihrer Ausbeutung wurden zwanzig Tonnen dieser Knochen aus der Umgebung nur der einen Höhle von San Ciro bei Palermo verschifft, und sie waren so frisch, daß sie zur Fabrikation von Knochenkohle für die Verwendung in Zuckerfabriken nach Marseille gesandt wurden. Wie konnte diese Knochen-Breccie akkumuliert worden sein? Keine räuberischen Tiere konnten eine derartige Knochensammlung zusammengetragen und hinterlassen haben.«[4]Keine Zahnspuren von Hyänen oder irgendeinem ande-

1 Prestwich, *On Certain Phenomena,* 48.
2 Ebenda, 46.
3 Ebenda, 48.
4 Ebenda, 50.

ren Tier sind in dieser Knochenmasse zu sehen. Kamen die Tiere dorthin, um infolge ihres hohen Alters zu sterben? »Die Knochen stammen von Tieren jeder Alters bis hinunter zum Fötus, und es gibt auch keine Spuren von Verwitterung oder anderen Unbilden.«[1]

»Der äußerst frische Zustand dieser Knochen, nachgewiesen, durch das Zurückbleiben eines so großen Anteils tierischer Stoffe«, zeigt, daß »das Ereignis, geologisch gesehen, vor vergleichsweise kurzer Zeit stattfand«; und die »Tatsache, daß Tiere jeden Alters in die Katastrophe verwickelt waren«, zeigt, daß sie »plötzlich auftrat«. Prestwich war der Meinung, daß die Mittelmeerinseln Korsika, Sardinien und Sizilien zusammen mit Zentraleuropa und den Britischen Inseln untergetaucht waren. »Die Ticre in den Ebenen Palermos zogen sich natürlicherweise vor den herannahenden Wassern zurück, tiefer hinein in das Amphitheater der Berge, bis sie sich eingeschlossen fanden ... Die Tiere müssen sich in großen Scharen zusammengedrängt haben, in die zugänglicheren Klüfte gestürzt und über den Boden zu ihren Zugängen geschwärmt sein, bis sie vom Wasser überholt und vernichtet wurden ... Steintrümmer und große Blöcke von den Berghängen wurden durch die Wasserströmung hinuntergestürzt und zerschmetterten und zerschlugen die Knochen.«[2]

Prestwich, der die Eiszeittheorie anerkannte und als eine der ersten Autoritäten auf dem Gebiet der Eiszeitgeologie in England angesehen wird, sah sich zu einer Theorie gezwungen, die auch den Titel zu seinem Bericht abgab, den er vor der Royal Society of London verlas: »Das Untertauchen von Westeuropa und der Mittelmeerküsten am Ende der Glazial- oder sogenannten Nacheiszeitperiode, unmittelbar vor dem Neolithikum.« Er wurde in den *Philosophical Transactions* der königlichen Gesellschaft veröffentlicht. Prestwich war klar geworden, daß es »unmöglich (ist), eine hinreichende Ursache für das geologische Phänomen anzugeben ... das auf eine uns heute zugängliche Erfahrung als Ursache zurückzuführen wäre«.[3] »Was immer die Ursache war, sie

1 Ebenda, 51.
2 Ebenda, 51–52.
3 Ebenda, vi.

muß mit ausreichender Heftigkeit gewirkt haben, um die Knochen zu zerbrechen.«[1] »Ebensowenig konnte es das Werk ausgedehnter Zeiträume sein, denn die eingeschlossenen Knochen sind ungewöhnlich frisch, wenn auch zerbrochen.«[2] »Gewisse Gemeinschaften des frühen Menschen müssen in der allgemeinen Katastrophe zu Schaden gekommen sein.«[3]

Der Felsen von Gibraltar stieg empor und schloß die Straße, um dann teilweise wieder zu versinken; die englische Küste und sogar 300 Meter hohe Hügel lagen unter Wasser; Sizilien war überflutet, ebenso wie Erhebungen im Innern Frankreichs. Überall bezeugt der Augenschein eine Katastrophe, die vor nicht allzu ferner Zeit erfolgte und ein zumindest kontinentale Ausmaße umfassendes Gebiet überwältigte. Riesige, mit Steinen beladene Wasserlawinen brachen über das Land, räumten Gebirgsstöcke ab, suchten die Klüfte zwischen den Felsen, stürmten durch sie hindurch und zerrissen und zerschmetterten jedes Tier auf ihrem Pfad.

Die Ursache der Katastrophe war, nach der Auffassung von Prestwich, das Absinken und das darauf folgende Emporsteigen des Kontinents, die plötzlich kamen und in deren Verlauf das Wasser aus Höhenlagen zur Tiefe stürzte und Chaos und Vernichtung verursachte. Prestwich vermutete, daß das betroffene Gebiet viel größer gewesen sei als der in seinen Werken behandelte Umfang. Für ein derartiges Absinken und Emporsteigen lieferte er keine Ursache. Die Katastrophe erfolgte, als England in die »Zeit der geschliffenen Steine« (Jungsteinzeit) eintrat oder möglicherweise, als die alten Zivilisationszentren sich bereits in der Bronzezeit befanden.

In einem späteren Abschnitt dieses Buches werden archäologische Zeugnisse ausgedehnter Katastrophen vorgestellt, die mehr als einmal jede Stadt und Siedlung der Alten Welt zerstörten: Kreta, Kleinasien, der Kaukasus, Mesopotamien, Iran, Syrien, Palästina, Zypern und Ägypten wurden gleichzeitig und wiederholt heimgesucht. Diese Katastrophen ereigneten sich, als Ägypten im Bronzezeitalter stand und Europa in das Neolithikum eintrat.

1 Ebenda, 67.
2 Ebenda, 7.
3 Ebenda, 74.

Die Urwaldlager von Norfolk

Sobald man ein Gebiet untersucht, tauchen mehr Probleme auf, als gelöst werden. Großbritannien ist das Land der berühmten Geologen, der Begründer und Führer dieser Wissenschaft, und der Boden dieses Landes ist gründlicher untersucht worden als der auf den fünf Kontinenten oder in den sieben Meeren. Die Prüfung der Zeugnisse aus Englands Eiszeitschichten enthüllt »komplexe Zwischenlagerungen von Geschiebeschichten verschiedenartiger Herkunft«. »Nehmen wir die zusätzlich aus dünnen Geschiebeschichten stammenden Komplikationen hinzu, spärliche zwischeneiszeitliche Ablagerungen und das häufige Vorkommen in fossilienhaltigen Lagerstätten von sekundären [verschobenen] Fossilien aus umgeschichteten alten Horizonten, so erhalten wir ein wahrhaft schwieriges Gesamtproblem ... Alles in allem sah sich die eiszeitstratigraphische Forschung in Großbritannien außergewöhnlichen Schwierigkeiten gegenüber«, schreibt R. F. Flint, Geologieprofessor an der Yale-Universität.[1]

Bei Cromer in Norfolk, nahe der Nordseeküste und an anderen Orten der Britischen Inseln sind »Urwaldlager« gefunden worden. Der Name wurde wegen der Existenz einer großen Anzahl von Baumstümpfen gewählt, von denen einst vermutet wurde, sie seien an ihrem heutigen Fundort verwurzelt gewesen und dort gewachsen. Viele dieser Strünke stehen senkrecht, und ihre Wurzeln sind oft ineinander verschlungen. Heute ist bekannt, daß diese Wälder angeschwemmt wurden: Die Wurzeln enden nicht in feinen Fasern, sondern sie sind abgebrochen, in den meisten Fällen 30 bis 100 cm vom Stamm.

In den Urwaldlagern von Norfolk sind Knochen von 60 Säugetierarten gefunden worden, neben denen von Vögeln, Fröschen und Schlangen. Unter den Säugetieren war der Säbelzahntiger, Riesenbär *(Ursus horribilis)*, Mammut, gradzahniger Elefant, Flußpferd, Nashorn, Büffel und neuzeitliches Pferd *(Equus caballus)*. Zwei ausschließlich nordische Arten – Vielfraß und Moschusochse – wurden unter Tieren aus gemäßigten und tropischen Zonen gefunden. Von den 30 Arten großer Landtiere in den Ur-

1 Flint, *Glacial Geology and the Pleistocene Epoch*, 377.

waldlagern leben nur noch 6 Spezies auf der Erde – alle anderen sind ausgestorben –, und nur 3 Arten sind gegenwärtig auf den Britischen Inseln beheimatet.[1]

Überreste von 68 Pflanzenarten wurden in den Urwaldlagern von Norfolk vorgefunden; sie weisen auf »klimatische und geographische Bedingungen hin, die den heutzutage in Norfolk vorherrschenden sehr ähnlich sind«.[2] Angesichts der Empfindlichkeit von Pflanzen gegenüber Temperaturbedingungen darf wohl die Schlußfolgerung gezogen werden, daß das Klima zu der Zeit, als das Urwaldlager angeschwemmt wurde, sich vom heutigen nicht unterschied: Dieser Folgerung widerspricht die Fauna, welche sowohl südliche als auch nördliche Tiere umfaßt.

Der Reichtum an Tieren so vieler Arten auf einer so begrenzten Insel wie Großbritannien führte zur Spekulation, daß die Straße von Dover damals nicht dem Wasser geöffnet war. Des weiteren wurde gemutmaßt, daß der Rhein über das jetzt von der See eingenommene Gebiet weiter gegen Norden floß – so daß die Themse einer seiner Nebenflüsse war – und daß das Mündungsgebiet des Rheines eine Zeitlang bei Cromer lag; daß die Bäume vom Rhein dorthin getragen wurden; daß sie an seinen Ufern wuchsen, das Wasser ihre Wurzeln ausgewaschen und die umstürzenden Baumstümpfe weggetragen und in Form der Urwaldlager abgelagert habe. »Allerdings ist es notwendig, darauf hinzuweisen, daß die Öffnung der Straße von Dover eine geologische Umwälzung beträchtlichen Ausmaßes darstellt, wie man sie wohl nur zögernd der vergleichsweise kurzen Periode zwischen glazialer und nachglazialer Zeit zuschreiben möchte.«[3]

Unmittelbar über den Urwaldlagern gibt es eine Frischwasserablagerung mit arktischen Pflanzen – arktische Weide und Zwergbirke – und Landmuscheln. Es handelt sich um »eine beachtliche Änderung der Klimabedingungen vom darunterliegenden Urwaldlager ... (Sie) dürfte einer um 20° niedrigeren Temperatur entsprechen«.[4]

Über den arktischen Frischwasserpflanzen und Muscheln be-

1 W. B. Wright, The Quaternary Ice Age (1937), 110.
2 Ebenda.
3 Ebenda, 111.
4 Ebenda.

findet sich eine Meeresschicht. *Astarte borealis* und andere Molluskenschalen sind zu sehen »wie im Leben, mit verbundenen Muschelklappen«. Diese Arten »sind arktisch; aber da das Lager an anderen Orten *Ostrea edulis* (ein Weichtier) aufzuweisen scheint, die milde Meeresbedingungen benötigt, stehen die Zeugnisse im Widerspruch zum Klima«.[1]

Was könnte all diese Tiere und Pflanzen – gemeinsam oder kurz hintereinander – aus den Tundren des Polarkreises und den Dschungeln der Tropen, aus üppigem Eichenwald und trockener Wüste, aus Ländern vieler Breiten und Längen, aus Frischwasserseen und -flüssen und aus salzigen Meeren des Nordens und des Südens nach Norfolk getragen haben? Die noch geschlossenen Muschelklappen weisen nach, daß die Weichtiere keines natürlichen Todes starben, sondern lebendig begraben wurden.

Es zeigt sich, daß diese Anhäufung von einer sich bewegenden und über Land dahinstürmenden Gewalt zusammengetragen wurde, in deren Sog Meeressand und Tiefseekreaturen liegenblieben, die Tiere und Bäume von Süden nach Norden schwemmte und dann, aus den Polarregionen zu den wärmeren Zonen zurückkehrend, ihre Last arktischer Pflanzen und Tiere mit den gleichen Sedimenten vermischte, die sie aus dem Süden gebracht hatte. Land- und Meerestiere und -pflanzen aus verschiedenen Teilen der Welt wurden zusammengeworfen, eine Gruppe über die andere, durch eine elementare Gewalt, die nicht ein über die Ufer getretener Fluß gewesen sein konnte. Auch Knochen von bereits in früheren Epochen ausgestorbenen Tieren wurden aus ihren Schichten weggetragen und mit in das Durcheinander geworfen.

Die Entdeckung von Tieren und Pflanzen aus warmen Zonen in Polarregionen, von Korallen und Palmen innerhalb des Polarkreises, stellt folgende Alternativen: Entweder lebten diese Tiere und Pflanzen dort irgendwann in der Vergangenheit, oder sie wurden von Flutwellen dorthin gebracht. In einigen Fällen trifft ersteres zu: Etwa dort, wo Baumstümpfe (von Palmen) *in situ* zu finden sind. In anderen Fällen trifft die zweite Alternative zu: Etwa dort, wo in ein und derselben Schicht Tiere und Pflanzen des Meeres

1 Ebenda.

Was könnte alle diese Tiere und Pflanzen – gemeinsam oder kurz hintereinander – aus den Tundren des Polarkreises und den Dschungeln der Tropen, aus üppigem Eichenwald und trockener Wüste, aus Ländern vieler Breiten und Längen, aus Frischwasserseen und -flüssen und aus salzigen Meeren des Nordens und des Südens nach Norfolk getragen haben?

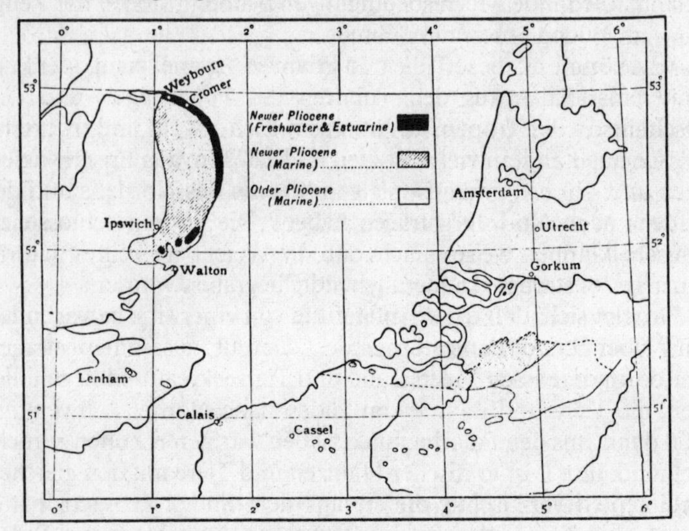

Map of the south-east of England and the adjoining parts of Europe, showing the distribution of the Pliocene Deposits. (After Clement Reid.)

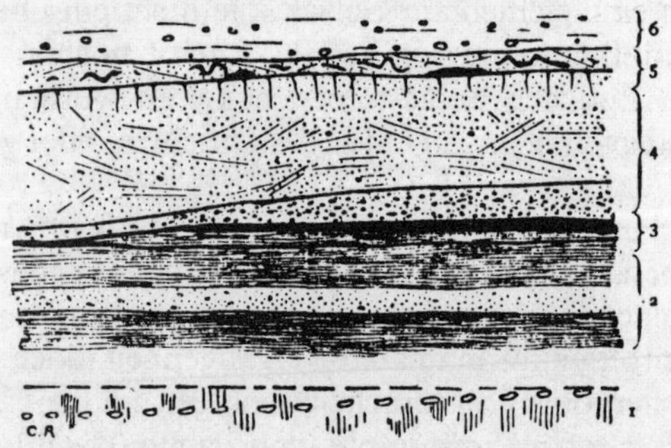

Section of the Pliocene Deposits seen in the lower part of the cliff near Trimingham, Norfolk. (After Clement Reid.)

1. Probable position of the chalk. 2. Weybourn Crag (laminated clay and sand). 3. The Lower Freshwater Bed (silt full of seeds overlying laminated lignite and loam). 4. Forest-bed (estuarine beds consisting of sand with the upper part penetrated by rootlets, overlying clay, pebbles, gravel, sand, and lignite with numerous bones). 5. Upper Freshwater Bed (false bedded sand mixed with carbonaceous blue clay). 6. Boulder-clay.

und des Landes aus dem Süden und aus dem Norden in einem Gemenge gefunden werden. Aber in beiden Fällen ist die folgende Tatsache offensichtlich: Derartige Veränderungen hätten sich nicht ereignen können, ohne daß die Erdkugel in ihrer Bewegung gestört worden wäre – entweder infolge einer Störung der Rotationsgeschwindigkeit oder infolge einer Verschiebung der astronomischen oder geographischen Position der Erdachse.

In vielen Fällen läßt sich nachweisen, daß südliche Pflanzen im Norden wuchsen; seither muß sich entweder die geographische Lage der Pole und der Breitengrade oder die Neigung der Achse verändert haben. In vielen anderen Fällen läßt sich nachweisen, daß ein Meereseinbruch lebende Kreaturen aus den Tropen und aus der Arktis zu einer gemeinsamen Ablagerung geformt hat; es muß ein plötzlicher, blitzschneller Übergang gewesen sein. Wir haben beide Fälle kennengelernt. Demzufolge muß es Veränderungen in der Achsenlage gegeben haben, und sie müssen plötzlich eingetreten sein.

Die Cumberland-Höhle

Bei Cumberland im US-Staat Maryland trafen Arbeiter, die für eine Eisenbahnlinie mit Dynamit und Dampfbagger einen Geländeeinschnitt gruben, im Jahre 1912 auf eine Höhle – oder verschlossene Kluft –, die »eine merkwürdige Ansammlung von Tieren (enthielt). Manche der Tierarten sind mit den jetzt in der Umgebung der Höhle lebenden vergleichbar; andere aber sind ausgeprägt borealer, d. h. nördlicher Abstammung, während einige Spezies verwandt sind, die südlichen Regionen eigentümlich sind.« So schrieben J. W. Gidley und C. L. Gazin vom Nationalmuseum der Vereinigten Staaten.[1]

Eine Panzerechse und ein Tapir sind für ein südliches Klima charakteristisch; ein Vielfraß und ein Lemming »sind ausgeprägt nördlicher Abstammung«. Es erscheint »höchst unwahrschein-

1 J. W. Gidley und C. L. Gazin, *The Pleistocene Vertebrate Fauna from Cumberland Cave, Maryland,* U. S. National Museum Bulletin 171 (1938).

lich«, daß sie am selben Ort zusammenlebten; es wurde die übliche Mutmaßung angestellt, wonach die Höhle die tierischen Überreste in einer Eiszeit- und Zwischeneiszeitperiode empfing. Indessen verfocht der Wissenschaftler, der die Höhle für die Smithsonian Institution sofort nach der Entdeckung erforschte und in den folgenden Jahren zur näheren Untersuchung dorthin zurückkehrte, die Meinung, daß die Tiere gleichaltrig seien: die Lage der Knochen schloß jede andere Erklärung aus. »Diese seltsame Anhäufung fossiler Überreste befindet sich in hoffnungslos vermischtem Zustand . . .«[1]

Die Knochen in der Cumberland-Höhle waren »zum größten Teil weitgehend zerbrochen, zeigten indessen keine Spuren von Wassereinwirkung«.[2] Das würde bedeuten, daß die Knochen nicht nennenswert lang in einem Fluß getrieben sind; indessen ist es durchaus möglich, daß die Tiere von weither durch eine Wasserlawine gegen die Felsen geschmettert wurden, wo die Knochen in den Körpern zerbrachen – deshalb keine Wasserspuren auf den Knochen – und wo alle Tierarten zusammengeworfen wurden; darauf sind sie von Geröll und Steinen eingeschlossen worden.

So konnte es auch geschehen, daß Tiere aus nördlichen Regionen – Vielfraß und Lemming, Spitzmaus, Nerz, Eichhörnchen, Bisamratte, Stachelschwein, Hase und Elch – in einen Haufen mit Tieren gerieten, die »wärmere klimatische Vorbedingungen nahelegen« – Pekari, Panzerechse und Tapir. Tiere, die heute an der Westküste Amerikas leben – Coyote, Dachs und eine silberlöwenartige Katze –, kommen vor. Tiere, die in wasserreichen Gebieten leben – Biber und Bisamratte und Nerz –, sind in der Cumberland-Höhle vermischt mit Tieren aus Trockenregionen – Coyote und Dachs – und Tiere des Waldes mit solchen des offenen Landes, wie Pferd und Hase. Das ist in der Tat »eine merkwürdige Ansammlung von Tieren«. Ausgestorbene Tiere finden sich dort zusammen mit noch lebenden Formen. Der Tod traf alle gemeinsam und gleichzeitig. Jede Theorie, welche das Zusammenliegen

1 Gidley in *Explorations and Fieldwork of the Smithsonian Institution for the Year 1913* (Washington 1914); *Annual Report of the Smithsonian Institution for 1918,* 281–287.

2 *Explorations and Fieldwork of the Smithsonian Institution for the Year 1913,* 94–95.

Jede Theorie, welche das Zusammenliegen von Tierknochen aus verschiedenen Klimazonen an ein und derselben Stelle durch eine Abfolge von Eiszeit- und Zwischeneiszeitperioden zu erklären versucht, muß an den Knochen der Cumberland-Höhle scheitern. (Aus Gidley und Gazin, *The Pleistocene Vertebrate Fauna from Cumberland Cave*)

von Tierknochen aus verschiedenen Klimazonen an ein und derselben Stelle durch eine Abfolge von Eiszeit- und Zwischeneiszeitperioden zu erklären versucht, muß an den Knochen der Cumberland-Höhle scheitern.

In Nordchina

Im Dorf Choukoutien, etwa 40 km südwestlich von Peking in Nordchina, wurden in Höhlen und Klüften große Mengen von Tierknochen gefunden. »Die erstaunlichste Tatsache war die Entdeckung dieses unvorstellbaren Reichtums an fossilen Tierknochen« (Weidenreich). Diese reichen Knochenablagerungen kommen zusammen mit Überresten menschlicher Skelette vor.

»Als Weidenreich seine Untersuchungen begann, kamen andere erstaunliche, fast unerklärbare Merkmale zum Vorschein.« Die zerbrochenen Knochen von 7 Menschen wurden dort gefunden. »Ein europäischer, ein melanesischer und ein eskimoischer Typus lagen tot in einer engverschlungenen Gruppe in einer Höhle, an einem chinesischen Bergabhang! Weidenreich war höchst verwundert.«[1] Es wurde angenommen, die sieben Bewohner der engen Kluft seien ermordet worden, weil ihre Schädel und Knochen gebrochen waren. Es ist möglich, daß diese verschiedenen Menschentypen in Choukoutien zusammenkamen, da die Wanderungen der alten Völker in einem größeren Maße stattfanden, als gewöhnlich angenommen wird.

Aber die Entdecker der Knochenanhäufungen waren auch verdutzt über die Tierreste; die Knochen gehörten zu Tieren der Tundra, d. h. zu einem naßkalten Klima; der Steppen und Grasebenen, d. h. zu einem trockenen Klima; und des Dschungels, d. h. zu einem feuchtwarmen Klima »in einer seltsamen Mischung«. Mammuts und Büffel sowie Strauße und Tiere der Arktis hinterließen ihre Zähne, Hörner, Klauen und Knochen in einer einzigen großen Vermengung; und obwohl wir an verschiedenen Orten in anderen Teilen der Welt auf sehr ähnliche Situationen gestoßen sind, betrachteten die Geologen in China ihren Fund als seltsam.

»Aus dieser Faunaanhäufung läßt sich keine letzte Klarheit über die Temperatur der Zeit gewinnen, als sie existierte«, sagt J. S. Lee in seiner *Geology of China.*[2] Einige Tiere weisen auf »ein eher strenges Klima« hin, andere Tiere auf »ein warmes«. »Es ist undenkbar«, daß Tiere von so verschiedenartiger Lebensweise ge-

1 R. Moore, *Man, Time, and Fossils* (1953), 274–275.
2 J. S. Lee, *The Geology of China* (London 1939), 370.

meinsam leben sollten. »Und trotzdem findet man ihre Überreste Seite an Seite.«

Es wird versichert, daß seit dem Auftauchen des Menschen – seit dem späten Tertiär und während der Eiszeit in Europa und Amerika – Nordchina »zunehmende Trockenheit unterbrochen durch Regenzwischenzeiten« erfuhr.[1] In Nordchina herrschte Trockenheit vor, und »das allgemeine Fehlen von eisgeformten Merkmalen« führte die Naturforscher zum Schluß, daß es in Nordchina wie auch in Nordsibirien keine Voraussetzungen für eine Eiszeit und keine Bildung einer Eisdecke gab. »Andererseits kommen aus allen Landesteilen gewisse unverständliche Tatsachen, die mit der vorstehenden Schlußfolgerung nicht vereinbar sind.«[2] Findlinge und gefurchte Blöcke sind in den Tälern und auf den Bergen zu sehen.

Wenn es aber in Nordchina oder nördlich davon in Sibirien keine Eisdecke gegeben hat, was war es dann, das die Tierknochen in die Felsenklüfte trug? Und was ritzte die Felsen und transportierte die Findlinge weit weg von ihrem Entstehungsort und bis hoch hinauf in die Berge?

Zur gleichen Zeit wurden überzeugende Beweise vorgelegt, wonach »seit der Eiszeit die Gebirgsketten im Westen Chinas emporgehoben wurden«.[3]

In Tientsin wurden Meeressand und Mergel mit den Schalen von Meeresmollusken gefunden, die exponiert auf dem Boden lagen. Bohrungen an derselben Stelle »brachten Sand und Mergel mit Frischwassermuscheln bis zu einer Tiefe von mehr als 150 m unter der Meeresschicht zum Vorschein, die bis zur Oberfläche reicht«.[4] So gibt es Zeichen sowohl einer Hebung als auch des Absinkens in neuerer Zeit.

War nicht der Einbruch des Meeres die Ursache, welche die Tiere aus verschiedenen Zonen zusammenwarf und Steine fremder Herkunft auf die Berge trug? Sind nicht die Gebirge, die im Zeitalter des Menschen emporstiegen, bei dieser Umwälzung entstanden, die auch das Meer über seine Grenzen trieb?

1 Ebenda, 371.
2 Ebenda.
3 Ebenda, 207.
4 Ebenda, 206.

Sind nicht Tiere verschiedener Lebensräume in Klüfte geschwemmt worden – und Menschen mit ihnen –, als Gebirge sich erhoben, Ozeane über das Land hereinbrachen, Felsentrümmer gegen die Gipfel getragen wurden und das Klima sich veränderte?

Die Fossilien liegen in Choukoutien in einem rötlichen Lehmboden, einer Mischung aus Ton und Sand, dessen Ablagerung in dasselbe Stadium gehört wie die Fossilien; dieser Rotlehm ist überall in Nordchina weit verbreitet. Teilhard und Young kamen zum Schluß, daß die beobachtete Färbung »weder eine vom ursprünglichen Material, aus welchem der Lehmboden besteht, herstammende Eigenschaft sein kann, noch das Ergebnis eines langsamen chemischen Prozesses nach seiner Bildung«. Die einzige klare Aussage zu dieser von einem äußeren und unerklärten Ursprung herrührenden Färbung der weitverbreiteten Formation lautet, daß ein gewaltsamer Klimawechsel – selbst nicht die Ursache der Farbveränderung – erfolgte: »unmittelbar vor der Ablagerung des Rotlehms oder bald nach der Sedimentbildung«.[1]

Ähnliche Beobachtungen wurden in anderen Teilen der Welt gemacht. Geschiebe, dessen Verlagerung der Eisdecke zugeschrieben wird, ist oft rötlich gefärbt, R. T. Chamberlain, der die Ursache für diese Tönung suchte, schlug die Hypothese vor, daß »Granitkies sich zersetzte und das frei werdende Eisen das Geschiebe rötlich färbte«.[2]

H. Pettersson vom Ozeanographischen Institut in Göteborg fand bei der Untersuchung von Rotlehm aus dem Pazifik, daß der in der Tiefe abgeschiedene Lehm Ascheschichten und einen hohen Gehalt an Nickel hat, der im Wasser fast überhaupt nicht vorkommt.[3] Pettersson, dessen Werk auf einer der nachfolgenden Seiten beschrieben wird, schrieb die Herkunft von Nickel und Eisen im Lehm gewaltigen Meteoritenschauern zu; die Lava des ozeanischen Grundgesteins erkannte er als rezenter Herkunft.[4]

All das deutet auf einen heftigen Niederschlag eisenführenden

1 Ebenda, 202, 368, 371.
2 Chamberlain in *Man and Sciene,* Hrsg. Moulton, 92.
3 H. Pettersson, »Chronology of the Deep Ocean Bed«, *Tellus (Quarterly Journal of Geophysics),* I (1949).
4 S. Abschnitt »Der Meeresboden«.

Staubes in geologisch neuerer Zeit, als die roten Tiefseetone des Pazifiks, die Geschiebe der westlichen Halbkugel und der Lehmboden Chinas abgelagert wurden und als auch das Klima sich veränderte.

Die Asphaltgruben von La Brea

In Rancho La Brea, das einst an der westlichen Peripherie von Los Angeles lag und sich heute in der unmittelbaren Nachbarschaft des noblen Einkaufszentrums dieser Stadt befindet, werden in mit Lehm und Sand vermischtem Asphalt Knochen von ausgestorbenen und noch lebenden Spezies im Überfluß gefunden. Im Jahr 1875 sind einige fossile Überreste dieser bituminösen Ablagerungen zum ersten Mal beschrieben worden. Bis dahin waren bereits Tausende von Tonnen Asphalts gewonnen und für Bedachungen und Straßen nach San Franzisko transportiert worden.[1]

Ölschieferschichten (aus verfestigtem Schlamm entstandene, blättrige tonige Gesteine), die dem Tertiär zugeschrieben werden und an vielen Orten eine Mächtigkeit von ungefähr 700 m aufweisen, erstreckten sich vom Kap Mendocino in Nordkalifornien bis nach Los Angeles und darüber hinaus, mehr als 700 km weit. Die Asphaltgruben von Rancho La Brea sind ein Ableger dieser ausgedehnten bituminösen Formation.

Seit 1906 hat die Universität von Kalifornien die Fossilien von Rancho La Brea gesammelt, »eine äußerst bemerkenswerte Menge von Skelettmaterial«. Als sie entdeckt wurden, schrieb man diese Fossilien dem späten Tertiär (Pliozän) oder frühen Pleistozän (Eiszeit) zu. Die Pleistozänschichten, 12 bis 30 Meter dick, liegen auf den Tertiärformationen, welche die hauptsächlichen ölhaltigen Schichten enthalten. Die Lagerstätte mit den Fossilien besteht aus angeschwemmtem Land, Lehm, grobem Sand, Geröll und Asphalt.

Das spektakulärste in La Brea gefundene Tier ist der Säbelzahntiger *(Smilodon)*, der vorher weder in der Neuen noch Alten Welt bekannt war, seither aber auch an anderen Orten gefunden worden ist. Die Fangzähne dieses Tieres, über 25 cm lang, ragten

1 Vgl. J. C. Merriam, *»The Fauna of Rancho La Brea«, Memoirs of the University of California,* I, No. 2 (1911).

Aus Merriam, »The Fauna of Rancho La Brea«

wie zwei gebogene Messer aus seinem Maul. Mit dieser Waffe riß der Tiger das Fleisch von seiner Beute.

Die tierischen Überreste sind in der Asphaltgrube in unglaublichen Haufen zusammengedrängt. Bei der ersten, von der Universität von Kalifornien durchgeführten Ausgrabung »traf man auf ein Knochenlager, das durchschnittlich 20 Säbelzahntiger- und Wolfsschädel pro Kubikmeter enthielt«.[1] Nicht weniger als 700 Schädel des Säbelzahntigers sind geborgen worden.[2]

Unter den anderen, in diesen Gruben ausgegrabenen Tieren befanden sich Büffel, Pferde, Kamele, Faultiere, Mammuts, Mastodons und auch Vögel, einschließlich Pfauen.

In der Zeit nach der Entdeckung Amerikas war diese Küstenregion eher spärlich mit Tieren bevölkert; erste Einwanderer fanden lediglich »halbverhungerte Coyoten und Klapperschlangen«.[3]

1 Ebenda.
2 R. S. Lull, *Fossils* (1931), 28.
3 George McCready Price, *The New Geology* (1923), 579.

Die Knochen wurden im Asphalt großartig erhalten, doch sind sie zersplittert, zermalmt, verzerrt und zu einer höchst heterogenen Masse vermengt, so wie sie nicht aus zufälligem Einfangen und Begraben einiger weniger Umherstreicher hätten resultieren können. (Aus Merriam, *The Fauna of Rancho La Brea*)

2
3
2
5
4

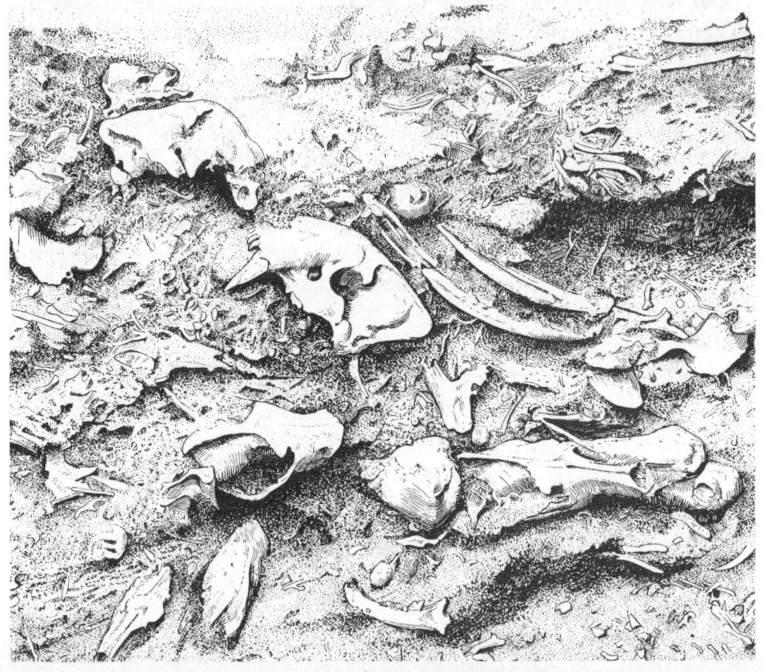

Doch als Rancho La Brea seine Skelette empfing, »lebte im Westen Amerikas eine erstaunliche Schar von Tieren«.[1]

Zur Erklärung des Vorhandenseins dieser Knochen im Asphalt wurde die Theorie vorgeschlagen, die Tiere seien im Teer steckengeblieben, eingesunken und vom Asphalt eingehüllt worden, als der Teer aushärtete. Indessen ist die große Anzahl von Tieren, die dieses Asphaltlager bis zum Rande füllt, verwirrend. Darüber hinaus muß geklärt werden, warum es sich bei der überwiegenden Mehrheit der Tiere um Fleischfresser handelt, während in jeder Art von Fauna die Pflanzenfresser überwiegen – sonst hätten die Fleischfresser nicht genügend tägliche Nahrung. So wurde angenommen, daß irgendein im Teer gefangenes Tier Schreie ausstieß, auf diese Weise andere seiner Art anzog, so daß diese ebenfalls gefangen wurden, und daß auf ihre Schreie fleischfressende Tiere kamen, denen mehr und mehr weitere folgten.

Diese Erklärung könnte noch angehen, wenn der Zustand der Knochen nicht bezeugen würde, daß die Verstrickung der Tiere im Teer unter gewaltsamen Umständen erfolgte. Von Öl, aus dem die flüchtigen Elemente verdunstet sind, bleiben Asphalt, Teer und andere bituminöse Bestandteile zurück. »Da die Mehrheit der Tiere in den Rancho La Brea-Gruben im Teer gefangen wurde, ist anzunehmen, daß in der Mehrzahl der Fälle der Hauptteil des Skelettes erhalten blieb. Im Gegensatz zu den Erwartungen kommen gegliederte Skelette in der Regel kaum vor.«[2] Die Knochen im Asphalt wurden »großartig« erhalten[3], doch sind sie »zersplittert, zermalmt, verzerrt und zu einer höchst heterogenen Masse vermengt, so wie sie nicht aus zufälligem Einfangen und Begraben einiger weniger Umherstreicher hätte resultieren können«.[4]

Wurden nicht die in La Brea gefundenen Herden geängstigter Tiere von einer Katastrophe überwältigt? Könnte es sein, daß an eben diesem Ort große Herden wilder Tiere, vor allem Fleischfres-

1 Lull, *Fossils,* 27.
2 Merriam, *Memoirs of the University of California,* I, No. 2, 212.
3 Lull, *Fossils,* 28.
4 Price, *The New Geology,* 579.

ser, von fallendem Geröll, Stürmen, Fluten und niederregnendem Bitumen überschüttet wurden?[1] Ähnliche Asphaltfunde wurden an zwei anderen Orten in Kalifornien ans Licht gebracht, in Carpinteria und in McKittrick; die Ablagerungen erfolgten unter vergleichbaren Umständen. Mit einer Ausnahme konnte festgestellt werden, daß die Pflanzen der Carpinteria-Teergruben »zur neuzeitlichen Flora gehören, d. h. zur Flora, die jetzt 300 km weiter nördlich wächst.[2]

Einzelne Knochen eines Menschenskelettes wurden im Asphalt von La Brea ebenfalls entdeckt. Der Schädel gehörte zu einem Indianer der Eiszeit, wurde angenommen. Indessen zeigt er keine einzige Abweichung von normalen Indianerschädeln.

Die Menschenknochen wurden im Asphalt unter Geierknochen einer ausgestorbenen Art gefunden. Diese Entdeckungen lassen vermuten, daß die Zeit, als dieser menschliche Körper begraben wurde, dem Aussterben dieser Geierspezies vorausging oder wenigstens damit zusammenfiel; in einem Aufruhr der Elemente kam der Geier zum Tode, wie wahrscheinlich die anderen seiner Art, zusammen mit dem Säbelzahntiger und vielen andern Arten und Gattungen.

Die Agate-Spring-Grube

Im Sioux-County in Nebraska, auf der Südseite des Niobrara-Flusses, befindet sich bei der Agate-Spring-Grube eine bis zu einem halben Meter dicke fossilienhaltige Ablagerung. Der Zustand der Knochen weist auf einen langen und gewaltsamen Transport hin, bevor sie an ihre endgültige Lagerstätte gelangten. »Die Fossilien liegen stellenweise in solcher Fülle da, daß sie ein richtiggehendes Pflaster verschlungener Knochen bilden, von denen sehr wenige in ihrer natürlichen Stellung zueinander liegen«,

1 C. E. Brasseur, *Histoire des nations civilisées du Mexique* (1857–59), I, 55; Popul-Vuh, le livre sacre, Hrsg. Brasseur (1861), 25.

2 R. W. Chaney und H. L. Mason, »A Pleistocene Flora from the Asphalt Deposits at Carpinteria, California«, in: *Studies of the Pleistocene Paleobotany of California* (Carnegie Institution 1934).

sagt R. S. Lull, Direktor des Peabody Museums in Yale, in seinem Buch über Fossilien.[1]

Die Fülle von Knochen in Agate Spring Quarry kann angesichts eines einzigen Blockes beurteilt werden, der jetzt im Amerikanischen Museum für Naturgeschichte in New York liegt. Dieser Block enthält ungefähr 100 Knochen auf 1000 cm^2. Es gibt keine Möglichkeit, eine derartige Zusammenballung von Fossilien durch natürlichen Tod für Tiere verschiedener Spezies zu erklären.

Dieser Block enthält ungefähr 100 Knochen auf 1000 cm^2. Es gibt keine Möglichkeit, eine derartige Zusammenballung von Fossilien durch natürlichen Tod für Tiere verschiedener Spezies zu erklären. (Aus Lull, *Fossils*)

Die dort gefundenen Tiere waren Säuger. Das am häufigsten vorkommende war das kleine doppelhornige Nashorn *(Diceratherium)*. Es gab dort ein weiteres ausgestorbenes Tier *(Moropus)*, mit einem dem Pferd nicht unähnlichen Kopf, aber mit schweren Beinen und Klauen wie denen eines Fleischfressers; ebenfalls wurden dort Knochen eines gigantischen Schweines *(Dinohyus hollandi)*, das eine Höhe von 2 Metern erreichte, ausgegraben.

Das Carnegie Museum, welches gleichfalls in Agate Spring Quarry Ausgrabungsarbeiten durchführen ließ, fand auf einer Fläche von 125 m^2 164 000 Knochen, d. h. ungefähr 820 Skelette. Ein

1 Lull, *Fossils*, 34.

Säugetierskelett hat durchschnittlich 200 Knochen. Diese Fläche repräsentiert nur ein Zwanzigstel der fossilen Schicht in der Grube, was Lull zur Annahme brachte, daß das gesamte Gebiet etwa 16400 Skelette des doppelhornigen Nashorns, 500 Skelette des Klauenpferdes und 100 Skelette des Riesenschweines enthalten würde.

Einige Meilen östlich, in einem anderen Steinbruch, sind Skelette eines Tieres gefunden worden, das infolge seiner Ähnlichkeit mit zwei lebenden Arten Gazellenkamel *(Stenomylus)* genannt wird. Eine Herde dieser Tiere wurde durch eine Katastrophe vernichtet. Wie in der Agate-Spring-Grube wurden die fossilen Knochen in von Wasser transportiertem Sand abgelagert. Der Transport erfolgte in einem wilden Katarakt von Wasser, Sand und Geröll, die ihre Spuren auf dcn Knochen hinterließen.

Zehntausende von Tieren wurden über eine unbekannte Distanz hinweggetragen und dann in ein gemeinsames Grab geschmettert. Mit größter Wahrscheinlichkeit war die Katastrophe allgegenwärtig, denn diese Tiere – das kleine doppelhornige Nashorn, das Klauenpferd, Riesenschwein und das Gazellenkamel – überlebten nicht, sondern starben aus. Es gibt nichts in ihren Skeletten, das zur Ansicht berechtigen würde, sie seien degeneriert und zum Aussterben bestimmt gewesen. Und gerade die Umstände, unter denen sie gefunden werden, sprechen von einem gewaltsamen Tod durch die Elemente, und nicht vom langsamen Aussterben im Evolutionsprozeß.

An vielen anderen Orten der Welt sind gleichartige Entdeckungen gemacht worden, und in einem der nachfolgenden Abschnitte werden wir die berühmte Knochengrube von Siwalik diskutieren. In den Vereinigten Staaten enthielt Big Bone Lick in Kentucky, 30 Kilometer südlich von Cincinnati, die Knochen von 100 Mastodons, neben vielen anderen ausgestorbenen Tieren. Präsident Jefferson sammelte dort seine bekannte Fossilienkollektion. In San Pedro Valley, Kalifornien, entdeckte man aufrecht stehende Mastodon-Skelette in der Haltung, in der sie starben, steckengeblieben in Geröll, Asche und Sand. Fossilien in John Day Basin, Oregon, und im Florissant-Eisrandsee in Colorado, sind eingebettet in vulkanische Asche.

In der Schweiz ist im Kesslerloch bei Thayngen (Kanton

Schaffhausen) ein Knochengemisch von zu verschiedenen Klima- und Lebenszonen gehörenden Tieren gefunden worden: Es gibt dort alpine Typen in einem »Tiergemisch« mit Steppentieren und der Waldfauna.[1] In Deutschland enthüllte eine Kiesgrube in Neukölln, einer Berliner Vorstadt, zwei Tierwelten: Mammut, Moschusochse, Ren und Polarfuchs »legen ein boreales Klima nahe«; Löwe, Hyäne, Büffel, Ochse und zwei Elefantenarten »lassen ein warmes Klima mit verschiedenen Temperaturstufen vermuten«. Diese Tierwelten wurden als zwei verschiedenen Perioden zugehörig interpretiert – Eiszeit und Zwischeneiszeit –, aber die Knochen wurden alle zusammenliegend gefunden. »Es scheint wahrscheinlich, daß die Zusammenhänge komplizierter sind, als man sie sich vorgestellt hat.«[2] Bis jetzt ist es nicht gelungen, »eine zufriedenstellende klimatische Interpretation« zu finden.

Riesige Tierscharen, die Prärien und Wälder, das Wasser und die Luft bevölkerten, zierliche und kräftige Arten, mit einem Drang zum Leben und zur Vermehrung, wurden mehr als einmal ganz plötzlich ausgelöscht.

1 J. Heierli, »Das Kesslerloch bei Thayngen«. *Neue Denkschriften der Schweizerischen Naturforschenden Gesellschaft,* Bd. XLIII (1907); H. Broekmann-Jerosch in *Die Veränderungen des Klimas,* veröffentl. vom 11. Internationalen Geologischen Kongreß (1910).

2 Flint, *Glacial Geology,* 329.

Kapitel 6

Gebirge und Risse

Gebirgsschübe in den Alpen und anderswo

Das Alter einer Gesteinsformation wird mit Hilfe der Fossilien bestimmt, die sie enthält. Zur Überraschung vieler Wissenschaftler ist festgestellt worden, daß Gebirge sich fortbewegt haben, da ältere Formationen über jüngere geschoben wurden.

Der Chief Mountain im US-Staat Montana ist ein mehrere hundert Meter über den Prärien stehendes Massiv. Es »ist in seiner Gesamtheit auf dic viel jüngeren Schichten der Großen Prärien geschoben worden, und dann in Richtung Osten über sie hinweg, wenigstens 8 Meilen (13 km) weit. In der Tat kann der Schub mehreremal 8 Meilen betragen haben«, schreibt Daly.[1]

»Durch gleichartiges Schieben ist die gesamte Front der Rocky Mountains Hunderte von Meilen breit zuerst nach oben und dann nach außen viele Meilen über die Prärien gestoßen worden.«[2]

Derart titanische Verschiebungen von Gebirgen wurden an vielen Orten der Welt festgestellt. Die Verlagerung der Alpen erstreckt sich besonders weit.

»Im Verlaufe des Aufbaues der Alpen wurden gigantische Gesteinsplatten, mehrere hundert Meter dick und mehrere hundert Kilometer lang und Dutzende von Kilometern breit auf und dann über das darunterliegende Gestein geschoben. Die Verwerfung war von Afrika her gegen die Hauptmasse Europas im Norden gerichtet. Das sichtbare Gestein der nördlichen Alpen in der Schweiz ist so nach Norden über Distanzen in der Größenordnung von 100 Meilen (160 km) geschoben worden. In gewisser Weise standen die Alpen früher auf dem Gebiet von Norditalien.«[3] Der Montblanc entfernte sich von seinem Ort, und das Matterhorn wurde umgestürzt.

1 Daly, *Our Mobile Earth,* 228–229.
2 Ebenda, 231.
3 Ebenda, 232–233.

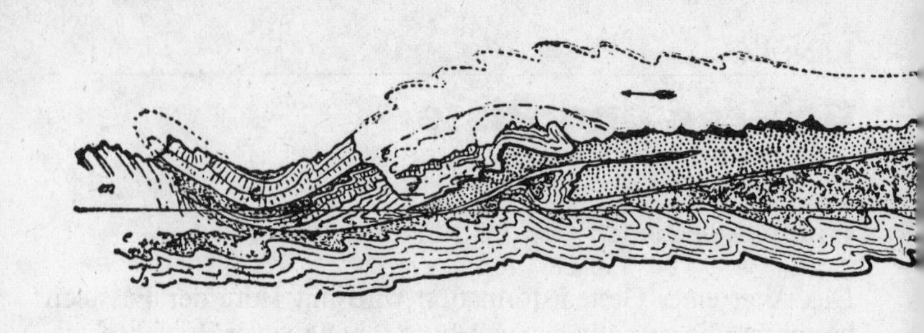

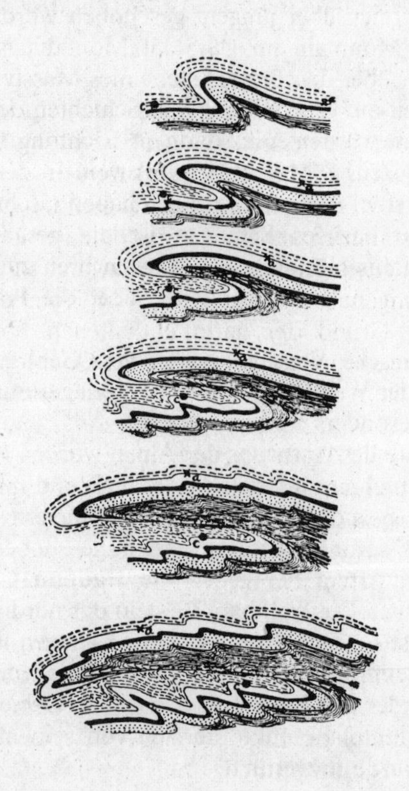

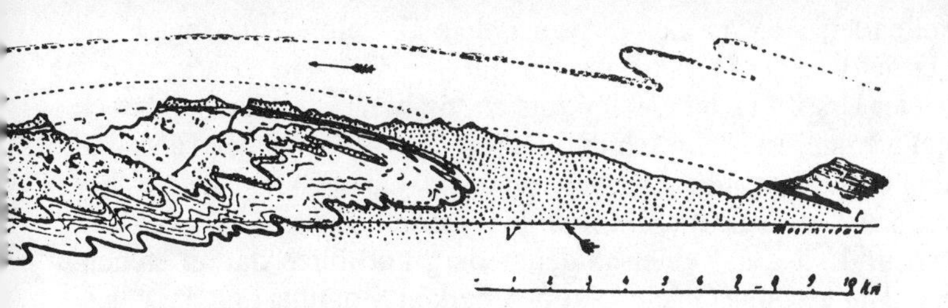

Das sichtbare Gestein der nördlichen Alpen in der Schweiz ist so nach Norden über Distanzen in der Größenordnung von 160 km geschoben worden. (Aus Daly, *Our Mobile Earth*)

Glarner Verwerfung nach Heim.

Jene Teile der Schweizer Alpen, die das Linthtal im Kanton Glarus umgeben, bestehen in ihrem unteren Teil aus tertiären Formationen, d. h. sie stammen aus der Zeit der Säugetiere; ihre oberen Teile stammen aus dem Perm (vor der Zeit der Reptile) und dem Jura (Zeit der Reptile). Dies zwingt zu einer von zwei Schlußfolgerungen: Entweder ist die Einteilung des Gesteins in Abfolgen auf Grund der darin enthaltenen Fossilien logisch falsch, oder die alten Gebirge wurden als Ganzes fortbewegt und auf die Schultern jüngerer Formationen gesetzt. Die zweite Schlußfolgerung wird gewählt; und wenn de Saussures Vorstellung einer über die Alpen hereinbrechenden See phantastisch erschien, muß die Idee von Bergen, die weite Strecken über Land zurücklegen, noch phantastischer erscheinen – es sei denn, wir kennen die physische Ursache, welche es bewerkstelligte. Doch liegt sogar der tiefere Grund der Gebirgsentstehung seinerseits im Dunkeln.

»Das Problem der Gebirgsentstehung ist eine recht qualvolle Sache: Viele von ihnen (der Gebirge) bestehen aus tangential zusammengepreßtem und übereinander geschobenem Gestein, was auf eine Verkürzung der Erdkruste um Dutzende von Meilen hinweist. Radiale Schrumpfung ist hoffnungslos unzulänglich, das beobachtete Ausmaß horizontaler Stauchung verursacht zu haben. Darin liegt die eigentliche Schwierigkeit des Problems der Gebirgsentstehung. Die Geologen haben noch keinen zufriedenstellenden Ausweg aus diesem Dilemma gefunden«, sagt F. K. Mather von der Harvard-Universität.[1]

Der Ursprung der Gebirgsentstehung ist nicht erklärt; und noch viel weniger ist es ihr Schub oder ihre Verwerfung über Täler und über andere Gebirge. Die Alpen sind 160 km nach Norden geschoben worden. Der Chief Mountain in Montana reiste über die Prärien und stieg auf einen anderen Berg und blieb darauf stehen. »... Der gesamte Glacier Nationalpark in Montana und das ganze Rocky Mountain-Gebiet bis zum Yellowhead-Paß in Alberta« bewegten sich viele Meilen weit.[2] Die Berge in West-Schottland veränderten ihre Lage. Auf ihrer gesamten Länge zeigen die norwegischen Berge eine gleichartige Überschiebung. Was konnte diese Gebirge veranlaßt haben, sich über Täler hinweg und bergauf von der Stelle zu bewegen, mit ihren Milliarden von Tonnen wiegenden Granitmassen? Keine aus dem Erdinnern kommende Gewalt, nach innen ziehend oder nach außen stoßend, konnte diese Überschiebungen verursacht haben. Nur Torsionskräfte konnten sie verursacht haben. Sie konnten kaum aufgetreten sein, wenn Eigenrotation und Umlauf unseres Planeten nie gestört worden wären.

In den Alpen sind Höhlen mit menschlichen Stein- und Knochenartefakten aus dem Pleistozän (Eiszeit) in bemerkenswerter Höhe gefunden worden. Während der Eiszeit müssen die Bergeshänge und Täler der Alpen mehr als andere Gebiete des Kontinents von Gletschern bedeckt gewesen sein; heutzutage gibt es in Zentraleuropa ausgedehnte Gletscher allein in den Alpen. Die Gegenwart von Menschen in großen Höhen während des Pleistozäns oder des Paläolithikums (Altsteinzeit) erscheint verwirrend.

Die Wildkirchli-Höhle – bei der Ebenalp im Kanton Appenzell in der Schweiz – liegt nahezu 1500 m ü. d. M. Irgendwann im Laufe des Pleistozäns war sie von Menschen bewohnt. »In bezug auf die Höhenlage noch bemerkenswerter ist die Drachenloch-Höhle auf 2445 m«, unterhalb des Gipfels des Drachenberges,

1 F. K. Mather, in einer Rezension über G. Gamow, *Biography of the Earth* in *Sciene* vom 16. 1. 1942.

2 George McCready Price, *Common-sense Geology,* 120; derselbe, »The Fossils as Age-makers in Geology«, *Princeton Theological Review,* Vol. XX, No. 4, Oktober 1922.

hoch über Vättis im Taminatal im Kanton St. Gallen. Dies ist ein steiles, schneebedecktes Massiv. »Beide diese Orte befinden sich geradewegs im Zentrum des eiszeitlichen alpinen Vergletscherungsgebietes.«[1]

Eine tausend und mehr Meter mächtige Eisdecke füllte das gesamte Mittelland zwischen den Alpen und dem Jura aus, bis zur Höhe der aus den Alpen gebrochenen und auf die Juraberge gebrachten Findlinge. In derselben geologischen Epoche, in einer Zwischeneiszeit bei einem kurzfristigen Rückzug der Gletscher, müssen Menschen die Höhlen in 2000 m ü. d. M. bewohnt haben. Keine zufriedenstellende Erklärung für einen derartigen Lebensraum des Steinzeitmenschen ist je vorgeschlagen worden.

Könnte es sein, daß die Berge sich erst im Zeitalter des Menschen erhoben haben, zusammen mit seinen Höhlen? In den letzten Jahren haben sich die Zeugnisse rapide vermehrt, wonach im Gegensatz zur früheren Meinung die Alpen und andere Gebirge zur Zeit des Menschen zur heutigen Höhe emporgestiegen sind und weite Strecken zurückgelegt haben.

»Gebirgserhöhungen um viele Tausend Fuß haben sich innerhalb des Pleistozäns [Eiszeit] selbst ereignet.« Dies geschah mit »dem Gebirgssystem der Kordilleren in Nord- wie auch in Südamerika, dem Alpen-Kaukasus-Zentralasiatischen System und vielen anderen . . .«.[2]

Die Tatsache des späten Emporsteigens der hauptsächlichen Gebirgszüge auf der Erde verursachte – als sie erkannt wurde – unter den Geologen große Verwirrung, als sie durch das Gewicht der Zeugnisse zu dieser Ansicht gezwungen wurden. Die Revision der Meinungen ist nicht immer radikal genug. Nicht nur in der Zeit des Menschen, sondern in der Zeit des *historischen* Menschen, wurden Gebirge emporgestoßen, Täler aufgerissen, Seen aufwärtsgezerrt und ausgeschüttet. Helmut Gams und Rolf Nordhaben brachten sehr ausführliches Material über die Bayerischen Alpen und das Tirol, d. h. über die Ostalpen, zusammen. Wir werden dieses Material im Kapitel 9, »Klimasturz«, behandeln.

»Die großen Gebirgszüge fordern die Leichtgläubigkeit durch

1 G. G. MacCurdy, *Human Origins* (1924), I, 77.
2 Flint, *Glacial Geology and the Pleistocene Epoch*, 9–10.

ihre extreme Jugendlichkeit heraus«, schrieb der Forschungsreisende Bailey Willis angesichts asiatischer Gebirge.[1]

Der Himalaja

Das mächtigste Gebirgssystem der Erde, der Himalaja, steigt im Norden Indiens wie eine zweieinhalbtausend Kilometer lange Mauer empor. Diese Gebirgskette reicht von Kaschmir im Westen bis nach Bhutan im Osten – und noch darüber hinaus –, mit einer Reihe ihrer Gipfel über 8000 m hoch, wobei der Mount Everest 8848 m oder fast 9 km erreicht. Die Höhen dieses himmelwärtsstrebenden Massivs sind mit ewigem Schnee in Regionen bedeckt, wo weder der Adler noch andere Vögel mehr fliegen.

Wissenschaftler des 19. Jahrhunderts wurden zur Verzweiflung gebracht: So hoch sie auch stiegen, das Gestein des Gebirges lieferte Skelette von Meerestieren, von Fischen, die im Ozean schwimmen und von Schnecken und Muscheln. Dies mußten Beweise sein, wonach der Himalaja aus den Tiefen des Meeres emporgetaucht war. Irgendwann in der Vergangenheit strömten azurne Wasser des Ozeans über den Mount Everest, und Fische, Krabben, Mollusken und Meerestiere schauten dorthin hinunter, wohin wir nun hinauf sehen und wohin der Mensch bis jetzt erst wenige Male seinen Fuß gesetzt hat. Bis vor kurzem wurde angenommen, daß der Himalaja vom Meeresboden bis zu seiner heutigen Höhe vor Dutzenden, vielleicht vor Hunderten von Millionen Jahren emporstieg. Eine derart lange Zeitdauer, und vor so langer Zeit, genügte sogar für den Himalaja, zu seiner heutigen Höhe gewachsen zu sein. Wenn wir Kindern eine Geschichte über Riesen und Wundertiere erzählen wollen, beginnen wir da nicht mit »Es war einmal, vor langer, langer Zeit . . .«? Und die Riesen bedrohen uns nicht länger, und die Wundertiere sind nicht mehr echt.

Laut dem allgemein akzeptierten geologischen Schema er-

1 B. Willis, Research in Asia, II, 24.

schienen die ersten Lebensformen auf der Erde vor 500 Millionen Jahren; vor 200 Millionen Jahren entwickelte sich das Leben zu reptilischen Formen, welche das Bild beherrschten und gigantische Maße erreichten. Die riesigen Reptilien starben vor 70 Millionen Jahren aus, und Säugetiere nahmen von der Erde Besitz – sie gehören in das Tertiär. Gemäß diesem Schema stiegen die jüngsten Berge am Ende des Tertiärs empor, während des Pliozäns; diese Periode reicht bis zur Zeit vor einer Million Jahren, als das Quartär begann, die Epoche des Menschen. Das Quartär enthält auch die Eiszeit, das Pleistozän sowie das Paläolithikum oder die Altsteinzeit; und die daran anschließende Epoche wird Holozän genannt, welche das Neolithikum (Jungsteinzeit) sowie die Bronze- und Eisenkulturen umfaßt. Seit dem Erscheinen des Menschen auf der Erde, d. h. seit dem Beginn der Eiszeit, gab es keine bemerkenswerten Geländehebungen. Mit anderen Worten: Es wurde uns gesagt, daß die Konturen der Erde mit ihren Gebirgen und Ozeanen bereits feststanden, als der Mensch zum ersten Mal erschien.

In den letzten Jahrzehnten sind indessen über Berge und Täler zahllose Tatsachen aufgetaucht, die eine andere Geschichte erzählen. In Kaschmir entdeckt Helmut de Terra sedimentäre Ablagerungen eines alten Meeresbodens, der an einigen Orten bis zu 1500 m und mehr emporgehoben und in einen Winkel von bis zu 40° geneigt wurde; das Becken wurde durch das Aufsteigen des Berges mit hinaufgezogen. Folgendes aber kam ganz unerwartet: »Diese Ablagerungen enthalten paläolithische Fossilien.« Und das, laut Arnold Heim, dem Schweizer Geologen, würde glaubhaft machen, daß die Gebirgspässe im Himalaja 1000 und mehr Meter zur Zeit des Menschen sich gehoben haben, »Grössenordnungen, die selbst dem modernen Tektoniker noch phantastisch erscheinen«.[1]

Studien über die Eiszeit in Indien und damit verbundenen Menschheitskulturen, 1939 von De Terra veröffentlicht, der für die Carnegie Institution unter der Mitarbeit von Professor T. T. Peterson der Harvard Universität arbeitete, stellt eine einzige lange Argumentation und Darstellung dar, wonach der Himalaja

1 Arnold Heim und August Gansser, *Thron der Götter* (Zürich 1938), 240.

sich in der Eiszeit erhob und seine gegenwärtige Höhe erst nach dem Ende der Eiszeit erreichte, also erst in historischer Zeit. Von anderen Gebirgsketten kamen gleichartige Nachrichten.

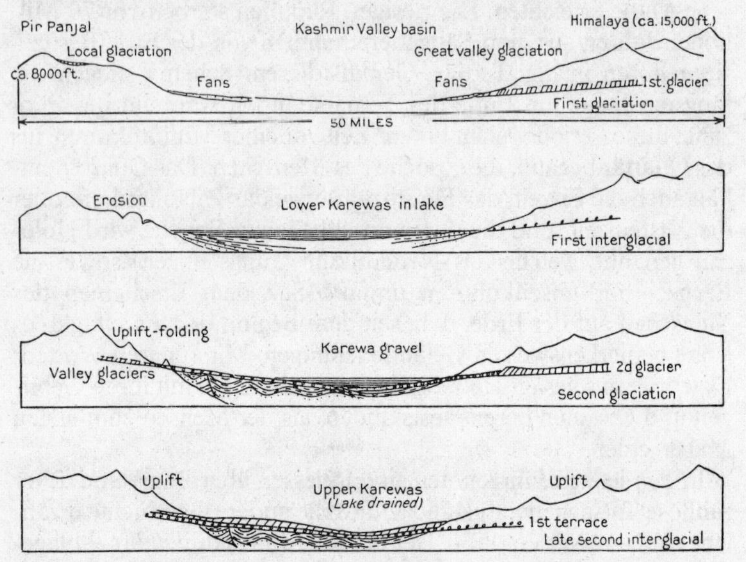

Dann bewegten sich verschiedene Formationsgruppen »sowohl in horizontaler als auch vertikaler Richtung, was in einer Verschiebung älteren Gesteins gegen Süden auf Vorlandsedimente resultierte, verbunden mit einer Anhebung der Verschiebungszone«! (Aus de Terra und Peterson, *Studies on the Ice Age in India*)

De Terra unterteilte die Eiszeit der Himalajahänge in Kaschmir in ein Altpleistozän (welches die erste Vergletscherung und zwischeneiszeitliche Stufe umfaßt), das Mittelpleistozän (die zweite Hauptvergletscherung und die folgende Zwischeneiszeit), und das Jungpleistozän (die letzten zwei Vergletscherungen und eine Zwischeneiszeit umfassend).

»Das Bild, welches diese Region zu Beginn des Pleistozäns bot, muß von dem heutigen sehr verschieden gewesen sein . . . Das Kaschmir-Tal lag weniger hoch, und seine Südrampe, der Pir Panjal, ließ die alpine Erhabenheit vermissen, die den Reisenden heute bezaubert . . .« Dann bewegten sich verschiedene Formationsgruppen »sowohl in horizontaler als auch vertikaler Richtung, was in einer Verschiebung älteren Gesteins gegen Süden auf Vorlandsedimente resultierte, verbunden mit einer Anhebung der Verschiebungszone«.[1]

»Der Hauptteil des Himalaja erfuhr eine starke Aufwölbung, als deren Folge die Kaschmir-Seebecken zusammengepreßt und am Hang der beweglichsten Kette aufwärts gedrängt wurden ... Die Aufwärtsbewegung wurde begleitet von einer Südwärtsverschiebung des Pir Panjal-Blockes gegen die Vorgebirge Nordwest-Indiens.«[2] Das Pir Panjal-Massiv, das gegen Indien geschoben wurde, ist gegenwärtig 4500 m hoch.

Zu Beginn dieser Periode war die Fauna weitaus verarmt; danach aber, aus den Überresten zu schließen, wurde das Gebiet von Großkatzen, Elefanten, Pferden, Schweinen und Flußpferden bevölkert.

Im Mittleren Pleistozän gab es einen »fortgesetzten Auftrieb«. »Die archäologischen Zeugnisse beweisen, daß der frühe paläolithische Mensch die anschließenden Ebenen bewohnte.« De Terra verweist auf die »Fülle paläolithischer Stätten«. Der Mensch verwendete Steinwerkzeuge in »Flocken«-Form, wie die im Cromer-Urwaldlager in England gefundenen.

Dann wurde der Himalaja einmal mehr emporgestoßen. Die »Neigung der Terrassen und Binnenseebecken« zeigt eine »fortgesetzte Hebung des gesamten Himalaja-Systems« während der letzten Eiszeitphasen an.[3]

In den letzten Stadien des Eiszeitmenschen, als er in den Bergen Stein bearbeitete, mag er in den Tälern schon auf der Bronzestufe gelebt haben. Von verschiedenen Autoritäten ist wiederholt bestätigt worden – in diesem Buch weiter hinten zitiert –, daß das Ende der Eiszeitepoche gut mit dem Aufstieg der großen antiken Kulturen zusammenfallen könnte: in Ägypten und Sumer und, folglicherweise, auch in Indien und China. Die Steinzeit in einigen Regionen konnte gleichzeitig sein mit der Bronzezeit in anderen. Noch heute gibt es zahlreiche Stämme in Afrika, Australien und Tierra del Fuego, der Südspitze Südamerikas, die noch immer in

1 H. de Terra und T. T. Peterson, *Studies on the Ice Age in India and Associated Human Cultures* (1939), 223.
2 Ebenda, 225.
3 Ebenda, 222.

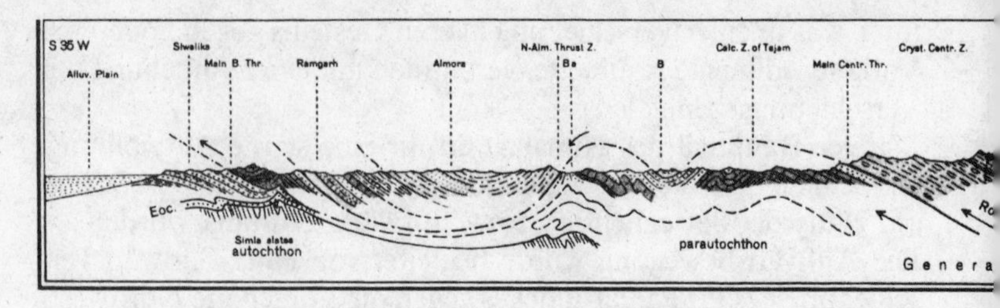

»Das höchste Gebirge der Erde zählt zu den jüngsten.« (Aus Heim und Gansser, *Central Himalaya, 1939*)

der Steinzeit leben; und viele andere Regionen der modernen Welt würden in der Steinzeit verblieben sein, wäre nicht Eisen aus weiterentwickelten Gebieten importiert worden. Die Ureinwohner Tasmaniens kamen nie soweit, ein geschliffenes – neolithisches – Steinwerkzeug zu produzieren – tatsächlich erreichten sie kaum die Stufe gröbster Steinbearbeitung. Diese große Insel südlich von Australien wurde 1642 von Abel Tasman entdeckt; der letzte Tasmanier starb 1876 im Exil, und die Rasse starb aus.

Die jüngeren Hebungen des Himalaja fanden auch in der Zeit des modernen Menschen statt. »Die nacheiszeitlichen Geländestufen dokumentieren, daß wenigstens ein maßgebliches Vordringen (des Eises) anzunehmen ist«, und dies verweist, in den Augen von De Terra und Peterson, auf eine oberflächenverändernde Bewegung der Gebirge. »Auf eine bestimmte Einzelheit müssen wir Nachdruck legen – nämlich auf die Abhängigkeit der pleistozänen Vereisung vom geländeverändernden Charakter einer beweglichen Gebirgskette. Diese Beziehung, so meinen wir, ist in anderen Vereisungsregionen – wie in Zentralasien und in den Alpen – nicht genügend berücksichtigt worden, wo gleichartige, wenn nicht identische, Bedingungen angetroffen werden.«[1]

Es ist allgemein angenommen worden, daß Löß – zerreibbarer ausgewehter Staub, der sich zu Tonerden verfestigt – ein Produkt der Eiszeit sei. De Terra indessen fand im Himalaja neolithische, d. h. polierte Steinwerkzeuge im Löß und kommentierte: »Wichtig für uns ist die Tatsache, daß Lößformation nicht auf die Eiszeit

1 Ebenda, 223.

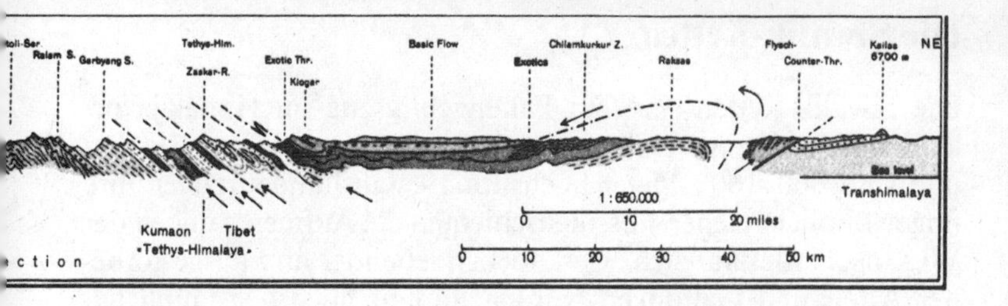

beschränkt ist, sondern sich weiter fortsetzte ... bis in nachglaziale Zeit.« Auch in China und in Europa veranlaßten geschliffene Steinartefakte in Löß eine entsprechende Revision. Die neolithische Entwicklungsstufe, die laut dem akzeptierten Schema am Ende der Eiszeit begann, dauerte in Europa und an vielen anderen Orten zu einer Zeit an, als in den Zentren der Zivilisation die Bronzezeit bereits blühte.

R. Finsterwalder, der das Nanga Parbat-Massiv (8125 m hoch) im Westen des Himalaja erforschte, datierte die Himalaja-Vereisung in die Nacheiszeit; mit anderen Worten, die Ausdehnung der Gletscher im Himalaja fand viel dichter an unserer Zeit statt als vordem angenommen wurde. Ausgedehnte Bodenerhebungen im Himalaja ereigneten sich teilweise nach der Eiszeit, d. h. vor nur wenigen Tausend Jahren.[1]

Heim, der die Gebirgsketten im Westen Chinas, angrenzend an Tibet, im Osten des Himalaja, untersuchte, kam zum Schluß (1930), daß sie *nach* der Eiszeit gehoben wurden.[2]

Das große Massiv des Himalaja wuchs zu seiner gegenwärtigen Höhe im Zeitalter des modernen, des historischen Menschen. »Das höchste Gebirge der Erde zählt zu den jüngsten.«[3] Mit ihren höchsten Gipfeln haben diese Berge das gesamte geologische Schema des »vor langer, langer Zeit« zertrümmert.

1 R. Finsterwalder, »Die Formen der Nanga Parbat-Gruppe«, *Zeitschrift der Gesellschaft für Erdkunde zu Berlin,* 1936, 321 ff.

2 Lee, *The Geology of China,* 207.

3 Heim und Gansser, *Thron der Götter,* 242.

Die Siwalik-Ketten

Die Siwalik-Ketten sind ein Faltengebirgszug im Himalajavorland, im Norden von Delhi; sie erstrecken sich etwa über 1700 km und sind 600–1000 Meter hoch. Im 19. Jahrhundert zogen ihre ungewöhnlich reichen Fossilienschichten die Aufmerksamkeit der Wissenschaftler auf sich. Tierknochen lebender und ausgestorbener Arten und Gattungen wurden dort in höchst erstaunlicher Fülle gefunden. Einige der Tiere machten den Eindruck, als habe die Natur mit ihnen ein verunglücktes Experiment angestellt und die Spezies als nicht lebensfähig ausrangiert. Das Rückenschild einer fast 7 m langen Schildkröte wurde dort entdeckt; wie hätte ein solches Tier sich im hügligen Gelände fortbewegen können?[1] Der *Elephas ganesa*, eine in den Siwalik-Bergen gefundene Elefantenart, hatte über 4 m lange und im Umfang einen guten Meter messende Stoßzähne. Von ihnen sagte ein Autor: »Es ist ein Mysterium, wie diese Tiere sie wegen ihrer enormen Größe und Hebelwirkung je zu tragen vermochten.«[2]

Die Siwalik-Fossilienlager sind mit derart vielen und unterschiedlichen Tierarten angefüllt, daß im Vergleich damit die heutige Tierwelt einen ärmlichen Eindruck macht. Es sieht aus, als ob alle diese Tiere die Erde mit einem Mal in Besitz nahmen: »Dieser plötzliche Einbruch auf den Schauplatz einer so verschiedenartigen Bevölkerung von Pflanzenfressern, Fleischfressern, Nagetieren und Primaten, der höchsten Säugetierkategorie, muß als ein höchst ungewöhnlicher Fall einer jähen Evolution von Arten angesehen werden«, schreibt D. N. Wadia in seiner *Geologie Indiens.*[3] Das Flußpferd, das »normalerweise ein klimaspezifischer Typus ist« (De Terra), Schweine, Nashörner, Affen und Rinder füllten das Innere der Hügel bis zum Bersten. A. R. Wallace, der mit Darwin die Ehre teilt, die Theorie der natürlichen Selektion aufgestellt zu haben, war unter den ersten, die Aufmerksamkeit mit dem Ausdruck der Verwunderung auf die Siwalik-Ausrottung zu lenken.

1 D. N. Wadia, *Geology of India* (2. Ausgabe 1939), 268.
2 J. T. Wheeler, *The Zonal-Belt Hypothesis* (1908), 68. Ein Paar Stoßzähne dieser Maße sind im paläontologischen Museum der Princeton Universität ausgestellt.
3 Wadia, *Geology of India*, 268.

Viele der Gattungen, die eine Fülle von Arten einschlossen, wurden bis auf die letzte ausgelöscht; einige sind noch immer vertreten, aber von nur wenigen Arten. Von beinahe 30 Elefantenarten in den Siwalik-Lagern hat nur eine einzige in Indien überlebt. »Die plötzliche und ausgedehnte Verringerung durch Ausrottung der Siwalik-Säugetiere ist für den Geologen wie auch für den Biologen ein höchst alarmierender Vorgang. Die großen Fleischfresser, die mannigfaltigen Elefantenrassen, die zu nicht weniger als 25 bis 30 Arten gehören ... die zahlreichen Stämme großer und hochspezialisierter Huftiere, die in den Siwalik-Dschungeln des Pliozäns so geeignete Lebensräume fanden, sind in einem unmittelbar folgenden Zeitalter nicht mehr zu sehen.«[1] Es wurde früher unterstellt, die beginnende Eiszeit sei ihre Todesursache gewesen, doch wurde in der Folge erkannt, daß ausgedehnte Zerstörungen im Zeitalter des Menschen stattfanden, viel näher an unserer Zeit.

Die älteren Geologen dachten, die Siwalik-Ablagerungen seien von ihrer Natur her Anschwemmungen, von den reißenden Himalajaflüssen hinabgetragene Trümmer. Aber man erkannte, daß diese Erklärung »auf Grund der bemerkenswerten Homogenität, welche die Ablagerungen kennzeichnet, unhaltbar erscheint«, ebenso wie infolge einer »Übereinstimmung lithologischer Zusammensetzung« in einer Vielzahl isolierter, beträchtlich voneinander entfernter Einsenkungen.[2] Es muß eine Gewalt gegeben haben, welche diese Tiere zum Fuß des Himalaja trug und dort ablagerte und, nach dem Vorübergehen einer geologischen Epoche, die Vorstellung wiederholte – denn in den Siwalik-Ketten gibt es Tiere aus mehr als nur einem Zeitalter und Spuren von mehr als nur einer Zerstörung. Es gab auch eine Geländebewegung: »Der zersprengte Teil der Faltung hat sich als Ganzes über weite Distanzen geschoben, und so das ältere Vor-Siwalik-Gestein der inneren Gebirgsketten über das jüngere Gestein der äußeren Ketten geschoben.«[3]

Wenn der Ursprung dieser Katastrophen und Zerstörung nicht lokal war, muß er am anderen Ende des Himalaja und darüber hinaus gleichartige Wirkungen verursacht haben. Zweitausend

1 Ebenda, 279.
2 Ebenda, 270.
3 Ebenda, 264.

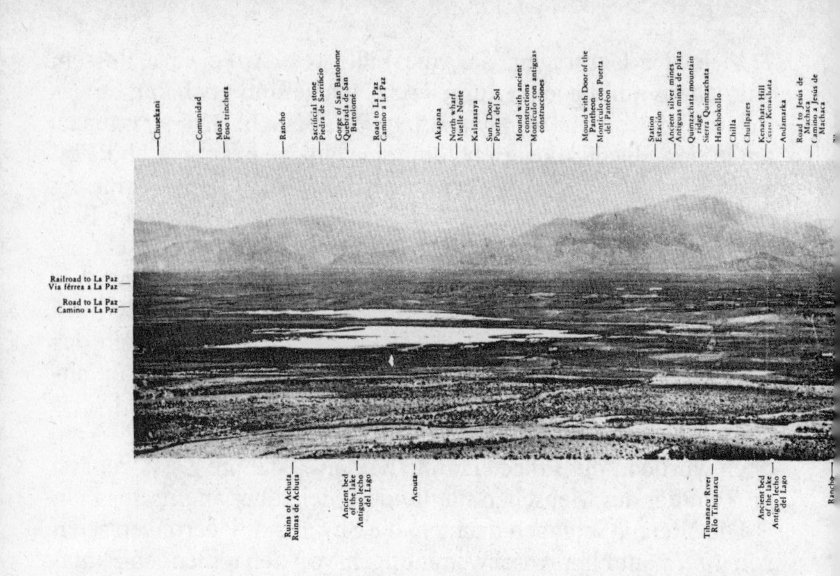

Kilometer von den Siwalik-Ketten entfernt, mitten in Burma, erreichten vom Irawadi-Fluß durchschnittene Ablagerungen eine Höhe von »10000 Fuß (3000 m)«. »Zwei fossilienführende Schichten kommen in diesen Ablagerungen vor, durch ungefähr 4000 Fuß (1200 m) Sand voneinander getrennt.« Die obere Schicht wird charakterisiert vom Mastodon, Flußpferd und Rind und ähnelt einer der Siwalik-Schichten. »Die Sedimente sind bemerkenswert infolge der großen Mengen fossilen Holzes . . . Hunderte und Tausende ganzer Stämme verkieselter Bäume sowie riesige, in den Sandsteinen liegende Baumstämme« legen die Denudierung »dicht bewaldeter« Gebiete nahe.[1] Tiere kamen zu Tode und wurden ausgerottet durch die Elementargewalten der Natur, die auch Wälder entwurzelten und von Kaschmir bis nach Indochina Berge von Sand, Tausende von Metern mächtig, über Arten und Gattungen warf.

1 Ebenda, 274–275.

PL V

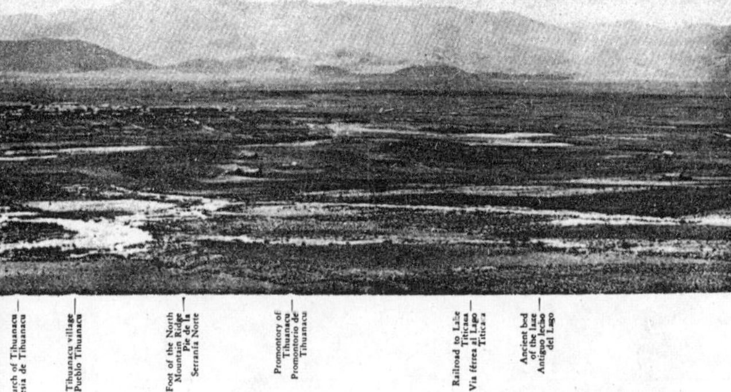

Panoramic view of the valley of Tihuanacu
Panorama del valle de Tihuanacu

»Heute liegt dieses Gebiet sehr hoch über dem Meeresspiegel. In früheren Perioden lag es tiefer.«

Tiahuanaco in den Anden

In den Anden, auf 16° 22' südlicher Breite, wurde eine megalithische Stadt auf einer Höhe von 3810 Metern über dem Meer in einer Region gefunden, wo Korn nicht reifen kann. Der Begriff »megalithisch« paßt auf die tote Stadt nur in bezug auf die Größe der Steine in ihren Mauern, die zum Teil glatt behauen und mit Präzision aneinander gefügt sind. Die Stadt steht auf dem Altiplano, der Hochebene zwischen den westlichen und den östlichen Kordilleren, nicht weit entfernt vom Titicacasee, dem größten See Südamerikas und dem höchstgelegenen schiffbaren Gewässer der Welt, an der Grenze von Bolivien und Peru.

»Es gibt ein noch immer ungelöstes Geheimnis auf dem Plateau des Titicacasees, das, wenn Steine reden könnten, eine höchst interessante Geschichte enthüllen würde. Ein großer Teil der Schwierigkeit bei der Lösung dieses Geheimnisse liegt in der ge-

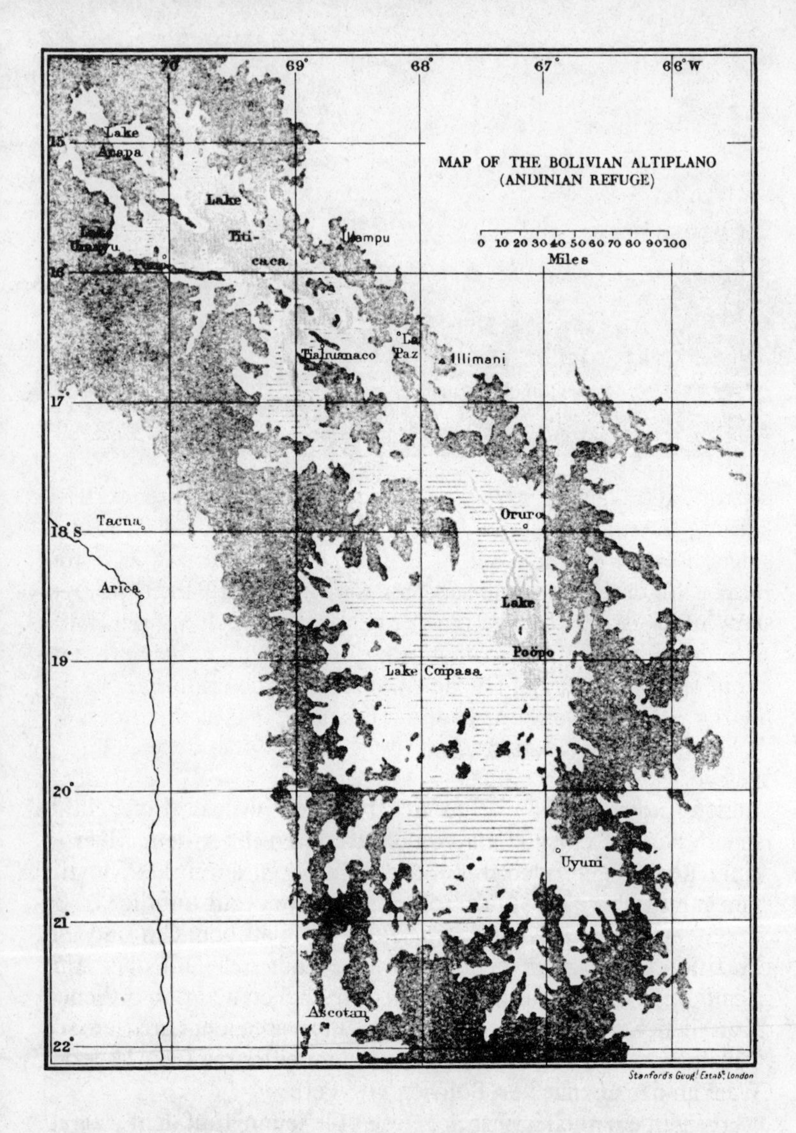

Einmal befand sich Tiahuanaco am Seeufer; dann lag der Titicacasee 30 Meter höher, wie seine alte Strandlinie bezeugt. Doch diese Strandlinie ist geneigt und befindet sich an anderen Orten mehr als 120 Meter über dem gegenwärtigen Wasserspiegel. (Aus Bellamy, *Built Before the Flood*)

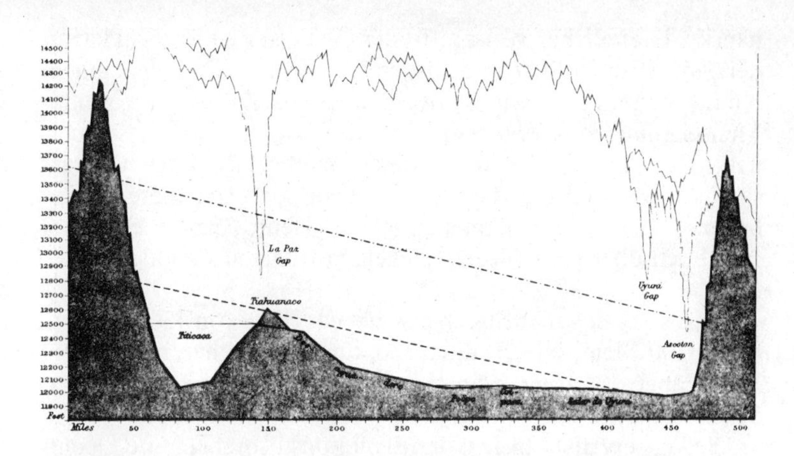

genwärtigen Natur der Region, deren Rätsel noch immer der Erklärung trotzt.« So schrieb Sir Clemens Markham 1910[1]: »Eine solche Region ist nur fähig, eine spärliche Bevölkerung robuster Bergbewohner und Arbeiter zu unterhalten. Das Geheimnis besteht in der Existenz von Ruinen einer großen Stadt auf der Südseite des Sees, deren Erbauer völlig unbekannt sind. Die Stadt nahm eine weiträumige Fläche ein und ist durch erfahrene Steinmetzen unter Verwendung enormer Steinblöcke erbaut worden.«[2]

Als der Autor der zitierten Passage seine Frage der gelehrten Welt vorlegte, bot der damalige Präsident der Royal Geographical Society, Leonard Darwin, die Vermutung an, daß das Gebirge nach dem Bau der Stadt maßgeblich emporgestiegen sei.

»Liegt eine solche Vorstellung jenseits der Grenzen des Möglichen?« fragte Sir Clemens. Unter der Annahme, die Anden hätten einmal rund 1000 m tiefer gelegen als heute, »würde Mais im Tal des Titicacasees reifen, und die Gegend der Ruinen von Tiahuanaco könnte die nötige Bevölkerung ernähren. Wenn die megalithischen Erbauer unter diesen Bedingungen lebten, ist das Problem gelöst. Wenn es geologisch unmöglich ist, bleibt das Geheimnis ungeklärt.«[3]

Vor mehreren Jahren schrieb eine andere Autorität, A. Pos-

1 Clemens Markham, *The Incas of Peru* (1910), 21.
2 Ebenda, 23.
3 Ebenda.

nansky, in ähnlicher Weise: »In der heutigen Zeit ist das Plateau der Anden ungastlich und fast unfruchtbar. Mit dem heutigen Klima wäre es während keiner Periode als Zufluchtsort großer Menschenmassen geeignet gewesen«, als »wichtiges vorgeschichtliches Zentrum der Welt«.[1] »Endlose landwirtschaftliche Terrassen« der Bevölkerung, die in der Zeit vor den Inkas diese Region bewohnten, sind noch immer zu sehen. »Heute liegt dieses Gebiet sehr hoch über dem Meeresspiegel. In früheren Perioden lag es tiefer.«[2]

Die Terrassen erheben sich bis zu einer Höhe von 4500 Metern, bis zu 800 Meter über Tiahuanaco, und noch höher, bis zu 5600 Meter über das Meer, oder bis zur heutigen Grenze des ewigen Schnees am Illimani.

Die konservative Ansicht der Evolutionstheoretiker und Geologen ist, daß Gebirgsbildung ein langsamer Prozeß sei, feststellbar an kleinsten Veränderungen, und daß, weil es sich um einen kontinuierlichen Prozeß handle, es nie spontane Bodenerhebungen großen Ausmaßes gegeben haben kann. Im Fall von Tiahuanaco indessen ereignete sich die Höhenveränderung offenbar nachdem die Stadt erbaut worden war, und das konnte nicht das Resultat eines langsamen Prozesses gewesen sein, bei dem sich erst nach Hunderttausenden von Jahren eine sichtbare Änderung einstellte.

Einmal befand sich Tiahuanaco am Seeufer; dann lag der Titicacasee 30 Meter höher, wie seine alte Strandlinie bezeugt. Doch diese Strandlinie ist geneigt und befindet sich an anderen Orten mehr als 120 Meter über dem gegenwärtigen Wasserspiegel. Es gibt zahllose gehobene Stände; und betont wurde »die Frische vieler der Strandlinien und der moderne Charakter der vorkommenden Fossilien«.[3]

Weitere Untersuchungen der Anden-Topographie und Titicacasee-Fauna, in Verbindung mit chemischen Analysen dieses und anderer Seen auf dem gleichen Plateau, ergaben, daß die Hochebene einmal auf Meereshöhe lag, d. h. 3800 Meter tiefer. »Titi-

1 A. Posnansky, *Tiahuanaco, the Cradle of the American Man* (1945), 15.
2 Ebenda, I, 39.
3 H. P. Moon, »The Geology and Physiography of the Altiplano of Peru and Bolivia« *The Transactions of the Linnean Society of London,* 3rd Series, Vol. I, Pt. I (1939), 32.

caca und Poopó, der See und das Salzbett von Coipaga, die Salzlager von Uyuni: mehrere dieser Seen und Salzlager sind in ihren chemischen Eigenschaften ähnlich wie die des Ozeans.«[1] Bereits 1875 demonstrierte Alexander Agassiz die Existenz einer Krustentier-Meeresfauna im Titicacasee.[2] In einer höheren Lage ist das Sediment eines enormen ausgetrockneten Sees, dessen Wasser fast trinkbar war, »voll charakteristischer Mollusken, wie Paludestrina und Ancylus, was geologisch gesehen einen relativ modernen Ursprung nachweist.«[3]

Irgendwann in der fernen Vergangenheit stieg der gesamte Altiplano mit seinen Seen vom Meeresboden empor. Zu einem anderen Zeitpunkt wurde dort die Stadt erbaut und sind die Terrassen auf dem ansteigenden Terrain um sie herum angelegt worden; dann, bei einer weiteren Störung, wurde das Gebirge emporgestoßen, und das Gebiet wurde unbewohnbar.

Die Barriere der Kordilleren, die den Altiplano vom Tal im Osten trennen, wurde entzweigerissen, und gigantische Blöcke fielen in den Abgrund, Lyell, der die Idee einer allgemeinen Sintflut bekämpfte, bot die Theorie an, das Auseinanderbrechen der Sierrabarriere habe einen großen See auf dem Altiplano freigegeben, der in das Tal stürzte und die Ureinwohner dazu veranlaßte, den Mythos einer allgemeinen Sintflut ins Leben zu rufen.[4]

Es ist noch nicht lange her, da wurde eine Erklärung des Geheimnisses um den Titicacasee und die Festung Tiahuanaco an seinem Ufer im Lichte von Hörbigers Theorie vorgebracht: Ein Mond kreiste sehr nahe um die Erde, der die Wasser der Ozeane gegen den Äquator zog; durch seine Gravitation hielt der Mond, bei Tag und bei Nacht, das Wasser des Ozeans auf der Höhe von Tiahuanaco: »Der Meeresspiegel muß mindestens 13000 Fuß (3962 m) höher gewesen sein.«[5] Dann stürzte der Mond zur Erde, die Ozeane zogen sich zu den Polen zurück und hinterließen die Insel mit ihrer megalithischen Stadt als einen Berg über dem Mee-

1 Posnansky, *Tiahuanaco,* 23.

2 *Proceedings of the American Academy of Arts and Scienes,* 1876.

3 Posnansky, *Tiahuanaco,* 23.

4 Lyell, *Principles of Geology* (12th ed. 1875), I, 89; III, 270.

5 H. S. Bellamy, *Built before the Flood: The Problem of the Tiahuanaco Ruins* (1947), 14.

resboden, heute das kontinentale tropische und subtropische Amerika. All das ereignete sich Millionen von Jahren, bevor unser Mond von der Erde eingefangen wurde, und so sind die Ruinen der megalithischen Stadt Tiahuanaco Jahrmillionen alt; d. h., die Stadt muß lange »vor der Sintflut« erbaut worden sein.

Diese Theorie ist bizarr. Die geologischen Spuren weisen auf eine späte Erhebung der Anden, und die Zeit dieses Vorganges wird immer näher an unsere Zeit gelegt. Archäologische und C14-Analysen verraten, daß das Alter der Andenkultur und der Stadt nicht viel mehr als 4000 Jahre beträgt.[1] Nicht nur die »vor der Sintflut erbaut«-Theorie bricht zusammen; dasselbe erfolgt mit dem Glauben, das letzte Emporsteigen der Anden habe im Tertiär stattgefunden, d. h. vor mehr als einer Million Jahre.

Einmal in der entfernten Vergangenheit lag der Altiplano unter dem Meeresspiegel, so daß seine Seen ursprünglich zu einem Meerbusen gehörten. Indessen fand die letzte Erhebung in einer frühen geschichtlichen Periode statt, nachdem die Stadt Tiahuanaco erbaut worden war; die Seen wurden mit hinaufgezogen, und der Altiplano, zusammen mit der gesamten Andenkette, stiegen zu ihrer heutigen Höhe empor.

Die alte Festung Ollantaytambo in Peru wurde auf einer Anhöhe gebaut; es wurden 4 bis 6 Meter hohe Steinblöcke dazu verwendet. »Diese zyklopischen Steine wurden im 7 Meilen (11 km) entfernten Steinbruch behauen . . . Wie diese Steine zum Fluß hinunter in das Tal, auf Flösse geladen und hinauf zur Festung gebracht wurden, bleibt ein Geheimnis, das die Archäologen nicht lösen können.«[2]

Eine weitere Festungs- oder Klosterstätte, Ollantayparubo im Urubambatal in Peru, nordwestlich vom Titicacasee, »besetzt ein winziges Plateau rund 3960 Meter über dem Meer, in einer unbewohnbaren Region von Abgründen, Schluchten und Schlünden«. Sie wurde aus roten Porphyrblöcken errichtet. Diese Blöcke müssen »aus einer beträchtlichen Entfernung (gekommen sein) . . . steile Abhänge hinunter, über schnellfließende und turbulente Flüsse und steile Felswände hinauf, die kaum einen Halt boten«.[3]

1 F. C. Hibben, *Treasure in the Dust* (1951), 56.
2 Don Ternel, in *Travel*, April 1945.
3 Bellamy, *Built before the Flood*, 63.

Es ist vorgeschlagen worden, daß der Transport dieser Blöcke nur möglich gewesen sei, wenn die topographischen Gegebenheiten zur Zeit des Baus anders als heute gewesen wären. Indessen gibt es in dieser Hinsicht nicht genügend Beweise, und Veränderungen in der Topographie müssen von den verlassenen Terrassen abgeleitet werden, von Mollusken in den ausgetrockneten Seen, von geneigten Uferlinien und von gleichartigen Hinweisen.

Charles Darwin war auf seinen Reisen in Südamerika 1834–1835 von den gehobenen Stränden in Valparaiso, in Chile am Fuß der Anden, beeindruckt. Er sah, daß die frühere Strandlinie in einer Höhe von 400 Metern verlief. Noch mehr war er beeindruckt von der Tatsache, daß die auf dieser Höhe angetroffenen Meeresmuscheln noch nicht verwittert waren; es war ihm ein klarer Hinweis, daß das Land vor sehr kurzer Zeit erst 400 Meter über den Pazifischen Ozean gestiegen war: »innerhalb der Periode, während welcher hochgehobene Muscheln unverwittert auf der Oberfläche blieben«.[1] Und da nur einige wenige dazwischenliegende Brandungslinien festzustellen sind, konnte das Emporsteigen nicht nach und nach erfolgt sein.

Darwin beobachtete ebenfalls, daß »der übermäßig gestörte Zustand der Gesteinsgeschichten in der Cordillera, weit entfernt davon, einzelne Perioden zerstörerischer Gewalt anzuzeigen, unüberwindliche Schwierigkeiten bietet, wenn nicht zugestanden wird, daß die Massen von einst verflüssigtem Gestein aus den Einfallslinien wiederholt eindrangen, in genügenden Abständen zur aufeinanderfolgenden Abkühlung und Verdichtung«.[2]

Gegenwärtig ist es die allgemeine Ansicht, daß die Anden nicht so sehr durch eine Stauchung der Schichten entstanden, als durch Magma, d. h. geschmolzenes Gestein, das zwischen die Schichten drang und sie emporhob. Die Anden sind auch voll von Vulkanen, einige davon überaus hoch und enorm groß.

In den Vorgebirgen der Anden liegen zahlreiche verlassene Städte und Terrassen versteckt, Monumente einer verschwundenen Zivilisation. Die Terrassen, welche die Abhänge der Anden hinansteigen, die Grenze des ewigen Schnees erreichen und unter

1 Charles Darwin, *Geological Observations on the Volcanic Islands and Parts of South America,* Pt. II, Chap. 15.

2 Ebenda.

dem Schnee unbekannte Höhen erreichen, beweisen, daß es weder Eroberer noch Seuchen waren, welche das Siegel des Todes auf Gärten und Städte hefteten. In Peru »haben Luftaufnahmen im Trockengürtel westlich der Anden eine unerwartete Anzahl alter Ruinen und eine fast unglaubliche Menge von Terrassen zur Bodenbestellung aufgezeigt«.[1]

Als Darwin in den Anden das Uspallata-Gebirge bestieg, 2100 Meter hoch, und von einem kleinen Wald versteinerter Bäume, die wenige Fuß über dem Boden abgebrochen waren, auf die Ebenen Argentiniens hinunterblickte, schrieb er in sein Tagebuch:

»Es bedurfte nur geringer geologischer Übung, die wunderbare Geschichte zu erklären, welche diese Scene mit einem Male entfaltete; doch bekenne ich, daß ich anfangs so sehr erstaunt war, daß ich kaum dem offenbarsten Beweise Glauben schenken wollte. Ich sah den Fleck, wo eine Gruppe schöner Bäume einstmals ihre Zweige an den Küsten des atlantischen Oceans wiegten, als dieser Ocean (jetzt 700 Meilen zurückgetrieben) bis an den Fuß der Anden reichte. Ich sah, daß sie einem vulcanischen Boden entsprungen waren, welcher über den Meeresspiegel erhoben worden war, und daß später dies trockene Land mit seinen aufrechten Bäumen wieder in die Tiefen des Oceans versenkt worden war. In diesen Tiefen war das früher trockene Land von sedimentären Schichten bedeckt und diese wieder von ungeheuren Strömen Lava zugedeckt worden; – eine solche Masse erreichte die Dicke von 1000 Fuß; und diese Überschwemmungen von geschmolzenen Steinen und von Niederschlägen aus dem Wasser hatten sich abwechselnd fünf Mal hintereinander ausgebreitet. Der Ocean, welcher solche dicke Massen aufnahm, muß außerordentlich tief gewesen sein; aber die unterirdischen Kräfte traten wieder in Tätigkeit und ich sah nun das Bett dieses Meeres eine Kette von Bergen bilden, die über 7000 Fuß hoch waren ... So ungeheuer und kaum begreiflich derartige Veränderungen auch erscheinen müssen, so sind sie

1 E. Huntington, »Climatic Pulsations« in *Hylluingsskrift*, gewidmet Sven Hedin (1935), 578.

doch alle in einer Periode aufgetreten, welche mit der Geschichte der Cordillera verglichen als neu erscheinen muß; und die Cordillera selbst wieder ist absolut modern zu nennen, wenn man sie mit vielen der fossilführenden Schichten von Europa und America vergleicht.«[1]

Doch wie extrem jung die Kordilleren in Wirklichkeit sind, hat erst die Forschung der letzten Jahre aufgezeigt.

Das Columbia-Plateau

Große Mengen von Lava »ergossen sich in die Staaten Washington, Oregon und Idaho, wo etwa 200 000 Quadratmeilen (518 000 km²) mit einer Hunderte oder sogar Tausende von Fuß mächtigen Schicht bedeckt wurden. Der Schlangenfluß schnitt den Seven Devils Canyon mehr als 1000 Meter tief in das Gelände, ohne den Lavagrund zu erreichen«.[2]

Dieses enorme Gebiet, das alle Staaten im Norden der USA zwischen den Rocky Mountains und der Pazifikküste umgreift, war mit geschmolzenem Gestein und Metall überschwemmt, das aus im Boden aufgerissenen Spalten quoll. Keinesfalls entspricht dies einer Vulkaneruption, wie wir sie heute kennen, und schon alleine deshalb, abgesehen von den vielen anderen Gründen, ist das Prinzip der Gleichmäßigkeit eindeutig irreführend.

Die Mächtigkeit der Lava dieses ausgedehnten Columbia-Plateaus »erreicht 5000 und mehr Fuß (1500 m)«.[3]Auch wenn eine schwallweise Entstehung unterstellt wird, so daß jedesmal eine nur 25 Meter dicke Schicht abgelagert würde, ist die Fläche immer noch ungeheuer groß; und außerdem müßte die Auswerfung im Känozoikum – der Ära der Säugetiere und des Menschen – bis zu 70mal wiederholt worden sein.

Und hier gibt es eine eindrucksvolle Aussage, eindrucksvoll, weil wir allzu schnell bereit sind, ein Problem dadurch zu lösen, indem wir es in eine weit entfernte Vergangenheit verlegen: »Alle

1 Darwin, *Reise eines Naturforschers um die Welt,* unter dem 30. März 1835.
2 Chamberlain in *The World and Man,* Hrsg. Moulton, 85.
3 W. J. Miller, *An Introduction to Historical Geology* (5th ed., 1946), 355.

maßgebenden Beobachter sind sich über den frischen, jungen Zustand der Lavalager im Schlangenflußtal in Idaho einig.«[1]

Vor nur wenigen tausend Jahren ergoß sich dort Lava über ein Gebiet, das größer als Frankreich, Belgien und die Schweiz zusammen ist; sie floß nicht wie ein Bach, nicht wie ein Fluß und auch nicht wie ein über die Ufer tretender Strom: Es war eine Flut, von Horizont zu Horizont eilend, alle Täler auffüllend, alle Wälder und Wohnstätten verschlingend, große Seen verdampften, als wären sie kleine Strudellöcher, und sie schwoll immer höher und stand über den Bergen und begrub sie tief unter geschmolzenem Gestein – siegend und brodelnd, kilometerdick, Milliarden von Tonnen schwer.

Bei Bohrungen für einen artesischen Brunnen in Nampa, Idaho, auf dem Columbia-Plateau in der Nähe des Schlangenflusses, kam 1889 in einer Tiefe von 107 Metern eine kleine, gebrannte Tonfigur zum Vorschein, und zwar nach dem Durchdringen einer 5 Meter dicken Basaltlavaschicht. G. F. Wright beschrieb den Fund: »Die Quelle wurde durch schwere 6-Zoll-Eisenrohre gefaßt, so daß es keinen Zweifel am Fund der Figur in der angegebenen Tiefe geben konnte.« Er fügte außerdem hinzu: »Niemand hat gegen das Zeugnis Einwendungen erhoben, außer aus Prioritätsgründen, die sich aus vorgefaßten Meinungen über das extreme Alter des Fundes ergaben.«[2]

Bevor die jüngsten Lavaschichten über das Columbia-Plateau flossen, war das Gebiet vom Menschen bereits bewohnt gewesen.

Ein entzweigerissener Kontinent

»Afrika stand unter Spannung und wurde von Nord- und Südbrüchen zerklüftet, (die) im Zusammenwirken mit der Senkung eines Erdkrustenstreifens das längste meridionale Landtal der Erde bildeten ... Vom Libanon (in Syrien) bis fast zum Kap verläuft des-

1 Wrigth, *The Ice Age in North America*, 688.
2 Ebenda, 701–703.

halb ein tiefes und vergleichsweise schmales Tal, mit beinah senkrechten Wänden und ausgefüllt vom Meer, von Salzsteppen und alten Seebecken sowie von einer Kette von 20 Seen, von welchen nur einer in das Meer fließt. Es handelt sich um eine Sachlage, die sich von allen anderen auf der Erdoberfläche anzutreffenden völlig unterscheidet.«[1] Der Autor dieser Zeilen, J. W. Gregory, der bekannte Erforscher des ostafrikanischen Grabensystems, gelangte zur Auffassung, eine gemeinsame Ursache habe das gesamte Grabensystem vom nördlichen bis zum südlichen Ende entstehen lassen.

Der Graben beginnt im Tal des Orontes in Syrien; in Baalbek wechselt er in das Tal des Al Litani, dann zum Hule-See in Palästina; den Jordan entlang zum See Genezareth oder Tiberias-See, der in einer Senke unter dem Mittelmeerspiegel liegt; von dort zum Toten Meer, der tiefsten Senke auf der Erde, zwischen dem gebirgigen Judäischen und Moabitischen Plateau, das auseinandergerissen wurde; darauf das Araba-Tal entlang zum Golf von Akaba im Roten Meer und diesem folgend nach Afrika hinein; von dort eine enorme Strecke zum Sabi in Transvaal, unterwegs gegen Osten zum Golf von Aden und gegen Westen nach Tanganyika und dem Oberen Nil, den Grabentälern des Moero-Sees und Upemba in Zentralfrika verzweigend – den ganzen Weg von 36° Nord in Syrien bis 28° Süd in Ostafrika, in einer sinusförmigen Kurve einen Meridian entlang über mehr als ein Drittel der Distanz vom einen Pol zum andern.

Man erkannte, daß eine horizontal wirkende Kraft irgendeiner Art die Ursache dieses Grabensystems gewesen war. »Der einfachste und erste Gedanke war, Afrika sei entzweigerissen worden.«[2] Indessen fragte eine andere Gruppe von Geologen, ob der Graben nicht unter horizontalem Druck entstanden sei, welcher die Seiten des Tales nach oben, den Talboden nach unten gedrückt habe. Nach langer Debatte einigte man sich auf die Neuformulierung der von Eduard Suess, einem prominenten Geologen der Jahrhundertwende, ausgedrückten Meinung: »Die Öffnung von Spalten dieser Größenordnung kann nur durch die

1 J. W. Gregory, »Contributions to the Physical Geography of British East Africa«, *Geographical Journal,* IV (1894), 290.
2 B. Willis, *East African Plateaus and Rift Valleys* (1936), 1.

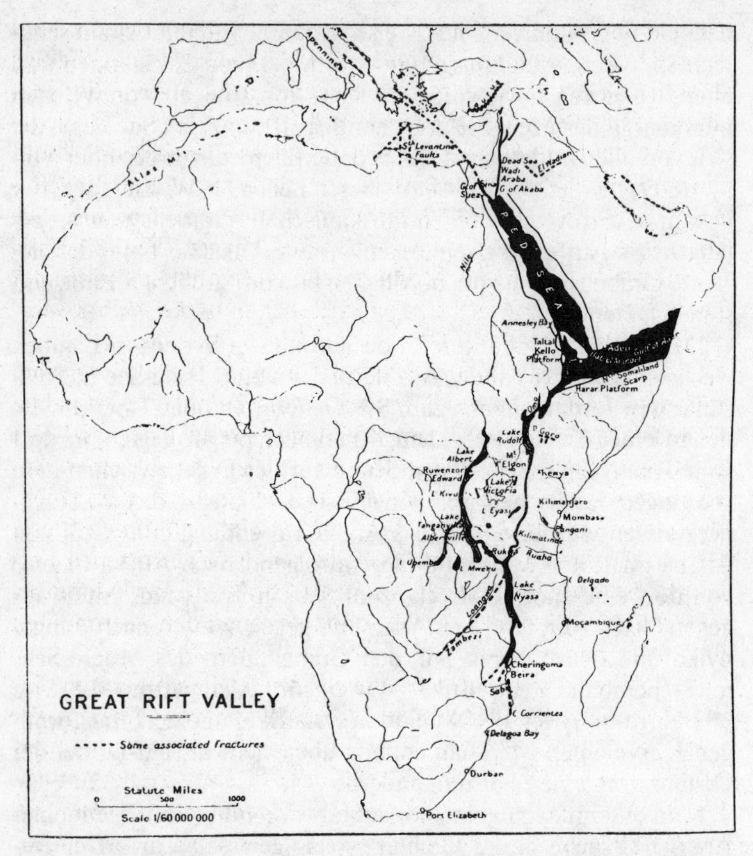

Dieses ausgedehnte Grabensystem ist offensichtlich nicht das Ergebnis einer lokalen Zerklüftung. Seine Länge entspricht etwa einem Sechstel des Erdumfanges. Es muß eine weltweite Ursache haben, deren erste verheißungsvolle Spur die Zeit seiner Entstehung ist. (Aus Gregory, »Contributions to the Physical Geography of British East Africa«)

Wirkung einer Spannung erklärt werden, die senkrecht zum Verlauf des Bruches ausgerichtet ist, so daß die Spannung im Moment des Brechens, d. h. der Zerklüftung, gelöst wird.«[1] Er hob

1 Ebenda, S. 13. E. Krenkel, eine deutsche Autorität, schrieb in *Die Bruchzonen Ostafrikas* (1922), 169: »Die tektonische Ausgestaltung der ostafrikanischen Bruchzonen im einzelnen wie im ganzen läßt nur die eine Deutung zu: *es sind*

ebenfalls hervor, daß immense Lavaströme entlang des Grabens aus der Erde hervorgequollen waren, und daß äußerst nachhaltige vulkanische Tätigkeit stattgefunden habe. Suess brachte das jetzt allgemein akzeptierte Gondwanaland-Konzept in die Geologie ein, eine den Hauptteil des Indischen Ozeans einnehmende kontinentale Landmasse, die durch eine vor relativ kurzer Zeit eingetretene Absenkung auseinandergerissen und versenkt wurde. Die Absenkung des Gondwana-Kontinentes könnte die Spannung zwischen Westasien und Afrika hervorgerufen haben, und unter dieser Spannung soll sich das Land gespalten und das Grabensystem gebildet haben.

Gregory schrieb: »Am nächsten für einen Größenvergleich (mit dem Grabensystem) kommen wahrscheinlich die Spalten oder Furchen des Mondes in Frage, die zweifellos lange Täler mit steilen Hängen darstellen und uns so ziemlich dieselben Anblicke zeigen, wie es dieses ostafrikanische Grabensystem einem Bewohner unseres Satelliten tun würde. Nicht die unwichtigste der von der Afrika-Rotes Meer-Jordansenke aufgeworfenen Fragen ist die Möglichkeit, daß sie den Charakter jener Mondfurchen aufklären könnte, welche schon so lange den Astronomen ein Rätsel sind.«[2]

Der Graben wurde durch eine Spannung hervorgerufen; infolgedessen wurden auch die Mondfurchen von einer Spannung verursacht. Gregory folgte Suess in der Meinung, das ostafrikanische Grabensystem mit »den Gebirgsketten infolge der letzten großen Hebung der Faltengebirge« in Europa, Asien und auf den amerikanischen Kontinenten zu verbinden. So würde die Zeit der letzten Erhebung, wenn erwiesen, auch die Zeit klarstellen, als Afrika den großen Bruch erlitt. Auch ist es wahrscheinlich, daß das Grabensystem anläßlich einer großen Spannung begann und mit der nächsten sich ausdehnte.

Gregory kam zum Schluß: »Dieses ausgedehnte Grabensystem ist offensichtlich nicht das Ergebnis einer lokalen Zerklüftung. Seine Länge entspricht etwa einem Sechstel des Erdumfan-

Zerreißungszonen der Kruste, entstanden durch gerichtete Zerrung . . . Wirkungen faltender Kräfte sind nirgends zu erkennen.«

2 Gregory, *Geographical Journal*, IV (1894); *The Great Rift Valley* (1896), 6.

ges. Es muß eine weltweite Ursache haben, deren erste verheißungsvolle Spur die Zeit seiner Entstehung ist.«[1]

Obwohl Gregory annahm, das Grabensystem sei in einer frühen Epoche entstanden – wegen darin entdeckter Meeresfossilien –, sah er auch Zeichen ausgedehnter Erdbewegungen entlang des Grabens »in einer jüngeren Zeit«. »Einige der Grabenböschungen sind so kahl und scharf, daß sie jüngeren Datums sein müssen. Diese fortgesetzen Erdbewegungen bis in menschliche Epochen ist eines der auffälligsten Merkmale der Region.« Gregory entdeckte ebenfalls, daß das menschliche Gedächtnis eine Erinnerung an den Umbruch behalten hatte. »Überall entlang der Linie bewahren die Eingeborenen Traditionen über große Veränderungen in der Struktur des Landes.«[2]

Die Erde befand sich in Spannung, und ihre Kruste barst entlang eines Meridians über fast die ganze Länge Afrikas. Die Ursache mag die Senkung des Indischen Ozeans gewesen sein, oder sowohl die Spannung in Afrika als auch die Senkung im Indischen Ozean konnten eine gemeinsame Ursache gehabt haben. Die Gebirgskette auf dem Grunde des Atlantiks könnte durch dieselbe Ursache hervorgerufen worden sein; und die Zeit des Bruches und der Faltung muß mit einer der gebirgsbildenden Perioden in Europa und Asien zusammengefallen sein. Diese Berge erreichten ihre heutige Höhe zur Zeit des Menschen; das ostafrikanische Grabensystem, so wird heute angenommen, wurde größtenteils ebenfalls zur Zeit des Menschen gebildet, am Ende der Eiszeit.[3]

Welche Art von Gewalt ist erforderlich, einen Kontinent entzweizureißen? Woher kam die Spannung, welche durch das Bersten der afrikanischen Landmasse gelöst wurde? Nicht vom Eis, noch von der Erosion des Windes, und auch nicht von den Bächen, welche die abgetragenen Überreste zum Meer tragen.

1 Gregory, »The African Rift Valleys«, *Geographical Journal,* LVI (1920), 31 ff.
2 Gregory, *The Great Rift Valley,* 5, 236.
3 Flint, *Glacial Geology,* 523: »Jungpleistozäne Gebirgshebungen erfolgten in der Himalaja-Region und in den Alpen, und in Ostafrika kam es zu einer ausgedehnten Zerreißung.«

Kapitel 7

Wüste und Ozean

Die Sahara

Die Sahara ist die größte Wüste der Erde; sie erstreckt sich quer über den afrikanischen Kontinent und ist ungefähr so groß wie ganz Europa, 9 000 000 km². In früheren Zeit war die jetzige Wüste offenes Grasland oder Steppe, Barth entdeckte 1850 Felszeichnungen von Rinderherden, die frühere Bewohner dieser Region angefertigt hatten. Seitdem sind noch weit mehr dieser Felsbilder gefunden worden. Die dargestellten Tiere leben nicht mehr in diesem Gebiet, und viele davon sind ganz ausgestorben. Es wird versichert, die Sahara sei einst von einer beträchtlichen menschlichen Bevölkerung bewohnt worden, die in großen Wäldern und auf fruchtbarem Weideland lebte. In der Umgebung der Zeichnungen traf man auf neolithische Gerätschaften, Gefäße und Waffen aus poliertem Stein. Derartige Zeichnungen und Gegenstände wurden sowohl im östlichen als auch im westlichen Teil der Sahara entdeckt. Menschen lebten in diesen »dicht bevölkerten« (Flint) Regionen, und Tiere weideten, wo heute der Sand sich über Tausende von Kilometern ausdehnt.

Zur Erklärung der gewaltigen Sandmengen in der Sahara sind verschiedene Erklärungen angeboten worden. »Die Theorie der marinen Herkunft ist jetzt nicht länger mehr haltbar.«[1] Der Sand, so wurde festgestellt, hat kein hohes Alter. Es wird angenommen, die Sahara sei, als ein großer Teil Europas unter dem Eis begraben lag, in einer warmfeuchten Zone gewesen; später verlor der Boden seine Feuchtigkeit, und das Gestein zerbröckelte zu Sand, als es Sonne und Wind ausgesetzt war.

Wie lange ist es her, daß die Bedingungen in der Sahara die Besiedlung durch den Menschen gestatteten? Movers, der bekannte Orientalist des letzten Jahrhunderts und Autor eines umfassenden Werkes über die Phönikier, kam zum Schluß, daß die Zeichnun-

1 »Sahara«, *Encyclopaedia Britannica* (14. Ausg.), Vol. XIX.

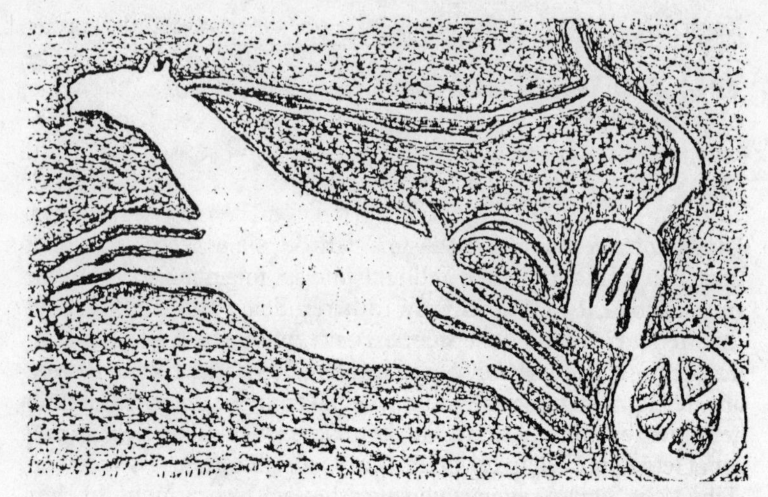

Es gibt Felsbilder von Kampfwagen, die durch Pferde gezogen werden »in einem Gebiet, wo diese Tiere ohne ungewöhnliche Vorkehrungen keine zwei Tage überleben könnten«. (Aus Biedermann, *Lexikon der Felsbildkunst*)

gen in der Sahara deren Werk seien.[1] Es wurde auch beobachtet, daß auf den von Barth entdeckten Zeichnungen die Rinder Scheiben zwischen den Hörnern tragen, genau so wie in ägyptischen Darstellungen.[2] Außerdem fand sich der ägyptische Gott Seth auf den Felsen abgebildet. Und es gibt Felsbilder von Kampfwagen, die durch Pferde gezogen werden, »in einem Gebiet, wo diese Tiere ohne ungewöhnliche Vorkehrungen keine zwei Tage überleben könnten.«[3]

Die ausgestorbenen Tiere auf den Zeichnungen legen nahe, daß diese Bilder irgendwann im Verlauf der Eiszeit hergestellt wurden; doch weisen die ägyptischen Motive in ebendenselben Zeichnungen darauf hin, daß sie in historischer Zeit angefertigt worden sind.

Der Konflikt zwischen dem historischen und dem paläontologischen Zeugnis, wie auch zwischen diesen beiden und dem geo-

1 L. Frobenius und Douglas C. Fox, *Prehistoric Rock Pictures in Europe und Africa* (Museum of Modern Art, 1937), 38.
2 Ebenda, 39–40.
3 P. LeClerc, *Sahara* (1954), 46.

logischen, wird aufgelöst, wenn eine oder mehrere Katastrophen dazukommen. Es scheint, ein großer Teil des Gebietes sei von einem See oder großen Moor eingenommen gewesen, den alten Völkern als Triton-See geläufig. In einer gewaltigen Katastrophe entleerte sich der See in den Atlantik; der Sand auf seinem Grund und an seinem Ufer blieb zurück und wurde zur Wüste, als durch tektonische Bewegungen die früheren Quellen versiegten. Das »Land der Weiden und der Wälder« verwandelte sich in eine Sandwüste; die Flußpferde, die im Wasser leben, und die Elefanten verschwanden und mit ihnen auch die Jäger und die Bauern.

Der französische Gelehrte A. Berthelot sagt: »Es ist denkbar, daß der Steinzeitmensch Zeuge von drei bemerkenswerten Ereignisse in Afrika war: der Senkung der spanischen Atlaskette, durch welche die Straße von Gibraltar geöffnet und eine Verbindung zwischen dem Mittelmeer und dem Ozean hergestellt wurde; des Einsturzes, der die Kanarischen Inseln vom Afrikanischen Kontinent trennte; der Öffnung der Straße von Bab el-Mandeb, die Arabien von Äthiopien trennt.«[1] Indessen schrieb Berthelot diese großen tektonischen Veränderungen der Zeit des vorgeschichtlichen Menschen zu, und Abbé Breuil wies in der Tat nach, daß der vorgeschichtliche Mensch diese Gebiete bereits bewohnte, wie die frühsteinzeitlichen, d. h. sehr roh bearbeiteten Steinartefakte belegen. Doch in einer späteren Zeit, als in Ägypten Pharaonen herrschten, gab es dort eine kulturell fortgeschrittene Bevölkerung, die in Gemeinschaften lebte, ihr Vieh weidete und ihre Werkzeuge und Zeichnungen dort hinterließ. In einem Umsturz, von welchem in der klassischen Literatur viele Traditionen berichten, wurden dann das Atlasgebirge entzweigerissen, der große See entleert und die vorher bewässerte Region zur riesigen und furchteinflößenden Wüste verwandelt – zur Sahara.

1 A. Berthelot, *L'Afrique saharienne et soudanaise* (1927), 85.

Arabien

Es gibt eine »außer Frage stehende Gewißheit, daß zu der Zeit, als die Eisdecke der letzten Eiszeit einen großen Teil der nördlichen Halbkugel bedeckte, wenigstens drei große Ströme von Westen nach Osten quer über die ganze Breite der (arabischen) Halbinsel flossen«. So schrieb Philby in seinem Buch »Arabien«.[1] In Arabien gab es auch einen großen See, der bei einer geologischen oder klimatischen Veränderung verschwand.[2]

Gegenwärtig ist die arabische Halbinsel von Palmyra bis nach Mekka und darüber hinaus eine wasserlose Wüste mit darin verstreuten und jetzt erloschenen Vulkanen, die aber vor noch nicht allzu langer Zeit aktiv waren – 1253 wurde der letzte Ausbruch beobachtet.[3] Ebenfalls gab es irgendwann in der Vergangenheit zahlreiche Geysire, die heute ebenfalls nicht mehr tätig sind.

Vorwiegend in der westlichen Hälfte der großen arabischen Wüste gibt es 28 sogenannte Harras, aus versengten und zerbrochenen Steinen bestehende Felder. Einzelne davon erstrecken sich bis zu 160 km weit über 15 000 bis 18 000 km^2, Stein bei Stein, so dicht gepackt, daß die Durchquerung des Feldes fast unmöglich ist.[4] Die Steine haben scharfe Kanten und sind schwarz versengt. Kein vulkanischer Ausbruch hätte versengte Steine über so große Felder wie die Harras auswerfen können; auch wären Steine aus Vulkanen nicht so gleichmäßig verteilt. Gegen einen vulkanischen Ursprung der Steine – die frei auf dem Boden liegen – spricht das Fehlen von Lava in den meisten dieser Felder.

Man gewinnt den Eindruck, es handle sich bei den geschwärzten und zerbrochenen Steinen der Harras um Schauer von Meteoriten, die bei ihrem Fall durch die Atmosphäre versengt wurden und dabei zersprangen, wie es mit Meteoren geschieht, oder am Boden zerbrachen. Milliarden solcher Steine in einem einzi-

1 H. StJ. B. Philby, *Arabia* (1930), XV.
2 Beschrieben v. Bertram Thomas; vgl. C. P. Grant, *The Syrian Desert* (1937), 53.
3 B. Moritz, *Arabien, Studien zur physikalischen und historischen Geographie des Landes* (1923).
4 Beschrieben v. C. M. Doughty und B. Moritz.

Harras erstrecken sich bis zu 160 km weit über 15 000 bis 18 000 km²; Stein bei Stein so dicht gepackt, daß die Durchquerung des Feldes fast unmöglich ist. (Aus Moritz, *Arabien*)

gen Harra legen nahe, daß es sich um sehr große Meteoritenschauer handelte, die als Kometen bezeichnet werden können. Obwohl die Steine der Wechselwirkung zwischen der Hitzeeinwirkung der heißen Wüstensonne und der kalten Wüstennacht ausgesetzt sind, blieben ihre Kanten scharf: das zeigt, daß sie vor nicht sehr langer Zeit niedergingen. Im Rahmen dieses Buches soll hier nicht auf literarische Quellen zu den Harras in den alten hebräischen und arabischen Urkunden eingegangen werden.

Es gibt zwei Arten von Meteoriten, die auf der Erde nachgewiesen werden können. Die eine besteht aus Eisen mit Nickelgehalt; daraus und auf Grund der charakteristischen Musterung ihrer Schliffläche läßt sich ihr Ursprung leicht feststellen. Die zweite Gruppe, wahrscheinlich umfangreicher als die erste, unterscheidet sich in der Zusammensetzung nicht von den Gesteinsarten der Erde und läßt sich von ihnen nicht unterscheiden, wenn der Fall nicht direkt beobachtet worden ist, oder wenn ihr versengter und zerbrochener Zustand zusammen mit dem Auftreten in ausgedehnten Feldern – wie im Falle der Harras – nicht für ihre extraterrestrische Herkunft spricht.

Auch größere Körper als die Harrassteine gingen über Arabien nieder. In Wobar gibt es einen Meteoritenkrater in der Wüste, der von Meteoreisen- und Quarzglasstücken umgeben ist.[1]

Ströme, die verschwanden; zahlreiche Vulkane, die tätig waren und nun erloschen sind; geschwärzte Steine, die auf Gebiete niederregneten, von denen jedes hundertmal größer ist, als ein Vulkanausbruch hätte überdecken können; und um einen großen Krater herum verstreutes Meteoreisen – alles spricht für gewaltige Naturkatastrophen in neuerer wie auch älterer Zeit, welchen die große arabische Halbinsel mehr als einmal ausgesetzt war.

Im südlichen Teil der arabischen Wüste sind uralte Ruinen, von der Zeit und den Elementen fast völlig ausgelöscht, und Spuren von Kultivierung stumme Zeugen einer Zeit, als das Land gastfreundlich und fruchtbar war; es war so ausgiebig bewässert und so üppig bewaldet wie Indien, das auf derselben geographischen Breite liegt. Obstgärten zierten Hadramaut und Aden. Es war ein Land des Überflusses, ein Paradies auf Erden. Aber als Folge einer plötzlichen Katastrophe wurde Arabia Felix zum Ödland. Arabia Peträa, der westliche Teil der Wüste, ist ein staubtrockenes, vom Großen Rift unterbrochenes Lavagebirge, mit dem Toten Meer auf seinem Grund. Schweflige Quellen fließen hinein, und von seinem Boden steigt Asphalt empor und schwimmt obenauf.

Wie die Sahara und die Arabische Wüste geben auch andere große Wüsten der Erde die Tatsache zu erkennen, daß sie in der Vergangenheit einmal bewohnt waren und bebaut wurden. Auf dem tibetanischen Plateau und in der Wüste Gobi fand man Überreste blühender alter Zivilisationen mit verstreuten Ruinen aus den Zeiten, als der jetzt unfruchtbare Boden bebaut worden war. In der Wüste Gobi wie in der Sahara und in Arabien gewinnt man den Eindruck, als sei das Wasser im Verlaufe einer tektonischen Faltung in große Tiefen abgesunken, als seien die Quellen verschlossen worden und die Flüsse völlig ausgetrock-

1 R. Schwinner, *Physikalische Geologie* (1936), I, 114, 163; L. J. Spencer, »Meteoric Iron and Silicia Glass from the Craters of Henbury (Central Australia) and Wobar (Arabia)«, *Mineralogical Magazine,* XXIII (1933), 387–404.

net. Gewisse Veränderungen der Bodenstruktur oder der Grundwasserströme haben auch einen Einfluß auf die Wolken, die, ohne sich von ihrer Last zu befreien, über solches Gelände ziehen.

Die Carolina-Bays

Seltsame elliptische Einsenkungen, im lokalen Sprachgebrauch »Bay« (Mulde) genannte »ovale Krater«, liegen dicht verstreut im Küstenbereich des US-Staates Carolina und etwas spärlicher über die gesamte atlantische Küstenebene verteilt vom südlichen New Jersey bis nach Nordost-Florida. Diese sumpfigen Mulden gibt es zu Zehntausenden, und nach den letzten Schätzungen kann ihre Anzahl eine halbe Million erreichen.[1] Die Vermessung der von Darlington gegen das Meer zu liegenden wichtigeren Bays hat gezeigt, daß die größeren durchschnittlich an die 700 Meter lang sind, einzelne sogar mehr als 2500 Meter erreichen. Ein bemerkenswertes Merkmal dieser Mulden ist ihre parallele Lage: Die Hauptachse aller Bays erstreckt sich von Nordwesten nach Südosten, und die Genauigkeit ihrer Parallelität ist »verblüffend«. Die Bays sind von einem Rand aus Erde eingefaßt, der am Südostende immer höher ist. Auf Luftbildern sind die ovalen Einsenkungen besonders gut zu sehen. Jede Theorie über ihre Herkunft muß ihre Form, deren Elliptizität mit der Muldengröße zunimmt, ihre Parallelität und die am Südostende aufgeworfenen Ränder erklären.

Melton und Schriever von der Universität von Oklahoma stellten 1933 eine Theorie vor, wonach die Bays von einem »Meteoritenschwarm oder kollidierendem Kometen« hinterlassene Narben seien.[2] Diese Ansicht ist seither von den meisten Autoren, die sich mit dem Problem befaßt haben, akzeptiert worden, und sie wurde als die allgemeine Interpretation in die Textbücher aufgenommen.[3]

1 Douglas Johnson, *The Origin of the Carolina Bays* (1942); W. F. Prouty, »Carolina Bays and Their Origin«, *Bulletin of the Geological Society of America* LXIII (1952), 167–224.

2 F. A. Melton und W. Schriever, »The Carolina Bays – Are They Meteorite Scars?« *Journal of Geology* XLI (1933).

3 Vgl. Johnson. *The Origin of the Carolina Bays*, 4.

Die Autoren der Theorie betonen die Tatsache: »Da die Herkunft der Bays offensichtlich nicht durch die gut bekannten Arten geologischer Tätigkeit erklärt werden kann, muß ein außergewöhnlicher Vorgang gefunden werden. Ein solcher Vorgang wird nahegelegt durch die elliptische Form, die parallele Ausrichtung und die systematische Anordnung der erhöhten Ränder.«

Der Komet muß von Nordwesten gekommen sein. »Wenn die kosmischen Massen sich diesem Gebiet aus dem Nordwesten näherten, hätten die Hauptachsen die erforderliche Ausrichtung.« Es wird geschätzt, daß sich die Katastrophe irgendwann in der Eiszeit zugetragen hat. Die Bays sind »in beträchtlichem Maß mit einer Sand- und Schlickablagerung angefüllt, ein Vorgang, der

»Bay« genannte »ovale Krater liegen dicht verstreut über die gesamte atlantische Küstenebene, verteilt vom südlichen New Jersey bis nach Nordost-Florida«. (Aus Prouty, »Carolina Bays and Their Origin«)

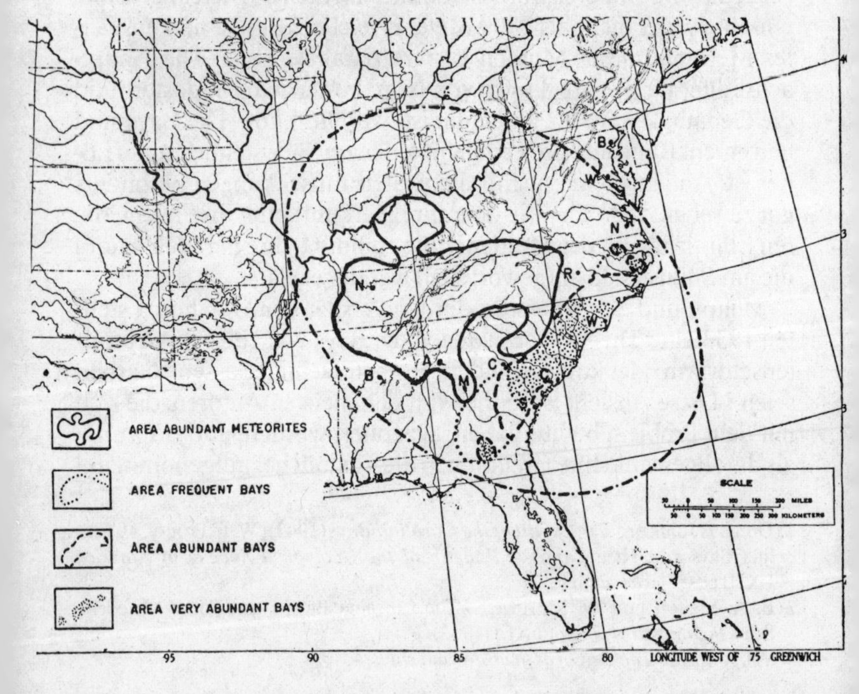

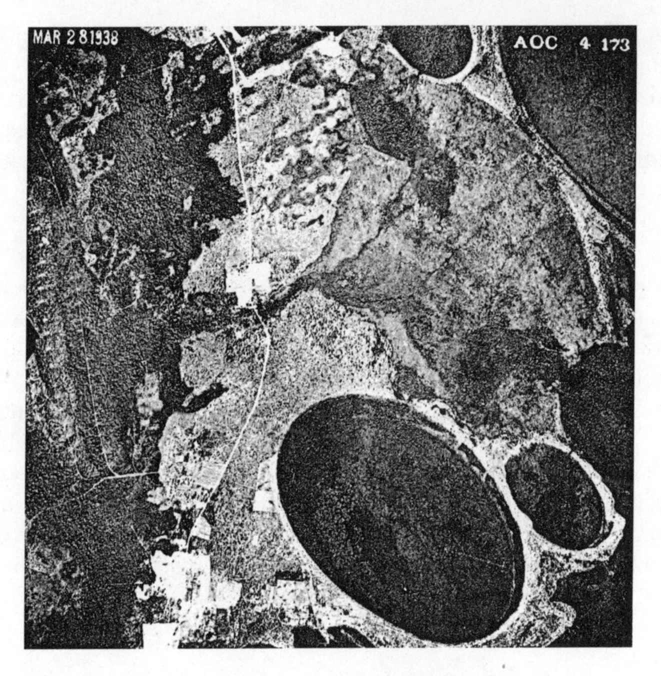

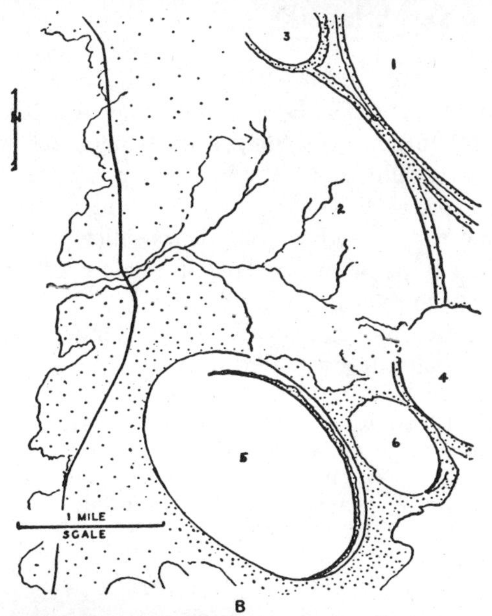

B

sich zweifellos zutrug, als das Gebiet beim stufenformenden Eindringen des Meeres während des Pleistozäns (Eiszeit) von der See bedeckt wurde«.[1] Es wurde aber auch die Möglichkeit in Betracht gezogen, daß »die Kollision« durch »das seichte Ozeanwasser während des Vordringens des Meeres stattfand«. Der Meteoritenschwarm muß groß genug gewesen sein, um eine Fläche von Florida bis nach New Jersey zu treffen.

Einige Kritiker stimmen der Idee nicht zu, wonach die Bays in der Eiszeit entstanden oder »relativ alt sind«: sie verlegen ihre Entstehung in neuere Zeit.[2] Die Krater wurden durch Meteoreinwirkung verursacht, entweder bei direktem Aufprall oder durch Explosion in der Luft nahe am Boden, so daß dabei eine große Anzahl von Mulden entstand. Einige der Bays, so wird angenommen, befinden sich auf dem Boden des Ozeans. Es wurde ebenfalls betont, daß »eine sehr bedeutende Anzahl von Meteoriten in der südlichen Appalachen-Region entdeckt wurde, in Virginia, in Nord- und Süd-Carolina, in Georgia, Alabama, Kentucky und Tennessee«.[3]

Der Boden des Atlantiks

Im Herbst 1949 veröffentlichte Professor M. Ewing von der Columbia Universität einen Bericht über eine Atlantikexpedition. Insbesondere wurden Forschungen im Bereich des Atlantischen Rückens durchgeführt, der Gebirgskette, die ungefähr den Konturen des Ozeans folgend von Norden nach Süden verläuft. Sowohl der Rücken wie auch der Meeresboden westlich und östlich davon enthüllten der Expedition eine Anzahl von Tatsachen, die »neue wissenschaftliche Rätsel« stellten.[4]

»Eine war die Entdeckung von vorgeschichtlichem Strandsand, der in einem Fall aus einer Tiefe von zwei, im anderen von fast

1 Melton und Schriever, *Journal of Geology* XLI (1933), 56.
2 Johnson, *The Origin of the Carolina Bays*, 93.
3 Vgl. C. P. Olivier, *Meteors* (1925), 240.
4 M. Ewing, »New Discoveries on the Mid-Atlantic-Ridge«, *National Geographic Magazine*, Vol. XCVI, No. 5 (November 1949).

(Aus Ewing, »New Discoveries on the Mid-Atlantic Ridge«)

dreieinhalb Meilen [3,2 und 5,6 km] von Stellen heraufgebracht wurde, die weit weg von heutigen Stränden liegen.« Eine dieser Sandablagerungen wurde 2000 km vom Land entfernt gefunden.

Sand ist das Ergebnis der erodierenden Wirkung der Meereswellen auf das Küstengestein und der Einwirkung von Regen und Wind sowie der Wechselwirkung von Hitze und Kälte. Auf dem Boden des Ozeans bleibt die Temperatur konstant; es gibt dort keine Strömungen; es ist eine Region bewegungsloser Stille. Der Schlick mittelozeanischer Böden besteht aus so feinem Treibsand, daß dessen Teilchen lange Zeit im Meereswasser schweben können, bevor sie auf den Boden sinken und dort die Sedimente bilden. Der Schlick enthält die Skelette winziger Tiere, der Foraminiferen (Wurzelfüßer), die in den oberen Wasserschichten des Ozeans in riesigen Mengen vorkommen. Aber auf dem Boden des Ozeans sollte es keinen grobkörnigen Sand geben, weil Sand zum Festland und den Kontinentalsockeln gehört, zu den Küsten des Ozeans und seiner Meere.

Diese Erwägungen versetzten Professor Ewing in ein Dilemma: »Entweder muß das Land zwei bis drei Meilen (3 bis 5 km) abgesunken sein oder der Meeresspiegel muß einst zwei bis drei Meilen niedriger als heute gewesen sein. Beide Schlußfolgerungen sind bestürzend. Wenn das Meer einst zwei Meilen tiefer war, wo könnte all das zusätzliche Wasser gewesen sein?«

In der Geologie gilt der Satz als absolut wahr, daß die Weltmeere ihre Betten nie verändert haben, mit Ausnahme ihres Übergriffs als Flachwasser auf abgesunkene Kontinentalgebiete. So war es schwierig, die bestürzende Schlußfolgerung zu akzeptieren, der Boden des Ozeans sei einst trockenes Land gewesen.

Doch der Expedition stand noch eine weitere Überraschung bevor. Mit der gut entwickelten Echomethode wurde die Mächtigkeit der Sedimente auf dem Meeresboden gemessen. Eine Explosion wird ausgelöst und der Zeitunterschied zwischen zwei Echos gemessen, die einerseits von der Sedimentoberfläche, andererseits von dessen Auflage, d. h. vom Grundgestein, z. B. Basalt oder Granit zurückgeworfen werden. »Diese Messungen zeigen deutlich Tausende von Fuß mächtige Sedimente auf den Ausläufern des Rückens. Indessen haben wir überraschenderweise entdeckt, daß dieses Sediment in den großen flachen Becken beiderseits des Rückens weniger als 100 Fuß (30 Meter) dick zu sein scheint, eine geradezu alarmierende Tatsache ...« Tatsächlich trafen die Echos fast gleichzeitig ein, und der größte Wert, den man unter diesen Umständen dem Sediment zuschreiben konnte, war 30 Meter Mächtigkeit, d. h. der Wert der Meßungenauigkeit.

»Immer war angenommen worden, das Sediment müsse extrem dick sein, da es sich seit undenkbaren Zeiten abgesetzt habe ... Aber von den flachen Becken, welche den mittelatlantischen Rükken flankieren, kamen unsere vom Bodenschlamm und vom

Grundgestein zurückgeworfenen Signale zu eng beieinanderliegend zurück, um die Zeit dazwischen messen zu können ... Das bedeutet, daß das Sediment in den Becken weniger als 100 Fuß dick ist.«

Das Fehlen mächtiger Sedimente auf Bodenhöhe bedeutet »ein weiteres von vielen wissenschaftlichen Rätseln, die unsere Expedition aufgebracht hat«. Es verrät, daß der Boden des Atlantischen Ozeans auf beiden Seiten des Rückens vor erst sehr kurzer Zeit geformt worden ist. Zugleich sind an einigen Orten an den Flanken des Rückens die Sedimentschichten »Tausende von Fuß mächtig, wie erwartet wurde«.

»Diese Bodensedimente im Ozean, die wir gemessen haben, bestehen aus den Schalen und Skeletten zahlloser kleiner Meereskreaturen« und »aus vulkanischem Staub und aus vom Wind auf die See hinausgetriebener Erde; sowie aus der Asche verbrannter Meteoriten und aus kosmischem Staub, der aus dem All immerfort zur Erde rieselt.«

Verbrannte Meteoriten und kosmischer Staub lösten die Frage aus: Wie konnte die Asche ausgebrannter Meteoriten und kosmischer Staub einen wesentlichen Teil der Ozeansedimente bilden, wenn Meteoritenstaub in unserer Zeit so spärlich ist, daß er sogar auf dem Schnee hoher Berge kaum nachweisbar ist? Und wie konnte es sein, daß alle anderen Quellen, einschließlich des von den Flüssen herangeschafften Schutts, in allen Zeitaltern seit dem Beginn ein Sediment von nur sehr mäßiger Mächtigkeit zusammengebracht haben?

»Wir holten Eruptivgestein, d. h. ›durch Feuer gebildetes‹ Gestein, von den Seiten und Höhen des Mittelatlantischen Rückens herauf, das darauf hinwies, daß dort Unterwasservulkane und Lavaströme aktiv waren. Wahrscheinlich ist der ganze Rücken höchst vulkanisch, mit vielleicht Tausenden von Lavaergüssen und tätigen und erloschenen Kratern auf seiner ganzen Länge.«

Und nicht nur der Atlantische Rücken ist vulkanisch. »Überall im Atlantischen Becken gibt es Gipfel vulkanischen Ursprungs.« In Richtung der Azoren fand die Expedition einen noch auf keiner Karte verzeichneten Unterwasserberg, 2500 Meter hoch, mit »vielen Schichten vulkanischer Asche«; und etwas weiter davon eine große Senke, 3309 Meter tief, »wie wenn dort zu irgendeiner

Zeit in der Vergangenheit ein Vulkan in sich zusammengestürzt wäre«.

Lava floß im Wasser des Ozeans, und das Wasser muß gesiedet haben; Meteoriten, Asche und kosmischer Staub fielen vom Himmel; Land wurde Tausende von Metern tief untergetaucht, und Küsten versanken fünf Kilometer in die Tiefe.

Aus den Abgründen des Ozeans wurde von der Expedition Gestein mit tiefen Kratzspuren heraufgeholt. »In einer Tiefe von 3600 Fuß (1100 m) stießen wir auf Gestein, das über die Vergangenheit des Atlantischen Ozeans eine interessante Geschichte erzählt ... Granit und Sedimentgesteine einer Art, die ursprünglich Teil eines Kontinentes gewesen sein müssen. Die meisten der hier heraufgeholten Steine trugen tiefe Kratzspuren, d. h. Furchen.« Derartige Furchen im Stein werden regelmäßig der Wirkung von Gletschern zugeschrieben, welche die Steine in festem Griff über die Oberfläche von anderem Gestein schoben. »Wir fanden aber auch einige lose verdichtete Schlammsteine, so weich und schwach, daß sie im eisernen Griff eines Gletschers nicht erhalten geblieben wären. Wie sie hier hinauskamen, ist ein weiteres, von der zukünftigen Forschung zu lösendes Rätsel.«

Und schließlich entdeckt man sogar, daß der Hudson, der Eingang zum New Yorker Hafen, nicht nur 190 Kilometer weit bis an den Rand des Kontinentalsockels reichte, wie bis dahin bekannt gewesen war, sondern sich in einem 160 Kilometer weit in den Ozean hinausreichenden Canyon fortsetzte. »Wenn dieses ganze Tal ursprünglich vom Fluß auf dem Festland ausgeschürft wurde, wie es den Anschein hat, so bedeutet das entweder, daß der Meeresboden der Ostküste Nordamerikas einst ungefähr zwei Meilen (3,2 km) über seiner heutigen Höhe lag und seither untergetaucht sein muß, oder daß der Meeresspiegel einmal zwei Meilen oder mehr tiefer als heute lag«.[1] Jede dieser Möglichkeiten ist ein Kennzeichen für einen Umsturz.

Alles in allem zeigen die Ergebnisse der Expedition im Sommer 1949 in bemerkenswerter Weise, daß in einer nicht so lange zurückliegenden Vergangenheit zahlreiche Stellen, die heute im Atlantischen Ozean liegen, Festland und Küsten waren, und daß in

1 Ebenda.

Kataklysmen riesigen Ausmaßes Festland zu Tausende von Metern tiefliegendem Meeresboden wurde. Der Leiter der *Atlantis*-Expedition, den wir hier zitiert haben, hat den Begriff »Kataklysmus« nicht verwendet, aber er ist angesichts der Entdeckungen der Expedition unvermeidlich. Um nicht als Verfechter einer Häresie hingestellt zu werden, äußerte sich Ewing nur mit einer negativen Aussage: »Es gibt keinen Grund daran zu glauben, daß diese mächtige Unterwasserformation von Gebirgen in irgendeiner Weise mit dem legendären verlorenen Atlantis verbunden ist, das laut Plato in den Wellen versunken ist.«

Der Boden der Meere

Im Juli 1947 verließ eine schwedische Tiefseeexpedition auf der *Albatross* Göteborg für eine 15 Monate währende Reise rund um die Welt mit dem Ziel, entlang einer 27 000 Kilometer langen Strecke den Meeresboden mit einem neu entwickelten Vakuumbohrkernverfahren zu erforschen. Im Sediment, das den gewachsenen Boden der Ozeane bedeckt, entdeckte die Expedition, mit den Worten ihres Leiters H. Pettersson, Direktor des Ozeanographischen Instituts in Göteborg, »Zeugnisse von großen Katastrophen, die das Aussehen der Erde verändert haben«.[1]

»Klimakatastrophen, die Tausende von Fuß mächtige Eisdekken in den höheren Breiten der Kontinente ablagerten, füllten die Ozeane auch in gemäßigteren Zonen mit Eisbergen und -feldern, und kühlten die Wasseroberfläche sogar hinunter bis zum Äquator. Vulkanische Katastrophen warfen Ascheregen über die Meere aus.« Diese Asche ist in den Sedimentböden der Meere erhalten geblieben. »Tektonische Katastrophen hoben oder senkten den Meeresboden Hunderte oder sogar Tausende von Fuß und verursachten riesige ›Flut‹-Wellen, die Pflanzen- und Tierleben in den Küstenebenen vernichteten.«

An vielen Orten, wie an der schwedischen Küste, stellte sich der

1 Vor seinem detaillierten Expeditionsbericht veröffentlichte Pettersson eine populäre Schilderung in einem Artikel mit dem Titel »Exploring the Ocean Floor«, *Scientific American,* August 1950.

Meeresboden heraus als »eine Lavaschicht von geologisch neuzeitlicher Herkunft, nur von einer dünnen Sedimentschicht überzogen ... Die Sedimente des Pazifischen und Indischen Ozeans, die oft Stoffe vulkanischen Urpsrungs aufweisen, bezeugten ebenfalls die Bedeutung vulkanischer Erscheinungen für die Unterwassergeologie. Einige unserer Bohrkernproben aus dem Mittelmeer waren durch grobkörnige Schichten ausgezeichnet, die sich vor allem aus vulkanischer Asche zusammensetzten, welche nach großen vulkanischen Explosionen auf dem Boden abgelagert wurde. Diese Schichten stellen eine unvergleichliche Aufzeichnung der unregelmäßigen vulkanischen Tätigkeit in der Vergangenheit dar«.

Überall auf der Erde bezeugt der Meeresboden, daß die Ozeane der Schauplatz wiederholter gewaltiger Katastrophen gewesen sind, als Lavaströme und vulkanische Asche das jäh emporsteigende oder absinkende Muttergestein bedeckten und Flutwellen gegen die Kontinente rasten.

Der Boden der Meere und Ozeane bekundet ebenfalls, daß Meteorite in großen Mengen auf die Erde niederprasselten. An vielen Stellen besteht der Boden aus rotem Tiefseeton. Proben des roten Tons aus dem mittleren Pazifik zeigten einen »überraschend hohen Nickelgehalt«, dazu einen hohen Gehalt an Radium, obwohl das Ozeanwasser diese Elemente fast überhaupt nicht enthält.[1] Rot ist dieser Ton, weil er eisenhaltige Verbindungen enthält. Meteoreisen unterscheidet sich vom Eisen irdischen Ursprungs durch seinen Nickelzusatz, die Eigenschaft, die es auch ermöglicht, die Eisenwerkzeuge früher Zeitalter - z. B. der Zeit, als in Ägypten die Pyramiden gebaut wurden - zu bestimmen, und zu entscheiden, ob es sich bei Eisenstücken um verhüttetes Erz oder bearbeitete Meteoriten handelt. »Nickel tritt im Gestein der Erde und in kontinentalen Sedimenten sehr selten auf und fehlt in den Wassern des Ozeans fast ganz. Andrerseits ist es einer der Hauptbestandteile von Meteoriten.«[2]

Somit wird angenommen, daß die Herkunft des in der Tiefe vorkommenden Nickels auf Meteorstaub beruht, oder auf »den

1 Pettersson, »Chronology of the Deep Ocean Bed«, *Tellus,* I, 1949.
2 Pettersson, *Westward Ho with the Albatross* (1953), 149–150.

sehr schweren Meteorschauern in der weit entfernten Vergangenheit. Die Hauptschwierigkeit dieser Erklärung liegt darin, daß eine mehrere hundertmal größere Zuwachsrate von Meteorstaub anzusetzen ist, als die Astronomen – die ihre Schätzungen auf sichtbare und teleskopische Meteorzählungen stützen – gegenwärtig zuzugestehen bereit sind.«[1]

In einer späteren Veröffentlichung, einer populären Schilderung der *Albatross*-Expedition, schreibt Pettersson: »Nimmt man den durchschnittlichen Nickelgehalt des Meteorstaubes mit 2% an, so läßt sich auf Grund dieser Daten für die Zuwachsrate von kosmischem Staub auf der ganzen Erde ein Näherungswert ermitteln. Das Ergebnis ist sehr hoch – ungefähr 10000 Tonnen pro Tag, oder über tausendmal mehr als der von der Meteorzählung und deren Massenschätzung errechnete Wert.«[2]

Mit anderen Worten: Zu einem oder mehreren Zeitpunkten gab es einen derartigen Fall von Meteorstaub, daß, verteilt man ihn auf das gesamte Alter des Ozeans, er die tägliche Meteorstaubakkumulation seit der Entstehung des Ozeans tausendfältig übertreffen würde.

Asche und Lava auf dem Boden der Ozeane bezeugen katastrophenartige Vorgänge in der Vergangenheit. Eisen und Nickel weisen auf Meteoritenschauer und damit möglicherweise auch auf die Ursache der tektonischen Brüche, des Einsturzes des Meeresbodens und der Lavaergüsse unter der Oberfläche großer Ozeanflächen hin.

Beweise mächtiger Umwälzungen wurden sichtbar auf den Inseln des Nordpolarmeeres und in den Tundren Sibiriens; im Boden von Alaska; in Spitzbergen und Grönland; in den Höhlen Englands, den Urwaldlagern von Norfolk und den Felsklüften von Wales und Cornwall; in den Felsen Frankreichs, der Alpen und des Juras, und von Gibraltar und Sizilien; in der Sahara und den Bruchzonen Ostafrikas; in Arabien und seinen Harras, den Kaschmirhängen des Himalajas und den Siwalik-Ketten; beim Irawadi in Burma und in den Tientsin- und Choukoutien-Ablage-

1 Pettersson, *Scientific American,* August 1950.
2 Pettersson, *Westward Ho with the Albatross,* 150.

rungen in China; in den Rocky Mountains und auf dem Columbia-Plateau; in der Cumberland-Höhle von Maryland und dem Agate Spring Quarry von Nebraska; in den Bergen Michigans und Vermonts mit ihren Walen; an der Küste von Carolina; bei den abgesenkten Stränden und auf dem Boden des Atlantiks mit seinem Rücken und im Lavaboden des Pazifiks.

Auf den folgenden Seiten werden wir uns mit vielen weiteren Orten in den verschiedensten Teilen der Welt im Detail befassen; doch wir vermögen die Liste nicht auszuschöpfen, denn es gibt keinen Längen- oder Breitengrad, der nicht die Narben wiederholter Umwälzungen zeigt.

Kapitel 8

Verlagerte Pole

Die Ursache der Eiszeiten

Ein Schauplatz der Umwälzung und Verwüstung nach dem anderen hat sich den Forschern präsentiert, und nahezu jede neu freigelegte Höhle, jeder erforschte Gebirgsschub, jeder untersuchte Meerescañon hat durchweg das übereinstimmende Bild von Gewalt und Zerstörung enthüllt. Unter dem Gewicht dieser Beweise sind zwei großartige Theorien des 19. Jahrhunderts mehr und mehr unter Druck geraten: die Theorie der Gleichmäßigkeit und die darauf aufgebaute Theorie der Uniformen Evolution. Die andere fundamentale, im 19. Jahrhundert entstandene Theorie – jene der Eiszeiten – ist mehr und mehr mit der Verantwortung für die aufgedeckten geologischen Tatsachen belastet worden; trotzdem aber blieb die Ursache der Eiszeiten ein vieldiskutiertes und nie zum Einklang gebrachtes Thema.

Die Ursache der glazialen Perioden wurde gesucht »in der Erde unter uns und im Himmel über uns«. Die Theorien, die nach einer Erklärung der Ursache strebten, fallen unter die folgenden Rubriken: astronomische, geologische und atmosphärische Theorien.

In der ersten Gruppe suchen einige Theorien die Ursache der Eiszeiten im Weltraum, andere bei der Sonne und wieder andere in der relativen Lage von Erde und Sonne zueinander. Ein Gedanke war, daß der Raum, durch den das Sonnensystem zog, nicht immer gleich kalt war, indem Gase oder Staub in einigen Bereichen Änderungen herbeiführten. Diese Idee ist aufgegeben worden. Eine andere Theorie schlug vor, die Sonne sei ein veränderlicher Stern, der periodisch mehr oder weniger Wärme ausstrahlt. Diese Theorie ließ sich ebenfalls nicht untermauern und wurde allgemein zurückgewiesen; trotzdem findet sie hin und wieder neue Verfechter.[1] Wiederum eine andere Theorie läßt eine Eiszeit dann entstehen, wenn eine der Halbkugeln, die nördliche oder die

1 Barbara Bell, *Science Newsletter*, 24. Mai 1952.

südliche, ihren Winter dann hat, wenn die Erdkugel sich am weiteren, von der Sonne entfernten Ende der Ellipse befindet, wie das jetzt für die südliche Halbkugel zutrifft. Der Winter wäre etwas länger und kälter; indessen wäre dann der Sommer zwar etwas kürzer, aber heißer, und bewegte sich die Erde immerfort auf ihrer jetzigen Umlaufbahn, würden die beschriebenen Veränderungen keine Eiszeit verursachen. Auch wurde behauptet, die Erdumlaufbahn verlaufe abwechselnd mehr oder weniger gestreckt.

Unter den geologischen Theorien vermutete die eine Veränderungen in der Tätigkeit warmer Quellen; eine andere einen Richtungswechsel des Golfstromes, der aus der Karibik warmes Wasser in den Nordatlantik leitet; gäbe es keinen Isthmus von Panama, wären Nord- und Südamerika also getrennt, so würde ein Teil des Stromes aus der Karibik in den Pazifik fließen. Beide Theorien wurden als ungenügend nachgewiesen, und die paläontologische Untersuchung der Meeresfauna beiderseits des Isthmus legt nahe, daß der trennende Landstreifen schon lange vor der Ankunft der Eiszeit existierte. Eine weitere geologische Theorie, die immer noch einige Anhänger hat, sieht die Ursache der Glazialperioden in der sich verändernden Höhe der Kontinente, die auch Windrichtungen und Niederschläge beeinflussen würde. Sie wird aber eindeutig bestritten von einer Autorität der Glazialgeologie wie A.P. Coleman, einst Geologieprofesser an der Universität von Toronto:

»Wenn man die Verteilung der Eisdecken im Pleistozän berücksichtigt, die 4 000 000 Quadratmeilen (10,4 Mill. km^2) in Nordamerika und halb so viel in Europa bedeckten ... (und auch das Eis in) Grönland, Island, Spitzbergen ... der Südinsel von Neuseeland und von Patagonien in Südamerika (mit einbezieht), so wird offensichtlich, daß nicht alle Teile der Welt zur gleichen Zeit emporgehoben werden konnten. Die Theorie bricht unter ihrem eigenen Gewicht zusammen.« Deshalb »würde ein Emporheben über die Schneegrenze zwar lokale Vergletscherung verursachen, aber es gibt keinen Beweis, daß auf diesem Weg Eisdecken in großem Maßstab gebildet werden könnten; und daß eine allgemeine Abkühlung, wie jene des Pleistozäns, dadurch verursacht werden könnte, ist offenkundig unmöglich«.[1]

1 A.P.Coleman, Ice Ages Recent and Ancient (1926), 256.

Von den atmosphärischen Bedingungen, die eine Erhöhung oder Senkung der Temperatur bewirken könnten, wurde die veränderliche Menge von Kohlendioxyd und auch von Staubteilchen in der Luft angeführt, um die Temperaturänderungen in der Vergangenheit zu erklären. Mit der Verringerung des Kohlendioxydgehalts der Luft käme es zu einem Temperaturabfall; es wurde aber durch Berechnungen dargelegt, daß dies zur Verursachung einer Eiszeit nicht genügt hätte. Würde die Erde von Staubwolken eingehüllt, welche die Sonnenstrahlen daran hinderten, bis auf den Boden zu kommen, käme es in der Tat zu einer Temperatursenkung. Aber es wäre zu erklären, wo derart dichte und mächtige Staubwolken in der Atmosphäre herkämen.

»Dutzende von Methoden zur Erklärung der Eiszeiten sind vorgebracht worden, und wahrscheinlich ist kein anderes geologisches Problem so ernsthaft nicht allein von Geologen, sondern auch von Meteorologen und Biologen diskutiert worden; und doch wurde keine Theorie allgemein akzeptiert.«[1]

Eine wahre Theorie der Eiszeitenursache, ob sie sich nun auf astronomische, geologische oder atmosphärische Ursachen stützt, muß auch erklären, weshalb es in Nordostsibirien, dem kältesten Gebiet der Erde, keine Eiszeiten gab, und warum sie in gemäßigten Zonen und in einer weit länger zurückliegenden Vergangenheit in Indien, Madagaskar und Äquatorialbrasilien auftraten. Keine der aufgeführten Theorien erklärt diese seltsamen Tatsachen. Besonders Hypothesen über wärmere und kältere Bereiche im Weltraum oder über die Veränderlichkeit der Sonne als Energiequelle sind zur Erklärung der geographischen Verteilung der Eisdecken ungenügend. So hat die Vorstellung über den Ablauf der Eiszeiten, die in der Wissenschaft als eine der am festesten begründeten Tatsachen und auch als Fundament der Evolutionstheorie gilt, selbst keine Erklärung.

1 Ebenda. 246.

Polwanderung

Nach dem Scheitern aller anderen Theorien über die Ursache der Eiszeiten blieb ein Weg übrig, der schon früh in der Diskussion von verschiedenen Geologen eingeschlagen worden war: eine Wanderung der terrestrischen Pole. Wenn sich die Pole aus irgendeinem Grund von ihrer ursprünglichen Lage verschoben hätten, hätte sich altes Polareis aus den Zirkumpolarregionen des Nordens und Südens nach neuen Regionen verlagert. Die Gletscherdecke der Eiszeit wäre die Polareiskappe einer früheren Epoche gewesen. So wäre nicht nur der Ursprung der Eisdecke, sondern auch die Tatsache erklärt, daß ihre geographische Lage nicht mit den heutigen Polarkreisen übereinstimmt.

»Die einfachste und naheliegendste Erklärung für große säkulare Klimaschwankungen und eine einstige höhere Temperatur der nördlichen Zirkumpolarregion würde in der Annahme bestehen, daß die Rotationsachse der Erde nicht immer dieselbe geblieben ist, sondern sich z.B. durch geologische Vorgänge, Massenverschiebungen, verlagert haben könnte.«[1]

In der zweiten Hälfte des 19. Jahrhunderts nahmen viele Wissenschaftler jahrzehntelang an der Debatte teil, die sich um dieses Thema bewegte. Astronomen und Mathematiker befragten die Geologen, was, ihrer Meinung nach, eine derartige Verlagerung der terrestrischen Pole hätte hervorrufen können. Das beste, was die Geologen anzubieten hatten, war eine Neuverteilung des Gewichtes auf der Erdoberfläche. Sir George B. Airy, Königlicher Astronom, analysierte die Frage, indem er annahm, die Erde würde, als ein völlig starres Sphäroid (eine abgeflachte Kugel), in ihrer Rotation durch ein plötzliches Emportauchen einer Gebirgsmasse in einer Zone gestört, »welche zur Verursachung eines starken Effektes die günstigsten Voraussetzungen bot«. Die Rotationsachse würde nicht mehr mit der Trägheitsachse übereinstimmen, und es käme zu einer Taumelbewegung. »Unter diesen Umständen würde die Rotationsachse in der festen Erde wandern. Aber die Polwanderung würde nicht unbeschränkt andauern . . .«.

1 Julius Hann, *Handbuch der Klimatologie* (2. Ausg. 1897), Bd. 2, 388.

Der Effekt wäre indessen enttäuschend gering. Würde eine Gebirgsmasse entsprechend einem Tausendstel des Äquatorialwulstes gebildet – »was ich als sehr weit über die Gegebenheiten hinausgehend ansehen würde . . ., würde die Polwanderung lediglich zwei oder drei Meilen (3 bis 5 km) betragen, was, obwohl es die Astronomen außerordentlich überraschen würde, keine derartigen Klimaveränderungen bewirkte, wie man sie zu erklären wünscht«.[1]

Sir George Darwin, Mathematiker und Kosmologe, der berühmte Sohn eines ruhmreichen Vaters, stellte zu diesem Punkt noch durchgreifendere Berechnungen an. Würde ein 4500 Meter tiefes Meeresbecken emportauchen, um zu einem Kontinent in der Größe Afrikas 335 Meter über dem Meer zu werden, und würde auf der anderen Seite der Erdkugel ein gleichartiges Gebiet versenkt, so wäre das Ergebnis eine Polwanderung um etwa 2 Grad. Wäre die Erde indessen ein plastischer Körper, würden die Pole in größerem Maße wandern.

James Croll, der schottische Klimatologe, schrieb:

»Wahrscheinlich gab es nie eine Umwälzung dieser Größenordnung in der Geschichte unserer Erde. Und um eine Abweichung von 3° 17' zu erreichen – eine Abweichung, die das Klima kaum fühlbar beeinflussen würde –, müßte nicht weniger als ein Zehntel der Erdoberfläche auf 10 000 Fuß (3000 m) emporgehoben werden. Ein um zwei Meilen (3,2 km) emporgehobener Kontinent von der zehnfachen Größe Europas würde kaum mehr bewirken, als London auf die Breite von Edinburgh oder Edinburgh auf die Breite von London zu bringen. Das muß ein schwärmerischer Geologe sein, der durch ein solches Mittel die Vereisung dieses Landes oder die frühere Eisfreiheit der Polbereiche zu erklären erwartet. Wir wissen sehr gut, daß sich seit der Eiszeit keine Veränderungen in der physikalischen Geographie der Erde ereigneten, welche zu einer Polwanderung um ein halbes Dutzend Meilen, und viel weniger noch um ein halbes Dutzend Grade, genügt hätten.«[2]

J. Evans, ein Geologe, schlug vor, die Astronomen sollten ihre

1 *Athenaeum*, 22. September 1860, 384.
2 J. Croll, *Discussions on Climate and Cosmology*, (1886), 5.

Schlußfolgerung unter der Voraussetzung neu erwägen, daß die Erde eine mit geschmolzener Materie gefüllte dünnschalige Kugel sei. Er stellte sich die Möglichkeit vor, daß mit einer Belastungsänderung in der Erdkruste diese zu einer Lageänderung im Verhältnis zur Achse um bis zu 20 Grad gezwungen sein könnte.[1]

Sir William Thomson (Lord Kelvin), der Physiker, nahm das Thema auf und erwiderte, daß »die Erde nicht, wie viele Geologen vermuten, eine flüssige Masse, eingeschlossen nur in eine dünne Schale verhärteten Materials sein kann«.[2] Auf der Oberfläche und für viele Meilen unter der Oberfläche ist die Righeit (Starrheit der Erde) gewiß sehr viel geringer als diejenige von Eisen; und deshalb muß die Righeit in großen Tiefen sehr viel höher sein als auf der Oberfläche ... Was immer ihr Alter sei, wir können ganz sicher davon ausgehen, daß die Erde in ihrem Innern starr ist ... und wir müssen jegliche geologische Hypothese ganz und gar zurückweisen, welche ... die Erde für eine Schale von 30 oder 100, oder 500 oder 1000 Kilometer Dicke hält, die auf einer inneren flüssigen Masse ruht.«

Lord Kelvin wies nach, daß wenn die Erde eine mit einer harten Kruste umgebene flüssige Masse sei, »die harte Kruste so leicht dem verformenden Einfluß von Sonne und Mond nachgeben würde, daß die Wasser der Ozeane einfach zusammen mit ihr hinauf- und hinabgetragen würden, und daß es relativ zur Kruste keine bemerkbare Ebbe- und Flutbewegung gäbe. Der Stand der Sache ist in Kürze folgender: Die Hypothese einer absolut starren Kruste, die eine Flüssigkeit enthält, verletzt physikalische Gesetze durch die Unterschiebung übernatürlich harter Materie, und sie verletzt dynamische Gesetze der Astronomie ...«.[3]

Lord Kelvin gestand allerdings zu, eine bedeutendere Lageveränderung der Pole sei möglich, wenn die Erde einen harten Kern im Innern aufweise, der durch eine flüssige Schicht von der äußeren Kruste getrennt sei. Er sah dies als unwahrscheinlich an und richtete seine Argumente gegen eine Erde mit geschmolzenem Innenkörper.

1 J. Evans, *Journal of the Geological Society of London*, XXXIV, 41.

2 Thomson, *British Association for the Advancement of Science, Report of the 46th Meeting 1876, Notices and Abstracts* (1877), 6–7.

3 Ebenda.

George Darwin unterstützte die Ansichten Lord Kelvins, indem er Berechnungen zum Nachweis vorlegte, daß die Erde keinen flüssigen Kern haben konnte; ihre Righeit muß mindestens so groß sein wie diejenige von Stahl.[1]

So scheiterten die Anstrengungen der Geologen, die Ursache der Eisdecke mit der Polwanderung zu erklären, an den Kalkulationen der Mathematiker. Einer von ihnen stellte die Angelegenheit klar:

»Mathematiker mögen den Geologen beinah ungehobelt erscheinen mit ihrer Weigerung, eine Veränderung der Erdachse zuzugestehen. Geologen erkennen kaum, was ihre Fragestellung alles nach sich zieht. Sie scheinen die Unermeßlichkeit der Größe der Erde nicht zu realisieren oder das enorme Moment ihrer Bewegung. Wenn sich eine Materiemasse in Rotation um eine Achse befindet, kann sie außer durch eine von außen einwirkende Kraft nicht zur Bewegung um eine neue Achse veranlaßt werden. Innere Veränderungen können die Achsenlage nicht ändern, nur die Verteilung der Materie und Bewegung um sie herum kann das bewirken. Wenn die Masse um eine neue Achse zu rotieren begänne, würde jedes Teilchen sich in einer anderen Richtung zu bewegen beginnen. Was soll das veranlassen? . . . Wo ist die Kraft, die jeden Massenteil zum Abweichen bringen könnte, und jedes Teilchen der Erde in eine neue Bewegungsrichtung?«[2]

Auf der Suche nach Ursachen in der Erde selbst boten die Geologen im Hinblick auf Veränderungen der Erdoberfläche eine Theorie an, laut welcher, wie die Astronomen kalkulierten, die Pole hätten verlagert werden können – doch nur in einem zur Erklärung der Eisdecke in der Eiszeit völlig ungenügendem Ausmaß. Die den Geologen am besten erscheinende Erklärung wurde von den Physikern und Astronomen zurückgewiesen, die ihrerseits keine andere einleuchtende Lösung vorlegen konnten.

Weitere Entwicklungen zeigten, daß Gezeiten in der Erdoberfläche unter dem Einfluß von Mond und Sonne – von denen Lord Kelvin noch nichts wußte – tatsächlich auftreten, obwohl sie winzig sind; es bedeutet, daß die Erde nicht völlig starr ist. Man ent-

1 George Darwin, »A Numerical Estimate of the Rigidity of the Earth«, *Nature*, XXVII (1882), 23.

2 *Geological Magazine* (1878), 265.

deckte ebenfalls, daß die Erde einer richtigen Taumelbewegung unterliegt. S. C. Chandler, ein amerikanischer Astronom (1864–1913), erklärte diese Bewegung der Erde als Zeichen einer aus dem Gleichgewicht gebrachten Lage. Simon Newcomb, führender amerikanischer Mathematiker-Astronom, schrieb in seinem Aufsatz »Über die periodische Breitenänderung«:

»Chandlers bemerkenswerte Entdeckung, daß das wahrnehmbare Schwanken der Breiten durch die Annahme einer Drehung der Rotationsachse um eine Trägheitsachse erklärt werden könne... steht in derartigem Widerspruch zur allgemein angenommenen Meinung über die Erdrotation, daß ich zuerst gesonnen war, diese Möglichkeit zu bezweifeln.« Auf neuerliche Erwägung hin fand er indessen eine theoretische Rechtfertigung: »Theoretisch ist dann nachweisbar, daß die Rotationsachse sich um die Trägheitsachse in einer Periode von 306 Tagen und in einer West-Ost-Richtung dreht.«[1]

G.V. Schiaparelli, der italienische Astronom, betonte in seiner Forschungsarbeit *De la rotation de la terre sous l'influence des actions géologiques* (1889), daß im Falle einer Verlagerung der Trägheitspol und der neue Pol einander umkreisen würden, und die Erde sich in einem Spannungszustand befände. »Gegenwärtig befindet sich die Erde in dieser Lage, als deren Ergebnis der Rotationspol in 304 Tagen einen kleinen Kreis beschreibt, den man als Eulerschen Kreis bezeichnet.«[2] Dieses Phänomen des Taumelns weist auf eine Verlagerung der Erdpole irgendwann in der Vergangenheit. Die Frage konzentriert sich demnach auf die Kräfte, die eine derartige Verlagerung herbeiführen konnten.

Schiaparelli schrieb: »Die unveränderliche Lage der Pole in denselben Regionen der Erde kann noch nicht als durch astronomische oder mechanische Argumente unumstößlich feststehende Wahrheit angesehen werden. Eine derartige unveränderliche Lage mag heute eine Tatsache sein, die aber für die vorausgegangenen Zeitalter der Erdgeschichte noch immer zu beweisen bleibt.«[3] Er

1 Simon Newcomb, *Astronomical Journal*, XI (1891); vgl. id. *Monthly Notices of the Royal Astronomical Society*, LII (1892), No. 35.

2 Spätere Beobachtungen bestimmen die Eulersche oder Chandlersche Periodizität mit 428 bis 429 Tagen.

3 G.V. Schiaparelli, *De la rotation de la terre*, 31.

dachte, daß eine Folge geologischer Veränderungen durch ihren kumulativen Effekt Schritt für Schritt das Gleichgewicht der Erde zerstören könnten, unter der Bedingung, daß die Erde kein absolut starrer Körper sei. »Die Möglichkeit bedeutender Polwanderungen ist ein wichtiges Element in der Diskussion über vorgeschichtliche Klimate und die geographische und chronologische Verbreitung alter Organismen. Wird diese Möglichkeit zugestanden, öffnen sich neue Horizonte zum Studium der großen mechanischen Umwälzungen, denen die Erdkruste in der Vergangenheit unterworfen war. Wir vermögen uns zum Beispiel nicht vorzustellen, daß der Erdäquator einmal den Platz eines Meridians eingenommen hätte, ohne daß mächtige horizontale Spannungen in einigen Regionen große Brüche herbeigeführt hätten; und in anderen Regionen hätten große horizontale Stauchungen stattgefunden, so wie man sie sich heute zur Erklärung der Schichtenfaltung und Gebirgsbildung vorstellt.«

Der Widerstand des Sphäroids – der an den Polen abgeflachten Erdkugel – gegen eine Lageveränderung muß sich, laut Schiaparellis Meinung, in einer Nivellierung großer Flächen und der Ausbreitung flacher Meere, wie der Ostsee oder der Nordsee, auswirken. Er schloß mit den Worten: »Unser vom astronomischen und mathematischen Standpunkt so wichtiges Problem berührt die Grundlagen der Geologie und Paläontologie: seine Lösung ist mit den großartigsten Ereignissen der Erdgeschichte verbunden.«

So stellte sich letztlich nach einer gründlichen Untersuchung des Problems ein hervorragender Astronom doch noch auf die Seite der Geologen. Doch argumentierte er im Kreis: Die geologischen Veränderungen würden ein Abweichen der Pole aus ihrer Lage bewirken, und diese Polwanderung wiederum sollte geologische und klimatologische Veränderungen verursachen.

Eine allmählich fortschreitende und langsame Lageveränderung der Pole oder ein Kippen der Achse würde die geographische Lage des Eises in der Vergangenheit erklären, nicht aber die anderen beobachteten Phänomene wie die Ausdehnung der glazialen Decke und die Plötzlichkeit, mit welcher sie die Erde einhüllte. Agassiz war sich dessen bewußt, und zur Unterstützung der Meinung, daß die Eiszeiten plötzlich eintrafen, zitierte er Cuvier. Cuvier starb, noch ehe die Eiszeittheorie öffentlich bekannt war, aber er hatte begriffen, daß das Klima sich plötzlich geändert haben mußte, um die großen Vierfüßer Sibiriens sofort nach ihrem Tod im Eis einzuschließen und bis heute ihre Körper vor der Verwesung zu schützen. »Deshalb«, schrieb Cuvier in prophetischer Voraussicht der Debatte, die über einhundert Jahre lang bis auf unsere Zeit immer wieder erneuert werden sollte, »sind alle Hypothesen einer *allmählichen* Abkühlung der Erde, oder einer *langsamen* Veränderung der Inklination, d. h. der Neigung der Erdachse, unzureichend.«[1]

Gleitende Kontinente

Nachdem sich geologische Veränderungen in der Verteilung von Land und Wasser zur Erklärung der Polwanderung als unzureichend erwiesen hatten, wird das Problem einmal mehr in den Bereich der Astronomie zurückgeworfen. Doch bevor wir fragen »Welche Kräfte im Sonnensystem könnten die Erdachse verlagert haben?«, werden wir eine Theorie diskutieren, die seit einem halben Jahrhundert die Gedanken von Geologen, Klimatologen und Evolutionisten beschäftigt – die Theorie der Kontinentalverschiebung. Anstatt sich verschiebender Pole, verrutschen nach Wegeners Theorie die Kontinente und passieren einer nach dem andern die südlichen und nördlichen Polarregionen.

Im August 1950 widmete die British Association for the Advancement of Science die Sitzungen ihrer Jahresversammlung der Diskussion der Frage: Ist die Theorie der Kontinentalverschiebung wahr oder falsch? Es gab ebenso viele Verteidiger wie Gegner der Theorie. Dann wurde die Theorie einer Abstimmung unterworfen. Das Ergebnis war ein Patt zwischen »Ja« und »Nein«. Der Vorsitzende war zum Stichentscheid berechtigt, aber er enthielt sich der Stimme. Nur durch den zufälligen Umstand, daß der Vorsitzende eine gewissenhafte – oder unschlüs-

1 Agassiz, *Etudes sur les glaciers*, 311; Cuvier, *Recherches sur les ossements fossiles* (2. Ausg.) I, 202.

sige – Persönlichkeit war, wurde die Heiligsprechung der Kontinentalverschiebung abgewendet.

Die Theorie der Kontinentalverschiebung, die seit den zwanziger Jahren debattiert wird, hatte ihren Ausgangspunkt im »unmittelbaren Eindruck von der Parallelität der atlantischen Küsten«.[1] Diese Parallelität erweckte zusammen mit einigen frühen Affinitäten der Tier- und Pflanzenwelt bei Professor Alfred Wegener aus Graz die Vorstellung, daß in einem frühen geologischen Zeitalter die zwei Kontinente Südamerika und Afrika eine einzige Landmasse gebildet hätten. Da aber tierische und pflanzliche Verwandtschaften auch in anderen Teilen der Welt zu finden waren, vermutete Wegener, daß einst sämtliche Kontinente und Inseln eine einzige Landmasse gebildet hätten, die sich in verschiedenen Epochen aufteilte und auseinanderbewegte. Jene, welche der Kontinentalverschiebungstheorie nicht zustimmen, erklären die Verwandtschaft von Tieren und Pflanzen nach wie vor mit »Landbrücken«, früheren Landverbindungen zwischen Kontinenten und auch zwischen Kontinenten und Inseln.

Damit die Kontinente gleiten können, wird behauptet, daß zwischen der Zusammensetzung der Erdkruste, die sich in den Landmassen manifestiert, und der Erdkruste, die den Ozeanboden bildet, ein grundlegender Unterschied besteht. Die Theorie der Kontinentalverschiebung stützt sich auf die »immer besser nachgewiesene Doktrin der Isostasie, den Gleichgewichtszustand der Erdkruste« auf plastischem Magma. Eine neue Terminologie wurde eingeführt. Die Landmassen oder die äußere Kruste werden *Sial* genannt, eine Abkürzung von Silicium und Aluminium, zwei der in der Zusammensetzung der Erdgesteine vorherrschenden Elemente. Die darunter liegende Schicht nennt man *Sima*, eine Abkürzung von Silicium und Magnesium, da es »guten Grund zur Annahme gibt, daß die Gesteine der Unterschicht (Boden) der Ozeanbecken eine schwerere Zusammensetzung aufweisen und einen größeren Anteil von Magnesia (Magnesiumoxyd) enthalten«.[2] Es wird ebenfalls angenommen, daß das Sima auch unter dem Sial der Kontinente liegt und, weil es die plasti-

1 A. Wegener, *Die Entstehung der Kontinente und Ozeane* (2. Aufl. 1920), 12.
2 John W. Evans, Vorsitzender der Geological Society, in der Einführung zur engl. Aufl. von A. Wegener, *The Origin of Continents and Oceans* (1924).

schen Eigenschaften von Siegellack habe, das Gleiten der Kontinente gestatte.

Neben der Begründung der Übereinstimmung zwischen den Küstenmerkmalen von Ostsüdamerika und Westafrika und zwischen jenen anderer Kontinente sowie gewissen Verwandtschaften in der Tier- und Pflanzenwelt versucht die Theorie der Kontinentalverschiebung auch eine Interpretation verschiedener geologischer Probleme zu geben, die der Erklärung bedürfen: (1) Ursache der Eiszeiten; (2) Vorkommen der Kohlelager; und (3) Gebirgsbildung. Laut Wegener erhoben sich Gebirgsketten durch die Landbewegung auf der Vorderseite der gleitenden Kontinente; indem es bei seiner Bewegung über das elastische Sima auf Widerstand stieß, faltete sich das Sial zu Erhöhungen. Als somit Südamerika sich von Afrika entfernte, schob sich an der dem Pazifischen Ozean zugekehrten Seite eine Erhebung empor, die Anden.

Wenn es im Anfang nur eine einzige Landmasse gab, so konnte es auch nur einen Ozean gegeben haben, der, laut Wegener, der Pazifik war. Der Atlantik entstand später, so daß sein Boden nicht wie jener des Pazifiks aus Sima, sondern aus gedehntem Sial besteht. Für den Unterschied in der Zusammensetzung der Unterschichten des Atlantiks und des Pazifiks wurden noch keine ausreichenden Beweise erbracht.

Das Vorkommen einer Eisdecke in einer früheren Glazialperiode in heute tropischen und subtropischen Zonen wird durch die Unterschiebung erklärt, daß diese Gebiete einmal in der Antarktis lagen. Indessen ist ihre Ausdehnung so groß, daß wenn sie alle um den Südpol herum versammelt gewesen wären, viele Gebiete mit Eiszeitspuren trotz allem noch zu weit vom Pol entfernt gelegen hätten. Deshalb nimmt die Theorie an, diese Gebiete hätten nacheinander die heutige Lage des antarktischen Kontinents eingenommen, so daß jedes dem anderen folgend in eine Eiszeit geraten sei; die Spuren der Vergletscherung in Afrika, Indien, Australien und Südamerika werden mit der Wanderung dieser Kontinente durch das Südpolargebiet erklärt. Eine gleichartige Erklärung wird für die Herkunft der Eiszeit auf der Nordhalbkugel angeboten, in einer sehr viel näherliegenden Zeit, als die Landmassen Nordamerikas und Europas in die Nähe des Nordpols wanderten. Dem Nordpol weist man verschiedene Punkte auf dem Globus zu – im Pazifik, auf der Kanadischen Polarinselgruppe, in Grönland, auf Spitzbergen –, allesamt aufeinander folgend im Verlaufe des Pleistozäns, der Eiszeit.

Die Kohlevorkommen in den nördlichen Ländern, darunter Alaska und Spitzbergen, werden von Wegener in die Zeit datiert, als diese Länder in tropischen oder subtropischen Zonen lagen, auf ihrem Weg aus der Süd- zur Nordhalbkugel.

Wenn eine Theorie die Gebirgsbildung, die Ursache der Eiszeiten, die Kohlelager in hohen Breiten sowie gewisse gemeinsame Merkmale von Fauna und Flora auf von Weltmeeren getrennten Kontinenten zu erklären vermag, so könnte die Übereinstimmung der brasilianischen und westafrikanischen Küstenlinien in der Tat ein Schlüssel sein zur Lösung bedeutender geologischer und klimatologischer Probleme. Aber es gibt Tatsachen, welche diese Hypothese bezweifeln lassen.

Als die die Kontinente bewegende Kraft schlug Wegener den winzigen Unterschied in den Gravitationskräften vor, die auf die Erdkruste in hohen Breiten einerseits und beim Äquator andererseits wirken. Aber Harold Jeffreys, ein britischer Kosmologe, berechnete diese Kraft als 100 Milliarden mal zu schwach, um den Effekt zu erzielen. »Es gibt deshalb nicht den geringsten Grund zu glauben, daß Verschiebungen von Kontinenten als Ganzes durch die Lithosphäre (die Gesteinshülle) möglich sind.«[1] Doch wenn man auch eine ausreichende Kraft annehmen würde, weshalb bewegten sich die Gebiete Europas, Sibiriens und Nordamerikas zuerst von der ursprünglich gemeinsamen Landmasse weg in Richtung Äquator und entfernten sich dann wieder von ihm?

Auf der Suche nach einer anderen bewegenden Kraft schlug A. L. du Toit, ein südafrikanischer Wissenschaftler, eine Variation von Wegeners Theorie vor: das »Konzept einer Erde, in welcher die periodische, obwohl variable, Aufweichung des unteren Teils der Kruste durch radioaktive Erwärmung es der Haut ermöglicht, differenziert über den Kern zu kriechen, mit daraus sich ergebenden Faltungen.«[2]

1 H. Jeffreys, *The Earth, Its Origin, History and Physical Constitution* (2nd ed. 1929), 304.
2 A.L. du Toit, *Our Wandering Continents* (1937), 3.

Was nun die Gebirge betrifft, so liegen nicht alle als lange Ketten entlang der Meeresküsten. Und zur Behauptung, wonach Eiszeiten einander in verschiedenen Teilen der südlichen Hemisphäre und erst in viel neuerer Zeit in Teilen der nördlichen Halbkugel folgten, sind keine zwingenden Beweise vorgelegt worden. Des weiteren, wie sind Spuren der Jungeiszeit auf der Südhalbkugel zu erklären? In Patagonien, Neuseeland und an anderern Orten der südlichen Hemisphäre sind Anzeichen einer Vergletscherung in neuerer Zeit anzutreffen. Ebenfalls ist sicher, daß die Abkühlung der Eiszeit überall auf der Welt gleichzeitig eintrat.

Kohle kommt nicht allein in den arktischen Gebieten vor, sondern auch in der Antarktis. Wanderte also dieser Kontinent aus den Tropen dorthin? Und welches war seine bewegende Kraft?

Wenn die Theorie richtig ist, sollten die Bewegungen der Kontinente heute beobachtbar sein; doch obwohl Wegener auf der Grundlage gewisser Berichte behauptete, Grönland und eine nahebei an der Westküste liegende Insel bewegten sich noch, unterstützen wiederholte Beobachtungen und Triangulationen diese Meinung nicht. Wegener starb auf einer Expedition in Grönland im Jahr 1930.

Die Annahme, Ozeanboden und Kontinente hätten eine auf ewig verschiedene Struktur, steht im Widerspruch zu einer großen Zahl von Beobachtungen, obowohl die Landoberfläche besser als der Meeresboden erforscht ist. Die Idee eines grundsätzlichen Unterschiedes zwischen dem Gestein des Ozeanbodens und jenem der Kontinente wird überall dort widerlegt, wo die fossilienführenden Land- und Ozeanschichten untersucht werden. Hochseeexpeditionen fanden an den verschiedensten Orten auf dem Meeresboden die mächtigen Sedimentschichten nicht, die hätten vorhanden sein müssen, wenn das Meer diese Flächen während ungezählter Jahrhunderte bedeckt hätte. Andererseits wurden Tausende, ja sogar Zehntausende von Fuß mächtige Sedimente auf Kontinenten gefunden. Nicht nur waren große Landstriche in Nordamerika und Europa und Asien zu verschiedenen Zeiten in der Vergangenheit von der See bedeckt – und einige gut erforschte Orte, wie der Pariser Gips, zeigen wiederholtes Vordringen der Wasser –, sondern sogar die größten und höchsten Gebirgsketten

– die Alpen, die Anden, der Himalaja – befanden sich einst unter dem Meeresspiegel. Da der Ozean einmal große Landflächen bedeckte, könnte er gegenwärtig den Platz früheren Landes einnehmen.

Die Landmassen unserer Zeit ändern ihre Breiten nicht; die antreibende Kraft ist bei weitem zu gering. Kohlelager in der Antarktis und Neuzeitvergletscherung in den gemäßigten Zonen der südlichen Halbkugel wirken zusammen, die Theorie der wandernden Kontinente zu entkräften.

Die veränderte Umlaufbahn

Nachdem gezeigt wurde, auf welch schwachen Füßen die Theorie der Kontinentalverschiebung ruht, verbleiben drei theoretisch mögliche Veränderungen der Lage der Erdkugel oder ihrer Hülle in Beziehung auf die Sonne, die beträchtliche Klimaveränderungen hervorrufen könnten: eine Veränderung der Umlaufbahn der Erde um die Sonne; eine Veränderung der astronomischen Ausrichtung der Achse; eine Veränderung der Position der Erdhülle in bezug auf den Kern und somit der Position der Pole.

Gegenwärtig ändert sich die elliptische Form der Umlaufbahn ganz geringfügig. Dabei könnte es sich um den Rest einer Verschiebung handeln, der die Erde in der Vergangenheit ausgesetzt gewesen war; doch dem Grundsatz von Laplace und Lagrange über die Stabilität des Planetensystems folgend, wird diese Veränderung der Form der Erdumlaufbahn als eine Schwingung angesehen, mit einem feststehenden Mittelwert. Die Schwingungsdauer wird als sehr langzeitig angenommen.

Die Schiefe der Ekliptik, d. h. der Winkel, welchen die Äquatorebene mit der Ebene der Umlaufbahn bildet, beträgt 23° 27'; diese Neigung verursacht die Folge der Jahreszeiten. Sie verändert sich heute um 0,47" pro Jahr, »doch sind die Grenzwerte ihrer Veränderung schwierig zu kalkulieren«.[1] Die von verschiedenen Mathematikern angebotenen Zahlen unterscheiden sich beträcht-

1 Brooks, *Climate through the Ages* (2nd ed. 1949), 102.

lich. Lagrange schätzte den Winkel der Schwingung bis zu 7° mit einer Periode, deren letzter Höchstwert im Jahr 2167 vor unserer Zeitrechnung eintrat; Stockwell berechnete den Schwingungswinkel auf weniger als 3°, während Drayson schätzte, die Schiefe bewege sich zwischen 35° und 11°, d. h. mit einer Schwingung von 24°.[1] Dieser Schwankungsbereich, was immer sein numerischer Wert sein mag, kann durch eine Störung verursacht worden sein, welche die Erde traf; doch wiederum wird dieser Effekt, da die Ursache unbekannt ist, als eine permanente Schwingung bezeichnet.

Die Erde unterliegt auch der Präzession der Äquinoktialpunkte, einer Kreiselbewegung der Achse, die eine Verschiebung der Jahreszeiten in bezug auf das Perihel (den auf der Umlaufbahn nächsten Punkt zur Sonne) nach sich zieht. Diese Präzession – »Vorlauf« – der Frühlings- und Herbsttagundnachtgleichen kann bis 50,2" in einem Jahr betragen, und die Erdachse beschreibt in einer auf ungefähr 26 000 Jahre geschätzten Zeit einen weiten Kreis am Himmel. Newton erklärte dieses Phänomen, bekannt seit der Zeit des Hipparchos (um 120 v. u. Z.), mit der Anziehung von Sonne und Mond auf die am Äquator ausgebeulte Erde. Doch diese Erklärung liefert keine Erklärung für die Kraft, welche überhaupt erst diesen Teil der Erde oder den Äquator veranlaßte, die schiefe Lage zur Bahnebene der Erde oder Ekliptik einzunehmen.

Auch dieses Ausschwingen der Erdachse – wie wenn der Globus ein in seiner Bewegung gestörter Kreisel wäre – könnte durch eine Störung der Erdbewegung in der Vergangenheit erfolgt sein.

Schließlich haben wir bereits von der Taumelbewegung der Erdachse gesprochen, die einen kleinen Kreis um den geographischen Pol beschreibt, oder besser von der Polwanderung, die kleine Breitenveränderungen verursacht und spät im 19. Jahrhundert entdeckt worden ist.

Eine Theorie, welche die Exzentrizität der Erdumlaufbahn und der Präzession der Äquinoktialpunkte zur Erklärung der Klimaveränderungen heranzog, wurde 1864 von James Croll vorgelegt und von Charles Darwin und anderen akzeptiert; inzwischen ist sie aufgegeben worden, denn sie setzt sich abwechselnde Eiszeiten

1 Ebenda.

in der Nord- und Südhemisphäre voraus, und die Zeugnisse widersprechen einer solchen Ereignisabfolge.

Später fügte M. Milankovitch der Theorie von Croll als dritte Variable die Schiefe der Ekliptik hinzu, um die Mängel zu beheben. Nach Meinung seiner Kritiker bringt seine Kurve klimatischer Veränderungen allerdings große Verwirrung in die geologischen Daten; noch bieten seine Variablen genügend wirksame Gründe für die nachhaltigen Klimaveränderungen. Abgesehen davon setzte er für die Schwingungsdauer der Schiefe einen willkürlichen Wert ein. Und weshalb gab es während langer Perioden in der Vergangenheit keine Eiszeiten, wenn der Vorgang sich in berechenbaren Abständen wiederholt?

So kam die Untersuchung einmal mehr zurück auf eine radikalere Veränderung – auf die Verlagerung der Erdkruste relativ zum Kern.

Die rotierende Kruste

Die Theorie, wonach die Erdkruste auf Magma schwimmt, wurde erstmals vorgeschlagen, als in den fünfziger Jahren des letzten Jahrhunderts J. H. Pratt herausfand, daß der Himalaja, das mächtigste Gebirgsmassiv auf der Erde, nicht die erwartete Schwerewirkung ausübt und das Lot nicht ablenkt. Der Astronom G. B. Airy war überrascht, und zwar wollte er den beobachteten Tatsachen nicht glauben; aber dann schlug er eine Theorie vor, wonach die aus Granit bestehende Kruste viel leichter als das darunter liegende Magma und nur 100 Kilometer mächtig sei, und daß unterhalb des Gebirges, innerhalb der Kruste, umgekehrte Berge wären, eingetaucht in das schwerere Magma, so daß das Fehlen der Schwerewirkung durch die Gebirge ausgeglichen sei.[1] Das ist die Theorie der Isostasie.

Zum Studium der Isostasie und ihrer Anomalien (die Schwer-

1 J. H. Pratt, »On the Attraction of the Himalaya Mountains ... upon the Plumbline in India«. *Philosophical Transactions of the Royal Society of London,* Vol. XCLV (London 1855), G. B. Airy, »On the Computation of the Effect of the Attraction of Mountain-Masses«, ebenda.

kraft ist seltsamerweise über der Tiefsee stärker) erbrachte der holländische Geophysiker und Ozeanforscher F. A. Vening Meinesz viele wichtige Beiträge. Er fand in der eigentlichen Struktur der Erdkruste Anzeichen gewaltsamer Verlagerungen weltweiten Ausmaßes. So werden die Verschiebungen der Kruste nicht allein zur Erklärung der Klimate der Vergangenheit verwendet. Vening Meinesz analysierte 1943 »die Spannungen, die durch eine Lageveränderung der starren Erdkruste in bezug auf die Rotationsachse der Erde hervorgerufen werden«. In dieser Analyse vermutete er, die Kruste »sei überall gleich mächtig und verhalte sich wie ein elastischer Körper«. Er betonte, daß unter der Annahme, die Kruste bewege sich im Uhrzeigersinn gegenüber dem Kern, um über 70° verschoben, der erwartete Effekt »eine bemerkenswerte Wechselbeziehung zu vielen topographischen Hauptmerkmalen zeige, ebenso wie zu den Bruchstrukturen weiter Teile der Erdoberfläche, wie z. B. im Nord- und Südatlantik, im Indischen Ozean und dem Golf von Aden, in Afrika und im Pazifik, usw. Wenn die Wechselbeziehung nicht zufällig ist, und das erscheint unwahrscheinlich, müssen wir annehmen, daß die Erdkruste in einem Zeitpunkt ihrer Geschichte tatsächlich in bezug auf die Erdpole verschoben worden ist und daß die Kruste eine entsprechende Blockscherung erfahren hat.«[1]

Nach der Theorie der Isostasie weist jedoch die Kruste nicht überall dieselbe Mächtigkeit auf, sind die Krustenauswüchse in sehr dickes und zähflüssiges Magma eingetaucht und würde die Bewegung der Kruste, auch wenn sie nur 100 Kilometer dick ist, mehr Energie benötigen, als unter den vorherrschenden Umständen aus dem Sonnensystem oder der Erde selbst verfügbar wäre.

Schon die Idee einer ihre Lage gegenüber der inneren Achse – d. h. gegenüber der Erdkugel selbst – verändernden Kruste setzt die Gültigkeit der Isostasietheorie voraus. Diese Theorie, obwohl allgemein akzeptiert, stößt bei der Erklärung der Ausbreitung seismischer Wellen um den Globus herum auf Schwierigkeiten.[2] Wenn die Erdkruste nicht nur 100 Kilometer mächtig ist – was im

1 F. A. Vening Meinesz, »Spanningen in de aardrost tengevolge van poolverschuivingen«, *Nederlandsche Akademie van Wetenschappen Verslagen*, Vol. LII, No. 5 (1943).
2 W. Bowie, »Isostasy«, *Physics of the Earth*, ed. B. Gutenberg (1939), II, 104.

Vergleich zum Magmavolumen der Dicke einer Eierschale zum Inhalt des Eis entspricht –, sondern 3000 Kilometer beträgt, wie einige Wissenschaftler vermuten, dann benötigt die Verlagerung der Kruste allerdings wieder eine Kraft von fast demselben Ausmaß, die zur Verlagerung der gesamten Erde nötig wäre, indem ihre Achse in eine neue Lage gegenüber den Kardinalpunkten des Himmels gebracht würde.

»Wir sind vollauf berechtigt anzunehmen, daß der Gesteinsmantel im Verlauf der großen Eiszeiten verschoben wurde, und daß diese Verschiebungen eine unmittelbare Ursache für die Klimaveränderungen während dieser Perioden waren.«[1] Der Autor dieser Zeilen, K. A. Pauly, übernimmt die vom Astronomen A. E. Eddington in seiner Arbeit »The Borderland of Geology and Astronomy« vorgelegte, beziehungsweise neu belebte, Idee. Nach Eddington wurden die Eiszeiten durch eine Verschiebung der äußeren Kruste über dem Innern der Erde verursacht, hervorgerufen durch die Gezeitenreibung, d. h. der ungleichmäßig auf die verschiedenen Erdschichten wirkenden Anziehungskraft des Mondes; diese Theorie gibt jeglichen Anspruch auf, in der Erde selbst die Kraft zu finden, welche die gesamte Kruste relativ zur Erdachse hätte bewegen können, die nach dieser Theorie ihre astronomische Ausrichtung beibehält. Um den Gesteinsmantel – oder die Kruste – über die Unterschicht – oder den Kern – zu ziehen, wird weniger Energie benötigt, als wenn der gesamte Globus in eine neue Richtung zu neigen wäre; denn die Kruste ist lediglich ein Teil der gesamten Erdmasse, und das Trägheitsmoment ist abhängig von der Masse. Indessen muß aber, um unter Beibehaltung der Drehrichtung des Kernes die Lage der Kruste zu verändern, die Reibung zwischen der Kruste und der Unterschicht überwunden werden; und infolge der äquatorialen Ausbeulung muß die Kruste, um sie verlagern zu können, in einigen Teilen gedehnt werden. Dies setzt große Energien voraus, die bei der vom Mond verursachten Gezeitenreibung nicht auftreten.

Außerdem wirkt die Gezeitenreibung auf die Erdoberfläche in Ost-West-Richtung; eine Verschiebung in dieser Richtung würde

1 K. A. Pauly, »The Cause of the Great Ice Age«. *Scientific Monthly*, August 1952.

die Lage der Breiten relativ zum Pol nicht ändern und könnte nicht die Ursache für die Eiszeiten gewesen sein. Eddingtons Theorie setzt eine Nord- und Südwärtsverschiebung der Kruste voraus; zur Erklärung einer solchen Bewegung führte er an, die sich langsam in Ost-West-Richtung bewegende Kruste ändere ihren Kurs infolge einer stellenweise übermäßigen Reibung zwischen ihr und der Unterschicht. Aber die Gezeitenreibung des Mondes würde, wie oben erklärt, die Kruste kaum über die äquatoriale Ausbuchtung ziehen.

Die Theorie des gleitenden Gesteinmantels teilt die quantitative Unzulänglichkeit der Theorie der Kontinentalverschiebung. Eine antreibende Kraft, die stärker ist als die Gezeitenreibung (Eddington) oder Schwerkraftunterschiede auf verschiedenen Breiten (Wegener) oder intermittierende Radioaktivität in der Erde (du Toit), muß tätig gewesen sein, um Kontinente oder den gesamten Gesteinmantel zu bewegen. Somit erleiden diese Theorien das Schicksal der früheren Theorie, welche die Polverlagerung als Ergebnis einer geologischen Neuverteilung von Land und Meer postulierte.

Auch jene Theorie ist quantitativ nicht zu verteidigen, welche die Verschiebung der Kruste durch ein ungleichmäßiges Wachstum der Polareiskappen erklärt; diese Theorie verwendet dasselbe Phänomen – die anwachsenden Eiskappen – als Ursache *und* Wirkung der Eiszeiten.

Die vorstehende Prüfung der Theorien, die quantitativ unzureichend sind und doch mit dem gut durchdachten Prinzip einer Veränderung der Breiten oder der Achse als Ursache der Eiszeiten begründet werden, wurde hier als Hinweis auf die Tatsache unternommen, daß nachdenkliche Forscher unter den Geologen, Klimatologen und Astronomen von jenen Meinungen nicht zufriedengestellt waren, welche das Problem der geographischen Verbreitung der Eisdecken in der Vergangenheit nicht zu lösen vermochten – ein Punkt, den praktisch alle anderen Theorien seltsamerweise nicht zur Kenntnis nehmen. Es folgt demnach, daß die anläßlich der Veröffentlichung von *Welten im Zusammenstoß* sogar von einigen Astronomen und Geologen geäußerten Behauptungen, von einer verlagerten Achse oder veränderten Breiten habe noch niemals jemand gehört, aus der wissenschaftlichen Literatur nicht zu begründen sind.

W. B. Wright vom Geological Survey Großbritanniens kommt zum Schluß, daß der einzige Weg zur Erklärung der Eiszeiten in der Annahme liegt, daß »die Rotationsachse der Erde nicht immer die gleiche Lage gehabt hat«; und »da jetzt offensichtlich geworden ist, daß die geologische Geschichte viele Veränderungen in der Lage der Klimazonen auf der Erde bezeugt, und daß wenigstens eine bemerkenswerte Vergletscherung, die permakarbone (vor der Zeit der großen Reptilien), die Folge einer Polverlagerung gegenüber der heutigen Position war, wird es sich lohnen zu untersuchen, ob die Eiszeit im Quartär nicht eine gleichartige Ursache hatte.«[1]

Doch jede Untersuchung in dieser von Wright vorgeschlagenen Richtung, eine Ursache für die wiederholten, aber nicht periodischen Eiszeiten zu finden, schlug fehl; sie traten in der geologischen Geschichte nicht in zyklischen Abständen auf. Deshalb schloß er: »Unter den Theorien, die zur Erklärung der Eiszeit vorgebracht worden sind, befindet sich keine einzige, die allen Tatsachen des Phänomens so gerecht wird, daß sie Vertrauen einflößen könnte.«[2]

Nicht nur muß die Ursache energiereicher als die angeführten Kräfte gewesen sein, sondern sie muß mit äußerster Plötzlichkeit aufgetreten sein. Darüber werden wir in den folgenden Abschnitten nachdenken.

Abrupt muß die Wirkung eingetreten sein, und gewaltsam; wiederholt muß sie eingetreten sein, doch in höchst unregelmäßigen Abständen; und sie muß von titanischer Energie getragen worden sein.

1 Wright, *The Quarternary Ice Age*, 313.
2 Ebenda, 463.

Kapitel 9

Verlagerte Erdachse

Erde in der Zange

Die Verschiebung schon der Kruste setzt eine Kraft voraus, die auf der Erde selbst nicht vorhanden ist; und die Verlagerung der Erdachse in eine neue Richtung erfordert noch gewaltigere Kräfte. Natürlich schließt die eine Veränderung die andere nicht aus. Jede würde einen Klimaumsturz nach sich ziehen. Würde die Kruste verschoben, so kämen die Breiten in neue Zonen zu liegen, und im Extremfall könnten sich Pole und Äquator verlagern; neigte sich aber die Erdachse in eine neue Richtung, so änderten sich auch System und Intensität der Jahreszeiten, und im Extremfall könnte eine der Polarregionen zum wärmsten Ort auf der Erde werden, Tag und Nacht der Sonneneinstrahlung ausgesetzt, wie das gegenwärtig beim Uranus der Fall ist.

Harold Jeffreys fragt in seinem Buch *The Earth*: »Hat sich die Neigung der Erdachse in bezug auf die Umlaufbahn in der Vergangenheit verändert?«, und er fährt fort: »Die Antwort auf diese Frage lautet ›Ja‹! Die Theorie der Gezeitenreibung . . . unterstellt eine Übereinstimmung des Äquators mit den Umlaufbahnen der Erde und des Mondes. Tatsache (ist), daß dem nicht so ist . . .«[1]

Der Mond, so wird angenommen, bildete sich im Äquatorialbereich der Erde durch einen Abtrennungsprozeß, und er müßte sich deshalb in der Ebene des Erdäquators bewegen; da er dies aber nicht tut, muß eine Verschiebung entweder des Mondes oder der Erdachse eingetreten sein; und die Position des Mondes nahe der Ekliptikebene legt nahe, daß die Neigung der Erdachse eine Veränderung erlitt. Hätte es aber auch von Anfang an zwischen der Neigung der Achsen der Erdrotation und der Mondumlaufbahn einen Unterschied gegeben, so hätte er infolge der Gezeitenreibung verschwinden müssen. Jeffreys beschäftigten auch die Werke von George Darwin, der die beobachteten Positionen

1 H. Jeffreys, *The Earth*, 303.

durch mehrere überlagerte Gezeitenreibungen zu erklären suchte, doch fand er in Darwins Hypothese einen Fehler.

Irgendwelche Veränderungen in der Erde wären für die beobachtete Veränderung der Ausrichtung der Erdachse »unwichtig«. Jeffreys sagt: »Wenn wir das Drehmoment der Erde berücksichtigen, so kann sich dessen Achsenausrichtung *nur durch ein von außerhalb an die Erde angelegtes Kräftepaar verändern.*«

Die Argumente der Astronomen gegen die Vorstellung der Geologen über die Lageveränderung der Erdachse hatten zwar nachgewiesen, daß erdeigene Kräfte zu einer solchen Beeinflussung nicht ausreichten; doch hier wird die eigentliche Tatsache der veränderten Lage auf astronomische Überlegungen zurückgeführt, und dazu von einer Autorität auf diesem Gebiet wie Jeffreys. Was könnte die Rolle des von außen wirkenden Kräftepaares, das heißt einer Zange, gespielt haben? Und wiederum, handelte es sich um eine gleichmäßige oder plötzliche Verlagerung?

Verdampfende Ozeane

Berücksichtigen wir die in der Glazialepoche vom Eis eingenommene Fläche, die viel größer war als das heute vom Polareis bedeckte Gebiet, so gelangen wir zum Schluß, daß die Verlagerung der Pole allein zur Erklärung der Ursache der Vereisung nicht genügt. Die Ausdehnung der Eisdecke in ihren verschiedenen Entwicklungsstufen wird als gesichert angenommen. Normalerweise wird ihre Mächtigkeit auf 2000 bis 4000 Meter geschätzt. Aus diesen Zahlen läßt sich die Eismasse und die zu ihrer Bildung benötigte Wassermenge berechnen. Das Wasser muß aus den Weltmeeren gekommen sein; man schätzt, der Meeresspiegel hätte zur Zeit der ausgebildeten Eisdecken wenigstens 100 Meter tiefer gelegen. Andere Schätzungen verdoppeln, verdreifachen, vervierfachen und versiebenfachen sogar diese Angabe. Um indessen alle Ozeane derart verdampfen zu lassen, daß viele Gebiete der Kontinentalsockel (bis zu 200 Meter unter dem Meeresspiegel liegende Randgebiete) zu Sand- und Muschelwüsten verwandelt wurden, bedurfte es einer enormen Wärmemenge.

John Tyndall, ein britischer Physiker des letzten Jahrhunderts, schrieb: »Einige bedeutende Männer waren der Ansicht, welche noch immer ihre Vertreter findet, daß die niedrige Temperatur während der Gletscherperiode einer zeitweiligen Verminderung der Sonnenstrahlung zuzuschreiben sei. Andere haben die Vermutung aufgestellt, daß unser Sonnensystem während seiner Bewegung durch den Weltraum Regionen von niedriger Temperatur durchwandert habe, und daß die ehemaligen Gletscher während seines Durchgangs durch diese Regionen ihre Entstehung fanden ... Die meisten unter ihnen scheinen die Tatsache gänzlich außer Acht gelassen zu haben, daß die ungeheure Ausdehnung der Gletscher in längstverflossenen Zeiten einen ebenso strengen Beweis für den Einfluß von Wärme als für die Wirkung von Kälte liefert. Kälte allein kann keine Gletscher hervorrufen.«[1]

Tyndall machte dann die Wärmemenge anschaulich, die zum Transport des Wassers in der Form von Schnee in die Polarregionen nötig ist. Er berechnete, daß für jedes Kilogramm Dampf dieselbe Wärmemenge verfügbar sein müßte, die zum Schmelzen von fünf Kilogramm Gußeisen benötigt wird. Um demzufolge die Ozeane zu Wasserdampfwolken verdampfen zu lassen, deren Schneefall später zur Eisbildung führte, würde eine Wärmemenge benötigt, die eine dem Fünffachen der Eismasse entsprechende Eisenmasse auf den Schmelzpunkt erhitzen würde. Tyndall argumentierte, die Geologen sollten das kalte Eis durch das heiße Eisen ersetzen, um einen Eindruck von der hohen Temperatur unmittelbar vor der Eiszeit und der Bildung der glazialen Decke zu erhalten.

Wenn das so ist, kann in Wirklichkeit keine der zur Erklärung der Eiszeit angebotenen Theorien genügen. Sogar wenn die Sonne verschwände und die Erde ihre Wärme an die kosmische Umgebung verlieren würde, gäbe es keine Eiszeit: Die Ozeane und alles Wasser würde zwar gefrieren, aber es käme zu keiner Eisbildung auf dem Land.

Die Bedeutung von Wärme für die Bildung der Eisdecke der Eiszeit wurde von einem modernen Astronomen noch stärker be-

1 John Tyndall, *Die Wärme betrachtet als eine Art der Bewegung*, Übers. H. Helmholtz und G. Wiedemann nach der 2. Aufl. (1867), 247.

tont (D. Menzel vom Harvard Observatorium): »*Wenn* schwankende Sonnentätigkeit die Eiszeiten verursacht hat, würde ich es vorziehen, ihre Entstehung einer Wärmezunahme zuzuschreiben, wogegen eine Wärmeverminderung ihnen Einhalt gebot.«[1]

Was konnte die Temperatur der Weltmeere derart erhöht haben, daß sie überall auf der Erde in einem Ausmaß verdampften, welches ihre Oberfläche nicht um einen, nicht um 10, sondern um mehr als 100 Meter sinken ließ? Konnte die Hitze durch einen Zerfall organischer Stoffe in den Sedimenten hervorgerufen worden sein? Es bedarf keiner besonderen Erklärung, daß dies eine vollkommen ungenügende Quelle gewesen wäre. Ein ungeheurer Aufwärmungsprozeß muß der Bildung der Eisdecken vorausgegangen sein; und da für die Quartäreiszeit allgemein vier Glazialperioden angenommen werden, in deren jeder das Eis anwuchs und in den Zwischenperioden sich wieder zurückzog, müßte der Erdball in einer jüngeren geologischen Epoche wiederholt so heiß geworden sein, daß der von den Ozeanen aufgenommene Wärmeanteil dazu genügt hätte, einen immensen Berg von Eisen, von fünfmal größerer Masse als das Eis auf dem Festland, zur Weißglut zu bringen und ihn zu schmelzen. Wenn das laut Tyndall nicht geschehen konnte, kann es auch keine Eiszeiten gegeben haben.

Wissen wir, unter welchen Umständen die Erde und ihre Ozeane in so gewaltigem Ausmaß erhitzt werden konnten?

Wenn wir die Eiszeittheorie anerkennen, müssen wir voraussetzen, die Erdkugel sei mit ihren Ozeanen wie in einem Ofen erhitzt worden – und zwar im Zeitalter des Menschen, denn die Eiszeit im Quartär ist schon das Zeitalter des Menschen. Ausgedehnte Bereiche des Meeresbodens müssen mit Lava überströmt worden sein und das Wasser zum Aufwallen gebracht haben. Was aber konnte diese gleichzeitige Aktivität unterirdischer Hitze in so großen Gebieten hervorgerufen haben?

Wir können uns keine Ursache oder Einwirkung dafür vorstellen, es sei denn eine von außen auf die Erde einwirkende Ursache. Auch für die Verlagerung der Pole aus ihrem angestammten Platz, oder für die Verschiebung der Achse, konnte nur eine äußere Ur-

1 D. Menzel, *Our Sun* (1950), 248.

sache verantwortlich sein. Die Anhänger der Eiszeittheorie müssen nach wenigstens 4 verschiedenen Begegnungen der Erde mit einem außerirdischen Massenkörper oder Kraftfeld – geschehen in relativ naher Vergangenheit – zum Himmel aufschauen.

Beim Passieren einer großen Wolke von Staubteilchen oder Meteoriten würden die Erde und ihre Atmosphäre durch den direkten Aufprall dieser Materie auf die Lufthülle, den Ozean und das Festland erwärmt. Eine Polverlagerung oder Rotationsstörung unter einem solchen Aufprall würde infolge der Umwandlung der Bewegungsenergie in Wärme auch in der Erde selbst Hitze erzeugen. Dies ist eine theoretische Möglichkeit.

Die andere Möglichkeit bestünde darin, daß bei Passieren einer elektrisch geladenen Staubwolke die Erde mit elektrischen Strömen auf ihrer Oberfläche reagieren würde, die einen thermischen Effekt hätten. Bewegte sich die Erde durch ein starkes Feld, käme es zu einer sehr intensiven Hitzeentwicklung. Diese Ströme würden durch die besser leitenden Schichten fließen, durch möglicherweise tiefer in der Kruste liegende metallhaltige Formationen, so daß in einigen Teilen der Welt das Leben verschont, in anderen vernichtet würde. Diese Art der Wärmeentwicklung könnte Meere bis tief hinab zum Verdampfen bringen, das Eindringen von Eruptivgestein in Sedimente verursachen, Magmaflüsse aus Brüchen auslösen und sämtliche Vulkane tätig werden lassen.

Die Erde selbst ist ein riesiger Magnet. Eine geladene Staub- oder Gaswolke, die sich relativ zur Erde in Bewegung befindet, wäre ein Elektromagnet. Ein von außen einwirkendes elektromagnetisches Feld, das einen thermischen Effekt auf der Erde zur Folge hat, würde auch die Achse und die Rotationsgeschwindigkeit der Erde verändern. Dieser Vorgang würde noch einmal den thermischen Effekt verstärken, da die Bewegungsenergie in Wärme und möglicherweise andere Energieformen umgewandelt wird – elektrische, magnetische und chemische oder auch nukleare Formen, die wiederum thermische Auswirkungen haben.

Eine von außen einwirkende mechanische oder elektromagnetische Kraft würde beide Phänomene hervorrufen, die für eine Eiszeitperiode vorrauszusetzen sind: die astronomische oder geographische Verlagerung der Achse ebenso wie die Erwärmung der Erdkugel. Die Astronomen, welche die Theorie kosmischer Katastrophen bekämpfen, müssen auch die Theorie der Eiszeiten verwerfen.

Kondensation

Im vorhergehenden Abschnitt wurde klargestellt, daß zur Bildung der Eisdecke einer Glazialepoche sich eine Verdampfung der Ozeane in großem Maßstab ereignet haben mußte. Aber eine Verdampfung der Weltmeere wäre nicht genug; rapide und kräftige Kondensation der Dämpfe muß ihr gefolgt sein. »Wir brauchen auch einen so mächtigen Condensator, daß dieser Dampf, statt flüssig in Regenschauern zur Erde zu fallen, so weit in seiner Temperatur erniedrigt wird, daß er als Schnee herabkommt.«[1]

Ein ungewöhnlicher Ereignisablauf mußte eintreten: Die Ozeane müssen gedampft haben, und das verdampfte Wasser muß in gemäßigten Zonen als Schnee niedergegangen sein. Diese Abfolge von Hitze und Kälte muß sich kurz hintereinander ereignet haben.

Ein jäher Temperatursturz und eine rapide Dampfkondensierung könnte die Folge einer abschirmenden Wirkung von Staubwolken gewesen sein. Die Erde einhüllender Staub vulkanischen oder meteoritischen Ursprungs kann Sonnenlicht und -wärme daran gehindert haben, die tieferliegende Atmosphäre zu durchdringen. Es ist beobachtet worden, daß sich Staubteilchen, die von ausbrechenden Vulkanen ausgestoßen wurden, monatelang in der Luft rund um die Erde schwebend halten. So bewirkten Staubteilchen in der Atmosphäre, die aus der Eruption des Krakatoa – in der Sundastraße zwischen Java und Sumatra im Jahr 1883 – stammten, über ein Jahr lang in der Art eines dünnen Schirmes überall auf der Welt ungewöhnlich farbenfrohe Sonnenuntergänge.[2] Staub aus vielen Vulkanen kann eine Abschirmung aufbauen, die das Sonnenlicht nicht mehr durchläßt. Tatsächlich entspricht die Abschirmung der Erde durch vulkanische Staubwol-

1 Tyndall, *Die Wärme betrachtet als eine Art der Bewegung*, 249.
2 Vgl. G. J. Symons, Hrsg., *The Eruption of Krakatoa: Report of the Krakatoa Committee of The Royal Society* (1888), 40ff.

ken einer der Theorien über die Ursache des Eises in den Eiszeiten; wie Hitze allein könnte indessen auch Kälte allein die Festlandeisdecken nicht hervorgebracht haben.

Im Kampf zwischen Wärme und Kälte würde in einigen Teilen der Welt Schnee fallen und in anderen sturzbachartige Regenfälle niedergehen. Und in der Tat kamen zahlreiche Wissenschaftler, die ihre Studien in verschiedenen Gebieten außerhalb der früheren Vereisungen betrieben, zum Schluß, daß sich in diesen Gebieten wolkenbruchartige Regengüsse zur selben Zeit ereignet hatten, als in höheren Breiten Eiszeiten herrschten. Gregory, der den afrikanischen Kontinent untersuchte, beobachtete Anzeichen von Wassertätigkeit großen Ausmaßes zur gleichen Zeit, als andere Gebiete vom vordringenden Eis bedeckt wurden.[1] In der Sahara und benachbarten Gebieten blieben Flußrinnen zurück, die »heute nicht von Flußläufen eingenommen werden«, die offensichtlich große Wassermengen führten. »Es wird als wahrscheinlich angesehen, daß diese Stromwege in einem Regenzeitalter oder in Regenzeitaltern erodiert wurden« (Flint). Im Pluvial (Eiszeiten im Norden entsprechende Regenzeit im Süden) stand der Wasserspiegel des Viktoriasees in Afrika mehr als 100 Meter über dem heutigen Wert; seit jener Zeit trat eine vollständige Umkehrung des regionalen Flußsystems ein.[2] Shor Kul, ein Salzsee in Sinkiang, hatte einen gegenüber heute 120 Meter höheren Wasserspiegel. Bonneville Lake, der in den Vereinigten Staaten Teile von Utah, Nevada und Idaho bedeckte, und in welchem sich Regen- wie auch Schmelzwasser aus den naheliegenden Gletschern in den Bergen sammelte, stand »mehr als 1000 Fuß (300 Meter) über dem heutigen Großen Salzsee«.[3]

Obwohl einige Geologen aus theoretischen Überlegungen lieber an ein trockenes Klima in der Welt denken, während so viel Wasser in den Eisdecken gebunden war, zeigt die empirische

1 British Association for the Advancement of Science, *Report of the 98th Meeting, 1930* (1931), 371.

2 L. S. B. Leakey, »Changes in the Physical Geography of East Africa in Human Times«, *The Geographical Journal of the Royal Geographical Society*, Vol. LXXXIV (1934).

3 Flint, *Glacial Geology*, 472, 479.

Geologie, daß das Gegenteil der Fall war: Schnee fiel in riesigen Massen, und Regen stürzte vom Himmel zur genau gleichen Zeit.

Eine Arbeitshypothese

Nehmen wir als Arbeitshypothese an, unter der Wucht einer Kraft oder eines treibenden Einflusses – die Erde bewegt sich ja nicht in einem leeren Universum – habe sich die Erdachse verlagert oder geneigt. Ein Beben hätte in diesem Moment die Erde erzittern lassen. Luft und Wasser hätten sich infolge ihrer Trägheit weiter bewegt. Über die Erde wären Sturmwinde hinweggebraust und über Kontinente wäre die See hereingestürzt, Geröll und Sand und Meerestiere zurücklassend. Hitze hätte sich entwickelt, Gestein würde schmelzen, Vulkane würden ausbrechen, Lava würde sich aus Rissen im aufgebrochenen Boden über weite Gebiete ergießen. Aus den Ebenen würden sich Gebirge erheben, sich verschieben und auf die Schultern anderer Berge legen, Verwerfungen und Gräben verursachend. Seen würden umgekippt und ausgeleert, Flüsse ihre Betten verlegen; große Landstriche mitsamt ihren Bewohnern würden ins Meer rutschen. Wälder würden verbrennen, und die Sturmwinde und Sturzseen würden sie aus dem Boden, wo sie gewachsen waren, herausreißen und zu riesigen Haufen mit Ästen und Wurzeln auftürmen. Gewässer würden zu Wüsten, ihr Wasser weggelaufen.

Und würde es zusammen mit der Achsenverlagerung zu einer Veränderung der tagesbestimmenden Rotationsgeschwindigkeit kommen – würde sie langsamer –, dann zöge sich das durch die Fliehkraft in den Äquatorialozeanen festgehaltene Wasser zu den Polen zurück, und Sturmfluten und Orkane würden von Pol zu Pol rasen, vom Äquator über die Kämme des Himalaja hinunter in die Dschungel Afrikas – Ren und Robbe in die Tropen und den Wüstenlöwen in die Arktis tragend; und von zersplitternden Bergen gerissene Steintrümmer würden über weite Distanzen verstreut; und ganze Tierherden würden von den Ebenen Sibiriens heruntergewaschen. Die Verlagerung der Achse würde auch überall das Klima verändern, Korallen in Neufundland und Elefanten in Alaska hinterlassend, Feigenbäume im Norden Grönlands und üppige Wälder in der Antarktis. Im Falle einer jähen Achsverlagerung würden viele Arten und Gattungen von Land- und Meerestieren vernichtet, und Kulturen – wenn vorhanden – würden völlig zerstört.

Aus den Ozeanen verdampftes Wasser würde zu Wolken werden und als sturzbachartiger Regen und Schnee wieder niedergehen. Von zahllosen Vulkanen ausgeworfener und von den Orkanen vom Boden aufgewehter Staub, und möglicherweise Staubwolken außerirdischen Ursprungs – wenn ein kometenartiger Zug von Meteoriten der fremde Körper war, der den Aufruhr verursachte – würde die Sonnenstrahlen davon abhalten, den Boden zu erreichen. Die Temperatur unter den Wolken wäre niedriger, nahe am Boden aber höher als normal, weil die erhitzte Erde ihre Wärme durch Konvektion in die Atmosphäre abgeben würde. Aus dem schmelzenden Eis der Polarregionen bildeten sich riesige Ströme, die sich über den Polarkreis hinaus bewegten und vom Boden erwärmt würden. Gletscher in den Bergen würden sich auflösen und die Täler überfluten. In höheren und in gemäßigten Zonen würde der fallende Schnee zu Wasser oder sogar Dampf, noch bevor er den Boden erreichte oder gleich danach.

Während vieler Monate und wahrscheinlich viele Jahre lang würde der auf die Erde fallende Schnee schmelzen und in gewaltigen Strömen zur See fließen, neue Täler formend und riesige Trümmermassen mit sich tragend.

In einer sonnenlosen Welt würde endlos fallender Schnee – abgeschirmt von den Sonnenstrahlen durch dicke, die Erde einhüllende Wolken – den Boden schließlich so abkühlen, daß er nicht mehr zu Wasser schmölze, sondern als Eis liegen bliebe. Zuerst würde dieses Eis nicht fest mit dem Boden verwachsen; aus Schräglagen und von Hängen würde es hinabgleiten in tiefer liegende Täler und von da aus zum Meer. Umfangreiche Eisberge würden die See füllen, hin- und hergeworfen schmelzen und ihre Ladung von Steinen oder anderem Schutt auf den Meeresboden fallen lassen; andere, in überfluteten Tälern schwimmende Eisberge würden ihre Last dort abladen. Im Lauf der Jahre würde die unablässige Tätigkeit des Schnees die Erde in höheren Breiten in einem solchen Maß abkühlen, daß eine bleibende Eisdecke sich bildete. Und jahrhundertelang würde die Erde weiter beben, langsam sich beruhigend, und mit dem Vergehen der Zeit würde ein Vulkan nach dem anderen erlöschen.

Die ein- oder mehrmalige Verlagerung der Achse, solche Katastrophen nach sich ziehend, wird hier lediglich als Arbeitshypothese vorgestellt: ausnahmslos haben sich aber alle ihre denkbaren Merkmale tatsächlich ereignet.

Nehmen wir nun an, die Arbeitshypothese sei falsch, so sehen wir uns vor die Notwendigkeit gestellt, für jedes einzelne der beobachteten Phänomene eine besondere Erklärung zu finden.

Die Gebirge hoben sich aus den Tiefen der Meere und falteten und verwarfen sich. »Was schafft die enormen Kräfte, welche das Gestein in den Gebirgszonen biegen, brechen und zermalmen? Warum sind Meeresböden der entfernten Vergangenheit zu den himmelanstrebenden Hochländern von heute geworden? Diese Fragen warten noch immer auf befriedigende Antworten.«[1]

Das Klima veränderte sich und die Festlandeisdecke entstand. »Gegenwärtig bleibt die Ursache der übermäßigen Eisbildung auf dem Festland ein verwirrendes Rätsel, eine Hauptfrage für den zukünftigen Erforscher der Geheimnisse der Erde.«[2]

Tierarten und -gattungen wurden ausgelöscht. »Der Biologe verzweifelt, wenn er die Vernichtung so vieler Arten und Gattungen im ausgehenden Pleistozän (Eiszeit) betrachtet.«[3] Gleichermaßen plötzliche und unerklärte Veränderungen begleiteten den Abschluß jeder geologischen Periode.

Was verursachte das Wachstum tropischer Wälder in Polargebieten? Was bewirkte in der Vergangenheit vulkanische Tätigkeit in großem Umfang und Lavaströme auf dem Festland und in den Ozeantiefen? Was rief früher so zahlreiche und heftige Erdbeben hervor? Verwirrung, Zweifel und Frustration sind die einzigen Antworten auf jedes einzelne und alle diese Phänomene.

Die Theorie der Gleichmäßigkeit und Uniformen Evolution besteht darauf, daß die geologischen Zeichen eine Akkumulation winzigster Veränderungen zu gewaltigsten Verwandlungen seit unvordenklichen Zeiten, ja sogar seit der Zeit bezeugten, als unser

1 C. R. Longwell, A. Knopf und R. F. Flint, *A Textbook of Geology* (1939), 405.

2 Daly, *The Changing World of the Ice Age,* 16.

3 L. C. Eiseley, »The Fire-Drive and the Extinction of the Terminal Pleistocene Fauna«, *American Anthropologist,* XLVIII (1946).

Planet zu existieren begann. Indessen reichen diese geringen Ursachen nicht aus, die großen Umwälzungen in der Natur zu erklären. Sie erscheinen den Spezialisten, jedem auf seinem Feld, ohne Sinn und Logik.

Eis und Flut

Dem Nachweis, daß nur weltweite Katastrophen die Bildung und Ausbreitung der Eisdecken verursachen konnten, werde ich nun die Erklärung folgen lassen, wie manche dem Eis zugeschriebene Auswirkungen nicht durch dieses selbst, sondern von schnellfließendem Wasser verursacht wurden. Die einfache Art und Weise, mit der kosmische Katastrophen die Herkunft der kontinentalen Eisdecken zu erklären vermögen, sollte uns nicht unkritisch werden lassen. Dieselben Katastrophen ließen riesige Fluten über Kontinente stürzen. Beide Phänomene ereigneten sich – die Wellen und die Eisbildung.

Flutwellen durchquerten Kontinente, bewegt durch die Trägheit, als die Erdrotation gestört wurde; das Wasser der Ozeane zog sich auch aus den äquatorialen in die Polarzonen zurück, von wo es nach einer Anpassung an die Erdumdrehung wieder zum Äquator zurückkehrte. Diese Flutwellen, verstärkt durch andere, die von äußeren Kraftfeldern verursacht wurden, und von Fluten, die durch Seebeben und Orkane entstanden, waren vor allem verantwortlich für die verstreuten Findlinge, die Ablagerung von Meeressedimenten auf dem Festland, und für das den Boden bedekkende Geschiebe. Überschwemmung des Festlandes durch die See, wilde Regenstürze, ausgiebige Schneefälle, Überflutungen durch die schmelzende Eisdecke sowie zahllose in das Meer gleitende Eisberge trugen alle zur Neugestaltung der Erdkruste bei, indem sie den Sand auf dem Meeresboden, das zerbröckelnde Gestein, die Lava, den Staub und die Asche aus Vulkanen und von Meteoriten verlagerten. Die arktischen Länder wurden entblößt und ihre abtragbaren Schichten weggewaschen; so entstand die kahle felsige Oberfläche des Kanadischen Schildes, nachdem sein Boden als Geschiebe abgetragen worden war.

Erosion und Drift, die Ausschürfung von Seen und Tälern und ihre Auffüllung mit Lehm und abgeschliffenen Steinen sowie Sand sind dem Eis zugeschrieben worden, das den Schutt ab- und weitergetragen habe. Die Gegner der Eiszeittheorie – zuletzt etwa George McCready Price – verwiesen auf die Wirkung, den das antarktische Eis auf das darunter liegende Gestein hat: Eis spielt dort eine schützende, keine erodierende Rolle; es verhindert die erodierende Tätigkeit der Elemente und vor allem der stürmischen Winde, welche in diesem Teil der Welt während des größten Teils des Jahres wehen. Doch in schneller Bewegung, mit vielen Steinen und anderen Trümmern darin, könnte Eis sehr wohl das Muttergestein ankratzen und Talhänge schürfen und riffeln; es ist aber zweifelhaft, ob das Gewicht des Eises in kaltem, hartem Gestein ganze Seebecken ausheben könnte. Der Boden war erhitzt, Lava floß aus der Erde, Formationen waren aufgeweicht, und die Ozeane, die Wasser und Steine auf Gestein und Lava schütteten, bewirkten darin tiefe Einsenkungen. Oder wenn, nachdem die riesige Eisdecke ausgebildet war, sich aus dem Boden neuerlich Lava unter das Eis ergoß, dieses aufdampfte, nachgab und mit großem Gewicht auf den aufgeweichten Boden drückte: Auch auf diese Weise konnte Eis Seebecken ausheben und auf dem Boden, den es einst bedeckte, tiefe Spuren hinterlassen.

Bevor die Eiszeittheorie ersonnen worden war, schrieb man Geschiebe und Findlinge der Tätigkeit großer Flutwellen zu. Doch mit dem Auftreten dieser Theorie wurde die Rolle des Wassers bei der Ablagerungsbildung von Geschiebe und erratischen Blöcken in Abrede gestellt. »Gigantische Wellen«, schrieb J. Geikie, »sollen über das Land hereingebrochen sein, und beladen mit einer mächtigen Last von Gestein, Blöcken und Schutt in verrückter Weise über Berge und Täler zugleich hinweggefegt sein.«[1] Diese Ansicht unterstellte jedoch »eine vorausgegangene Ursache, von der in der Natur wenig zu sehen ist«. Ein später Gegner der Eiszeittheorie, Sir Henry H. Howorth (1843–1923), suchte die Herkunft derartiger Flutwellen in der plötzlichen Hebung einer Gebirgskette oder in einem Seebeben auf dem ozeanischen Boden.[2]

1 J. Geikie, *The Great Ice Age and Its Relations to the Antiquity of Man* (1894), 25–26.

2 H. H. Howorth, *The Glacial Nightmare and the Flood* (1893).

Wie wir sahen, muß eine Störung der Erdrotation eine Verlagerung der Ozeane und ihr Ausbrechen auf das Festland zur Folge haben; und gerade diese Ursache – die Störung der Erdrotation – muß auch tätig gewesen sein, um die kontinentalen Eisdecken auszubilden; sie veränderte ebenfalls das Profil der Erdkruste, indem einige Gebirge gehoben, andere abgesenkt wurden.

All dies ließ Szenen höchster Kompliziertheit entstehen. Ein Beispiel dafür ist die alte, aber nicht überholte Beschreibung der nordwestlichen Vereinigten Staaten von Maine bis Michigan und New Jersey durch J. D. Whitney, Geologieprofessor in Harvard von 1875–1896. In seinem Werk *The Climatic Changes of Later Geological Times* (1882) schilderte er dieses Gebiet als »eine Region, wo die glazialen Phänomene den höchsten Grad von Kompliziertheit zeigen. Wir sehen uns bedrängt von Schwierigkeiten beim Versuch, die von der Norddrift im Nordosten Amerikas aufgeworfenen Probleme zu lösen ... Extreme Komplikation bei der Ausrichtung der Riefung; Nachweis einer früheren Überflutung eines Teiles der Region durch das Meer und anderer weiter Teile durch Süßwasser; enorme Akkumulationen von offensichtlich durch Wasser abgelagertem Geröll; zuweilen Transport von Steinblöcken auf eine Weise, die mit nichts übereinstimmt, was sich heute an der Tätigkeit des Eises beobachten läßt; Vorkommen linearer Akkumulationen von sandigem Geröll und von abgeschliffenen Steinen ähnlich den Osern (Wallberge, mit Sand und Schotter aufgefüllte, subglaziale Schmelzwasserrinnen in Skandinavien); Zeugnisse in einigen Teilen der Driftregion vom Vorherrschen eines kälteren Klimas während der Glazialepoche, und in anderen Teilen eines wärmeren als des heutigen Klimas – dies sind einige der Schwierigkeiten, die von jenen zu lösen sind, die eine Lösung des Problems der Norddrift von Nordostamerika anstreben.«[1] Die Theorien über warme Zwischeneiszeiten und die Deformation des trockenen Landes und dessen Untertauchen als ein Ergebnis der Abschmelzung der Eisdecke könnten das verwirrende Phänomen in einigen Fällen erklären, in vielen anderen aber nicht. So wurden Robben- und Walroßknochen bei Holderness in Yorkshire gemeinsam mit Süßwasserschnecken aus einem

1 J.D. Whitney, *The Climatic Changes of Later Geological Times* (1882), 391.

warmen Klima gefunden. »Trotz ihrer anomalen Zusammensetzung wird diese Ablagerung als zwischeneiszeitlich klassifiziert.«[1] In gleichartigen Schichten Yorkshires werden auch Flußpferde gefunden.

Die Gletscher in den Alpen dienten als Anschauungsmaterial für Schlußfolgerungen über die Festlandeisdecken. Doch Alpengletscher tragen Steine bergab, nicht bergan, und es wurde die grundsätzliche Frage gestellt, ob Eis Findlinge bergauf zu tragen vermochte.[2]

Erratische Blöcke sind oft an Orten zu finden, wo Festlandeis sie schwerlich hätte hinbringen können. Charles Darwin erfuhr, daß es Findlinge auf den Azoren gibt, auf Inseln also, die von der Eisdecke durch weite Strecken Meeres getrennt sind.

Cumming beschrieb Findlinge in der Nähe der Gipfel auf der Insel Man in der Irischen See, die nur durch Wellen dort hinauf gekommen sein konnten.[3] In Labrador sind gegen die Berghänge gerammte Steinblöcke gesehen worden, wie es nur durch eine Flutwelle geschehen sein konnte. Wie bereits gesagt, in einer früheren Eiszeit sind Schutt und Steinblöcke nicht vom Land zur See, sondern in umgekehrter Richtung vom Meer zum Himalaja hinauf getragen worden, und somit auch nicht von höheren zu gemäßigteren Breiten, sondern umgekehrt. Die Wale in den Bergen von Vermont und Quebec auf dem amerikanischen Kontinent wurden durch einen ausbrechenden Ozean dorthin geworfen.

Gerade die weite Verbreitung erratischer Blöcke an vielen Orten der Welt, wo sie manchmal weite Landstriche bedecken – ob sie nun vom Eis oder von Flutwellen dorthin getragen wurden –, werfen das Problem ihrer Herkunft auf: Sie müssen in großen Mengen von den Gebirgen losgebrochen sein, als Eis und Wasser in Bewegung gerieten. Die Gebirge müssen unter Streß gestanden sein, ihr Gestein muß sich erhitzt und gespalten haben oder es wurde von Erdbeben zersplittert; ihre Schollen müssen zermalmt und verdreht und zerrissen worden sein, als die Wasser über ihre Ufer traten und zu bergeshohen Wogen anschwollen, verheerend und berstend.

1 Flint, *Glacial Geology*, 342.
2 G. F. Wright, *The Ice Age in North America*, D. 634.
3 J. G. Cumming, *Isle of Man*, 176–178.

Umkehrung der magnetischen Pole

Verflüssigtes Gestein ist antimagnetisch; wird es aber auf ca. 580° C abgekühlt (Curie-Punkt), nimmt es eine vom magnetischen Feld der Erde abhängige Magnetisierung und Orientierung an. Nach seiner Verfestigung behält Lavagestein diese magnetischen Eigenschaften bei und würde sie auch dann nicht verlieren, wenn es verlagert oder sich die Polarität der Erde verändern würde.

Überall auf der Erde gibt es Gesteinsformen mit umgekehrter Polarität[1]; fast jeden Monat finden paläomagnetische Untersuchungen weitere Gebiete mit umgekehrter Orientierung. »Genügend Experimente sind nunmehr durchgeführt worden, um nurmehr eine plausible Erklärung für diese ›umgekehrte‹ Magnetisierung zuzulassen – daß das Erdmagnetfeld selbst umgekehrt war zur Zeit, als sich diese Gesteine formierten.«[2] Gleichzeitig wurde zugestanden, daß »kein bekannter mechanischer oder elektromagnetischer (lokaler) Effekt bekannt ist, der eine so großräumige Umkehrung der Magnetisierung bewirken kann«.[3]

Eine noch verwirrendere Tatsache ist die, daß das Gestein mit umgekehrter Polarisierung viel stärker magnetisiert ist, als durch das Magnetfeld der Erde gerechtfertigt werden kann. Lava oder Eruptivgestein erlangen beim Abkühlen unter den Curie-Punkt eine stärkere Magnetisierung, als sie im gleichen Magnetfeld bei Außentemperatur annehmen würden, allerdings nur im doppelten Wert.[4] Die Gesteine mit umgekehrter Polarität indessen weisen eine zehnmal, und oft bis zu einhundertmal stärkere Magnetisierung auf, als sie vom Erdmagnetismus hätten annehmen können. »Dies ist eines der erstaunlichsten Probleme des Paläomagnetismus und bis heute nicht umfassend erklärt, obwohl die Tatsachen gut gesichert sind.«[5]

1 A. McNish, »On Causes of the Earth's Magnetism and Its Changes«, *Terrestrial Magnetism and Electricity*, Hrsg. J. A. Fleming (1939), 326.

2 H. Manley, »Paleomagnetism«, *Science News*, Juli 1949, 44.

3 Ebenda, 56–57.

4 Die Intensität der übernommenen Magnetisierung hängt von der Geschwindigkeit ab, mit welcher die Lava abkühlt, sowie von der Form, Größe und Zusammensetzung ihrer Bestandteile.

5 Ebenda, 59.

So sehen wir uns einem immer größer werdenden Puzzle gegenüber. Die Ursache für die Umkehrung der magnetischen Orientierung im Gestein der Erde ist unbekannt, und die Tatsache selbst widerspricht jeder kosmologischen Theorie. Die Magnetfeldstärke des Gesteins mit umgekehrter Polarität ist verblüffend.

Wenn nun die Erdachse unter dem Einfluß eines äußeren Magnetfeldes ihre Ausrichtung oder Lage änderte, so würden wir folgende Umstände erwarten:

Das von außen angelegte Magnetfeld würde in den Oberflächenschichten der Erde (elektrische) Wirbelströme hervorrufen; diese Ströme würden ein Magnetfeld um die Erde herum aufbauen, das dem äußeren Magnetfeld entgegenwirkte. Die Stärke des von den Wirbelströmen hervorgerufenen Magnetfeldes wäre abhängig vom äußeren Magnetfeld und von der Geschwindigkeit, mit welcher die Erde sich hindurch bewegte. Der thermische Effekt der elektrischen Ströme würde das Gestein verflüssigen. Der Prozeß würde begleitet von vulkanischer Tätigkeit und vom Eindringen des Eruptivgesteins in die Oberflächensedimente. Das Erstarrungsgestein erlangte einen magnetisierten Zustand, sobald seine Temperatur sich auf ca. 580° C gesenkt hat; auch die Gesteine, die unter diesen Punkt erhitzt worden waren, übernähmen die Orientierung des vorherrschenden Magnetfeldes. Es ist auch offensichtlich, daß ein äußeres Magnetfeld, das die Erdachse innerhalb kurzer Zeit in eine neue Lage zu bringen vermochte, von bemerkenswerter Intensität sein müßte.

Wir haben alle drei erwarteten Effekte: Lava floß, und Eruptivgestein erstarrte zu irgendwelchen Formationen; die erhitzten Gesteine erlangten eine umgekehrte magnetische Orientierung; die Intensität ihrer Magnetisierung ist stärker, als sie vom Feld der Erde je hätte produziert werden können.

Im Abschnitt »Eine Arbeitshypothese« wurde geltend gemacht, die Bildung der Eisdecke, Regenphänomene und Gebirgshebungen seien durch Verlagerungen der Erdachse zu erklären; und es wurde dabei angenommen, die Achse sei durch ein von außen angelegtes Magnetfeld in eine neue Lage gebracht worden. Nun beweist der Umstand, daß überall auf der Welt Gesteine eine umgekehrte magnetische Orientierung und eine

Intensität aufweisen, die vom Magnetfeld der Erde selbst nicht induziert worden sein konnte, daß unsere Vermutung nicht unbegründet war.

S. K. Runcorn von der Universität Cambridge schreibt in einem Artikel, daß »die Zeugnisse sich häufen, wonach die Erde ihr Magnetfeld viele Male umkehrte«.[1] Die nord- und südgeomagnetischen Pole kehrten ihren Platz verschiedene Male um ... das Feld ist plötzlich zusammengebrochen und hat sich mit umgekehrter Polarität wieder aufgebaut.«

Die Quelle des Erdmagnetismus wird in elektrischen Strömen auf der Oberfläche des Erdkerns gesucht. »Wesentliche Veränderungen der Rotationsgeschwindigkeit der Erde sind so leichter zu erklären.

Was immer der Mechanismus (für die Entstehung des Erdmagnetfeldes) sei, das Magnetfeld der Erde scheint zweifellos auf irgendeine Weise mit der Rotation des Planeten verbunden zu sein. Und das führt zu einer bemerkenswerten Auskunft über die Erdrotation selbst.«

Die unabwendbare Schlußfolgerung ist, laut Runcorn, daß »auch die Rotationsachse der Erde sich geändert hat. Mit anderen Worten, der Planet ist umhergerollt, so daß die geographische Lage der Pole verändert wurde.« Er skizzierte die verschiedenen Positionen des geographischen Nordpols.

Dann lautet die nächste Frage: Wann wurde das Magnetfeld der Erde das letzte Mal umgekehrt?

Höchst interessant ist die Entdeckung, daß eine Umkehrung des Magnetfeldes das letzte Mal im 8. Jahrhundert v. u. Z. erfolgte, d. h. vor 27 Jahrhunderten. Diese Beobachtung wurde an etruskischer und griechischer ofengebrannter Keramik angestellt.

Die Position der alten Gefäße während des Brennens ist bekannt. Sie standen aufrecht, wie der Glasurlauf bezeugt. Die magnetische Ausrichtung, d. h. der Fallwinkel der Eisenteilchen im gebrannten Ton zeigt an, welches der nähere magnetische Pol war, der nördliche oder der südliche.

1896 begann Giuseppe Folgheraiter seine sorgfältigen Studien

1 S. K. Runcorn, »The Earth's Magnetism«, *Scientific American*, September 1955.

über attische (griechische) und etruskische Vasen aus verschiedenen Jahrhunderten, beginnend mit dem 8. Jahrhundert v. u. Z. Er kam zum Schluß, daß im 8. Jahrhundert das Erdmagnetfeld in Italien und Griechenland umgekehrt war.[1] Italien und Griechenland lagen näher am magnetischen Südpol als am Nordpol.

P. L. Mercanton aus Genf, der die Gefäße der Hallstatt-Zeit in Bayern (um das Jahr 1000 v. u. Z.) und der Bronzezeit-Höhlen in der Nähe des Neuenburger Sees in der Schweiz untersuchte, kam zur Überzeugung, daß ungefähr im 10. Jahrhundert v. u. Z. die Ausrichtung des Magnetfeldes verglichen mit der heutigen Richtung nur wenig Unterschiede zeigte; und doch stammte sein Material aus einer früheren Zeit als die von Folgheraiter untersuchten griechischen und etruskischen Vasen. Aber eine Überprüfung der Methode und Resultate von Folgheraiter durch Mercanton erwies beide als fehlerlos.

Eine von F. A. Forel in Boiron de Morges am Genfer See aufgefundene Vase aus dem Altertum war zerbrochen, und ihre Stücke lagen in alle Richtungen verstreut; als sie zusammengesetzt wurden, zeigten alle Stücke ein- und dieselbe magnetische Ausrichtung, was wiederum beweist, daß das Magnetfeld der Erde nicht fähig ist, eine vom Ton beim Brennen und Abkühlen im Ofen ursprünglich angenommene Orientierung zu verändern.[2]

Diese Untersuchungen, niedergelegt und fortgeführt in einer Serie von Aufsätzen von Professor Mercanton an der Universität Lausanne in der Schweiz, zeigen, daß das Magnetfeld der Erde aus einem dem heutigen nicht sehr unähnlichen Zustand im Laufe des 8. Jahrhunderts oder kurz danach völlig umgekehrt wurde.[3]

Das 8. und der Beginn des 7. Jahrhunderts v. u. Z. waren Perioden ausgedehnter kosmischer Umstürze, die in *Welten im Zu-*

1 G. Folgheraiter in *Rendi Conti dei Licei*, 1896, 1899; *Archives des sciences physiques et naturelles* (Genf), 1899; *Journal de physique*, 1899; P.L. Mercanton, »La méthode de Folgheraiter et son rôle en géopohysique«, *Archives des sciences physiques et naturelles*, 1907.

2 *Bulletin de la Société Vaudoise des sciences naturelles* Séance du 15 décembre 1909.

3 Manley spricht von »der Möglichkeit, die Umkehrung (des Erdmagnetfeldes) in historischer Zeit, vor 2500 Jahren, durch weitere Forschung zu präzisieren. Nach den ursprünglichen Werken von Folgheraiter und Mercanton liegt das exaktere Datum indessen im 8. Jahrhundert v. u. Z. oder kurz danach.

sammenstoß, S. 189–327, geschildert werden. Bei einem der Ereignisse schien die Bewegung der Sonne umgekehrt zu verlaufen, was eine Störung in der Bewegung der Erde reflektiert.

Vulkane, Erdbeben, Kometen

Eine lange Kette von Vulkanen reiht sich um den Pazifik. Die Anden in Südamerika sind mit vielen vulkanischen Gipfeln besetzt, darunter der höchste vulkanische Berg auf der Erde: Cotopaxi in Ecuador ist fast 5900 Meter hoch. Die Anden erreichten ihre gegenwärtige Höhe erst im Zeitalter des heutigen Menschen. Magma drang in das Gestein ein und hob es an; an vielen Orten erreichte das Magma die Oberfläche, brach aus Eruptionskanälen hervor und bildete Kegel. Die meisten dieser Vulkane sind jedoch bereits erloschen.

In Zentralamerika gibt es eine Überfülle an Vulkanen, die meisten erloschen oder schlafend; der höchste von ihnen, Citlaltépetl, ist 5700 Meter hoch und war zum letzten Mal vor drei Jahrhunderten tätig. In den Vereinigten Staaten gibt es wenig tätige Vulkane, obwohl manche von ihnen erst vor sehr kurzer geologischer Zeit erloschen sind. Alaska, die Aleuten, Kamtschatka und die Kurilen umgeben den Nordpazifik mit einem vulkanischen Bogen. Die japanischen Inseln weisen Vulkane im Dutzend auf; die meisten unter ihnen sind erloschen, einige erst vor kurzem. Formosa, die Philippinen, die sogenannten Vulkaninseln – Iwo Jima gehört zu ihnen –, die Molukken, der Norden von Neuseeland, die Sundainseln – alle sind dicht besetzt mit Vulkanen, von denen die meisten erst vor kurzem erloschen sind. In der Mitte dieser Kette befinden sich die Inseln von Hawaii, mit 15 großen Vulkankegeln, alle erloschen oder schlafend, mit Ausnahme von Mauna Loa und Kilauea, zwei der größten Vulkane der Erde. »Wie wurde der 30 000 Fuß (9150 Meter) hohe Kegel aus den Tiefen des Meeres aufgebaut?«[1] Als 1855 der Mauna Loa ausbrach, ergoß sich die Lava mit einer Geschwindigkeit von 60 Kilometern pro

1 Daly, *Our Mobile Earth*, 91.

Stunde über das Land, schneller als ein Rennpferd. 1883, als die Vulkaninsel Krakatau in der Sundastraße in die Luft flog, wurden Bimsstein und Asche fast 30 Kilometer hoch geschleudert; eine 30 Meter hohe Flutwelle trug Dampfschiffe kilometerweit auf das Land, und ihre Ausläufer wurden an der Ostküste Afrikas und an den Westküsten Amerikas bis hinauf nach Alaska festgestellt; der Lärm des Ausbruchs war auf Ceylon, auf den Philippinen und sogar in Japan zu hören. 5000 Kilometer weit entfernt. Das ließe sich vergleichen mit einer in England zu hörenden Explosion in New York. Als 1888 in Japan der Bandai ausbrach, wurden fast 3 Milliarden Tonnen Material ausgeworfen, und einer der 4 Kegel explodierte. Aber diese verspäteten Aktionen vereinzelter Vulkane nehmen sich wie Kinderspiele aus, wenn man sie mit den Kräften vergleicht, die in vergangenen Zeitaltern die Anden hochtrieben, die Dekhan-Trappdecken ausbreiteten – die 1000 bis 2000 Meter mächtigen Lavaergüsse, die rund 500 000 Quadratkilometer Indiens bedecken –, welche die Südafrika durchquerenden Lavabänke bauten, das Columbia-Plateau in Nordamerika auftrugen und die Lavaschicht im Pazifik legten.

Auch der Indische Ozean ist mit Vulkanen umgürtet, von Java, einer Insel voller erloschener, schlafender und tätiger Vulkane, bis zum Kilimandscharo, einem fast 5900 Meter hohen erloschenen Vulkan in Ostafrika; der Boden des Indischen Ozeans besteht aus Lava, und in seiner Mitte erheben sich einige vulkanische Inseln. Entlang der arabischen Küste des Roten Meeres erstreckt sich eine lange Kette von Vulkanen; die zahlreichen Krater sind alle erloschen, aber es ist noch nicht lange her, daß sie untätig wurden: die letzten Eruptionen erfolgten 1222 bei Killis in Nordsyrien und 1253 bei Aden.[1]

Im Mittelmeerbereich ist der Vulkan Thera (Santorin), der um 1500 v. u. Z. mit ungewöhnlicher Gewalt explodierte, noch aktiv oder schlafend; der schneebedeckte Ätna in Sizilien, Stromboli und Vulcano sind noch tätig. Der einzige auf dem Festland Europas noch tätige Vulkan ist der Vesuv. In der Vergangenheit erlebten Frankreich und die Britischen Inseln ausgedehnte vulkanische

1 Moritz, *Arabien, Studien zur physikalischen und historischen Geographie des Landes*, 14.

Tätigkeit; und obwohl diese Aktivität dem Tertiär zugeschrieben wird, »stehen (einige) der Kegel, Krater und Lavaströme (in Frankreich) ... so frisch da, als wäre die Annahme berechtigt, sie seien erst vor einigen Generationen ausgebrochen«.[1] So die Worte von Sir Archibald Geikie.

Island im Nordatlantik hat 107 Vulkane und Tausende von großen und kleinen Kratern; keiner der Vulkane ist geologisch alt, doch viele sind erloschen. Die Insel ist überdeckt mit geronnener Lava, Spalten und Kraterformationen. Island ist einer der seltenen Orte, wo in moderner Zeit aus Erdspalten Lavaströme hervorbrachen, ohne daß dabei Krater gebildet wurden.

Von Island im Atlantik nach Süden folgend sind die Azoren, die Kanarischen Inseln, die Kapverden, Ascension und St. Helena Vulkaninseln, einige davon aus dem Meeresboden emporgehoben; ihre vulkanische Tätigkcit, so wie die Tätigkeit der vielen bekannten Vulkane auf dem Boden des Atlantiks, hat aufgehört.

In Patagonien ereigneten sich vulkanische Eruptionen bis in relativ neue Zeiten, und das Land zwischen dem Atlantik und den Anden ist an vielen Stellen mit Lava übergossen.

Alles in allem rechnet man mit nur 400 bis 500 aktiven oder schlafenden Vulkanen auf der Erde, gegenüber einem Mehrfachen an erloschenen Kegeln. Und doch waren vor nur 500 oder 600 Jahren viele der gegenwärtig untätigen Vulkane noch immer aktiv. Dies weist auf sehr starke Aktivität vor nur wenigen Tausend Jahren. Beim gegenwärtig vom modernen Menschen beobachteten Abflauen der Aktivität wird der größere Teil der noch tätigen Vulkane im Verlauf einiger Jahrhunderte erloschen sein.

Die Ursache vulkanischer Aktivität soll in den Bewegungen und Brüchen der äußeren Erdkruste liegen, »wie immer diese auch zustandekommen, eine Sache, die noch in keiner Weise geklärt ist«. Das Zusammenfallen in Zeit und Ort von Gebirgsfaltung und Vulkanbau wird als bedeutsam für die Lösung des Problems des Ursprungs von Vulkanen angesehen.

Lavaergüsse und Kraterformationen bedecken das gesamte Antlitz des Mondes. »Niemand, der den Mond beobachtet hat, auch nur durch ein relativ schwaches Fernrohr, kann das Bild un-

1 A. Geikie, *The Ancient Volcanoes of Great Britain* (1897).

geheurer Katastrophen vergessen: eine Flut geschmolzener Lava, die auf ihrem Weg Krater und Gebirgskämme verschlungen und zerstört hat.«[1] Ob nun die Kraterformationen auf dem Mond – von denen einige über 200 Kilometer Durchmesser erreichen – durch ein Bombardement enormer Meteoriten zustandekamen oder erloschene Vulkane sind, oder – wie ich in *Welten im Zusammenstoß* annehme – es sich um erstarrte Formen von Blasenbildungen auf der geschmolzenen Mondoberfläche handelt: das Antlitz des Mondes ist ein unbestreitbarer Beweis für katastropohale Ereignisse planetarischen Ausmaßes. Die Theorie der Uniformen Evolution kann nur in mondlosen Nächten gelehrt werden.

So wie vulkanische Aktivität müssen auch seismische Stöße – nach ihren Auswirkungen beurteilt – in der Vergangenheit von ganz anderer Größenordnung gewesen sein. »Die gegenwärtig auftretenden Erdbeben«, schreibt Eduard Suess in seinem Werk *Das Antlitz der Erde*, »stellen gewiß nur schwache Reminiszenzen jener Erdbewegungen dar, für welche die Struktur fast jeder Gebirgskette zeugt. Zahllose Beispiele großer Gebirgsketten lassen durch ihre Struktur . . . auf das Auftreten von Störungen schließen, die von so unbeschreiblich überwältigender Gewalt waren, daß die Vorstellungskraft kein Verständnis dafür findet . . .«[2] Suess dachte, die Entstehung der Gebirge sei vor dem Erscheinen des Menschen abgeschlossen gewesen; heute aber wissen wir, daß sie ein gutes Stück in die Zeit des Menschen herein reichte, und demzufolge muß der Mensch die gewaltigen Erdbeben miterlebt haben, welche die Erde erzittern ließen.

Als sich die Anden in Südamerika hoben, verursachten, laut der Schilderung von R. T. Chamberlain, »Hunderte, wenn nicht Tausende von praktisch blitzschnell hochgehobenen Kubikmeilen Materials aus dem Erdmantel ein ungestümes Erdbeben, das sich . . . auf der ganzen Erdkugel ausdehnte. Viele Weltbeben müssen eine Begleiterscheinung der Hebung der Sierras gewesen sein.«[3]

1 O. Struve, Besprechung von *The Planets, Their Origin and Development*, von H. Urey, *Scientific American*, August 1952.
2 E. Suess, Das Antlitz der Erde, o. J.
3 Chamberlain in *The World and Man*, Hrsg. Moulton, 87.

Wiederum wissen wir jetzt, daß die Sierras ihre heutige Höhe im Zeitalter des Menschen erreichten.

Und wenn wir den Berichten über Erdbeben in den Überlieferungen des Alten Ostens und in den Chroniken des Klassischen Zeitalters Glauben schenken, werden wir über die Anzahl seismischer Stöße und Beben mit Verwunderung erfüllt sein. Ein Beispiel sind die babylonischen Aufzeichnungen auf Tontafeln aus der Bibliothek von Ninive, die von Sir Henry Layard ausgegraben wurden; ein anderes sind die römischen Berichte aus einer späteren Zeit: In einem einzigen Jahr des Punischen Krieges (–217) werden aus Rom 57 Erdbeben berichtet.[1]

Aus alledem ist ersichtlich, daß die seismische Tätigkeit auf unserem Planeten sowohl in ihrer Intensität als auch in ihrer Häufigkeit sehr schnell nachließ; und das würde ebenfalls wieder auf Streß hinweisen, der vor nicht allzu langer Zeit eintrat: Erdbeben stellen Neuanpassungen zwischen Erdschichten dar, mit darauf folgender Entspannung.

Die Theorie von Alexis Perrey, die regelmäßig in den Lehrbüchern wiedergegeben wird, verbindet das Vorkommen von Erdbeben in unserer Zeit mit der Position des nächsten Himmelskörpers, dem Mond. Erdbeben ereignen sich häufiger, wenn der Mond voll ist, d. h. wenn die Erde zwischen Sonne und Mond steht; wenn Neumond ist, wenn der Mond also zwischen der Sonne und der Erde steht; wenn der Mond den Meridian des betroffenen Ortes kreuzt; und wenn die Distanz zwischen Erde und Mond am kleinsten ist. Vielleicht mit Ausnahme des vierten Falles scheint die Statistik des letzten Jahrhunderts Perreys Theorie zu stützen. Wenn aber diese statistische Theorie richtig ist, dann müssen wir in der Himmelskugel nach dem Ursprung für Spannungen suchen, die durch Erdbeben ausgeglichen werden; und je mehr Zeit seit den Spannungen vergangen ist, um so seltener und schwächer sind die Stöße.

Schließlich zeigt auch ein drittes Naturphänomen eine unzweideutig nach abwärts gerichtete Kurve. Die Anzahl der dem unbewaffneten Auge sichtbaren Kometen in den letzen Jahrhunderten

1 Plinius, *Naturgeschichte*, II, 86.

ist lediglich ein kleiner Bruchteil der kometenartigen Körper, die während einer vergleichbaren Periode in der historischen Vergangenheit beobachtet wurden. Wogegen in unserer Zeit auf der Nordhalbkugel im Verlaufe eines Jahrhunderts ungefähr drei Kometen ohne Teleskop zu sehen sind, traten während der Zeit des Römischen Reiches Kometen derart häufig auf, daß sie mit vielen Staatsereignissen in Verbindung gebracht wurden, wie z. B. mit dem Beginn der Regierungszeit eines Kaisers, mit seinen Kriegen, seinem Tod. Oft war mehr als ein Komet gleichzeitig zu sehen. Einige der Kometen waren spektakulär und leuchteten sogar am Tag.

Wenn sich ein Komet der Sonne nähert, sendet er einen aus Gasen und Staubteilchen bestehenden Schweif aus. Es wird angenommen, daß diese Schweife sich auflösen und ihre Bestandteile nicht zum Kopf zurückkehren. Ein Komet wie der Halleysche, der alle 76 Jahre wiederkehrt, müßte seinen Schweif – wenn wir die übliche Zahl für das Alter des Sonnensystems unterstellen – ungefähr 40 Millionen mal anwachsen lassen und wieder verlieren, ein Schwund, der den Kometen schon vor langer Zeit auf ein Nichts reduziert hätte.

In unserer Zeit sind mehrere kurzperiodische Kometen – Kometen, die schneller wiederkehren als der Halley-Komet und die somit von Observatorien überprüft werden können – verschwunden und nicht zur erwarteten Zeit zurückgekehrt; die Anzahl der Kometen, wenigstens der mit dem Sonnensystem nahe verwandten, wird immer kleiner.

Laut einer von Swinne angebotenen und von H. Pettersson erwähnten Hypothese »sollten Meteoriten eine relativ neue Erscheinung sein, auf die letzten 25 000 Jahre beschränkt, und während der vorausgegangenen Millionen Jahre nicht vorhanden«.[1]

Die rapide Helligkeitsabnahme periodischer Kometen weist auf eine ungewöhnliche Tätigkeit am Himmel in geologisch neuerer Vergangenheit: Laut der vorsichtigen Schätzung des russischen Astronomen S. K. Vsehsviatsky (1953) ereignete sie sich in historischer Zeit, vor nur wenigen tausend Jahren.[2]

1 Pettersson, *Tellus*, I (1949), 4.

2 S. K. Vsehsviatsky, »New Works Concerning the Origin of Comets and the Theory of Eruption«, *Publications of Kiew Observatory*, No. 5 (1953).

Alle drei Naturphänomene sind im Abnehmen begriffen. Vulkanische Tätigkeit wird allgemein als mit seismischer Aktivität zusammenhängend betrachtet; und diese letztere erscheint als Reaktion auf eine Spannung; und Spannungen scheinen ihren Ursprung in Kräften außerhalb der Erde zu haben.

Kapitel 10

Vor 35 Jahrhunderten

Die Stechuhr

Wir können die Zeit ermitteln, in der sich der Schlamm schmelzender Gletscher in Seebecken ansammelt, in der Flüsse ihre Deltas anschwemmen, in der Wasserfälle ihre Kanäle graben und das Muttergestein abtragen und in der sich in abflußlosen Seen das Salz ablagert. Durch den Zustand von Muschelschalen ermitteln wir die Zeit, seit der die Strände emporgehoben wurden, und der Grad der Erosion erteilt uns Auskunft über das Alter vulkanischen Gesteins. Indem wir die jährlichen Lehm- und Schlickbänder zählen, können wir die Anzahl Jahre herausfinden, die seit ihrer Ablagerung vergangen sind. Durch das Studium der Baumringe läßt sich aus ihrem Wachstum die Zeit von Klimaveränderungen ermitteln. Die Überreste ausgestorbener und noch lebender Tiere – ihr Aussehen, ihre Stufe auf der Leiter der Evolution, und der Grad ihrer Versteinerung – versetzen uns in die Lage, die Zeitspanne ihrer Existenz zu bestimmen. Der C14-Gehalt in organischen Stoffen verweist auf das Todesjahr eines Tieres oder einer Pflanze und das in Knochen angereicherte Fluor auf die seit der Beerdigung vergangene Zeit. Letztlich vermögen wir durch die Untersuchung von Artefakten und archäologisch bestimmbaren Schichten in den Ländern der Antike die Zeit des gleichzeitigen Einschlusses von tierischen oder menschlichen Überresten zu entdecken; und über damit verbundene Pollen und Pflanzen kann eine geochronologische Skala sogar für Gebiete aufgestellt werden, wo keine archäologisch datierbaren Objekte zu finden sind.

Zur geologischen Zeitberechnung gibt es ein paar weitere Möglichkeiten: das Messen der Mächtigkeit von Sedimenten auf dem Meeresboden; die Berechnung des Salzgehaltes der Ozeane, im Vergleich mit dem jährlichen Zustrom von Salz aus dem Festland; und letztlich die Gesteinsanalyse zur Ermittlung des Gehaltes an Blei als Produkt aus dem Zerfall radioaktiver Elemente. Doch lassen sich diese Methoden, insbesondere die zwei letzten, nicht nutzbringend für die Zeitmessung von Tausenden oder Zehntausenden von Jahren anwenden; sie sind für Zeitberechnungen von Jahrmillionen gedacht.

Von den Methoden, die zum Messen der seit dem Schmelzen der Eisdecke verstrichenen Zeit angewendet worden sind, wurde bis vor kurzem die sogenannte »Warven«-Methode als recht präzise eingeschätzt. Dieses Verfahren war von G. de Geer eingeführt worden, der die jährlichen Schlamm- und Sandschichten (»Warven«) zählte, die unter dem Eis, das einst Schweden bedeckte, in die Küstenseen und Flüsse abgelagert wurden: im Sommer aus grobem und im Winter aus feinem Material. De Geer berechnete, zum Schmelzen des Eises von Schonen an der Südspitze Schwedens bis in den Norden, wo es heute noch Gletscher in den Bergen gibt, seien ungefähr 5000 Jahre benötigt worden. An keinem einzigen Ort gibt es 5000 aufeinander liegende Warven; vielmehr suchte de Geer einen See nach dem anderen nach einander ähnlichen Serien oder Muster dicker und dünner Warven ab, insgesamt etwa 1500, wobei er davon ausging, daß eine hochliegende Serie von Warven in den Ablagerungen eines südlichen Sees sich näher dem Grund eines nördlichen Sees wiederholen würde.

Die zusätzlich in de Geers Evaluation der seit der Eiszeit verstrichenen Zeit eingebrachten Zahlen waren mehr hypothetischer Art. Für die vorausgegangene Periode – der Zeit, die vorgeblich für das Zurückweichen des Eises den ganzen Weg von Leipzig bis nach Südschweden, wo es noch keine Warven gibt, einzusetzen ist – vermutete de Geer eine Zeitspanne von 4000 Jahren. Weiter vermutete er, das Ende der Eisschmelze sei mit dem Beginn der Jungsteinzeit zusammengefallen, die er vor 5000 Jahren ansetzte: So gelangte er zu einer Zahl von 14000 Jahren, d. h. 12000 Jahre vor unserer Zeitrechnung. Das Gebiet von Stockholm wurde vor etwa 10000 Jahren vom Eis befreit. Andere Wissenschaftler interpretieren de Geers Daten in freier Form als Hinweis, die Eisdecke Europas habe vor 25000 oder sogar vor 40000 Jahren zu schmelzen begonnen.[1] Als die Methode auf Nordamerika angewendet wurde, produzierte sie ebenfalls die von den Entdeckern gesuch-

1 Chamberlain, in *The World and Man*, Hrsg. Moulton, 93; Daly, *Our Mobile Earth*, 189–190; C. Schuchardt, *Vorgeschichte von Deutschland* (1943), 3.

ten Zahlen, nähmlich 35 000 bis 40 000 Jahre; in diese Schätzung wurden große Landstriche, in denen es keine Warven gibt, als freie Schätzung in die fragliche Zeit mit einbezogen.

De Geer wendete seine Methode der Identifizierung synchroner Warven auf so weit auseinander liegende Regionen wie Schweden, Zentralasien und Südamerika an. Seiner Technologie hielt man entgegen, daß eine Trockenphase in Skandinavien nicht notwendigerweise mit einer Trockenphase im Himalaja oder in den Anden zusammenfallen müsse, und daß deshalb die Telechronologie auf einer irrigen Voraussetzung errichtet sei.[1] Auf Nordeuropa oder Nordamerika angewendet aber wurde die Methode als eine höchst exakte geologische Uhr begrüßt. Die Summierung von Warven von einem ausgetrockneten See zum nächsten ist eine heikle Angelegenheit, oft ersetzen subjektive Bewertungen eine objektive Methode; besonders willkürlich erscheinen die Bewertungen für dazwischenliegende Landstriche, wo keine Warven zu finden sind.

W. F. Libby von der Universität Chicago entwickelte 1947 eine sinnvolle neue Methode zur Untersuchung des Alters organischer Überreste. Die C14-Datierungsmethode geht von der Tatsache aus, daß durch das Auftreffen kosmischer Strahlen auf die obere Atmosphäre Stickstoffatome in Wasserstoff (H) und Radiokarbon (C14), d. h. radioaktiven Kohlenstoff mit zwei zusätzlichen Elektronen – und der deshalb instabil, d. h. radioaktiv ist – aufgespalten wird.

Das C14 vermischt sich mit dem atmosphärischen Kohlenstoff und wird von den Pflanzen als Kohlendioxyd absorbiert; es gelangt in den Tierkörper, der sich von den Pflanzen ernährt, und auch in den Fleischfresser, der sich von anderen Tieren ernährt. So enthalten alle Tier- und Pflanzenzellen, solange sie leben, ungefähr die gleiche Menge C14; wenn der Tod eintritt, wird kein neues C14 mehr aufgenommen und das vorhandene C14 unterliegt dem Zerfallprozeß wie alle radioaktiven Substanzen. Nach 5568 Jahren ist nur noch die Hälfte des C14 übrig; nach einer wei-

1 E. Antevs, »Telecorrelation of Varve Curves« *Geologisma Förhandlingar,* 1935, 47; A. Wagner, *Klimaänderungen und Klimaschwankungen* (1940), 110.

teren Periode von 5568 Jahren nur die Hälfte der Hälfte, d. h. ein Viertel des ursprünglichen Gehaltes in einem organischen Körper. Eine der Analyse unterzogene Probe – ein Stück Holz oder Haut – wird zu Asche verbrannt und ihre Radioaktivität durch einen Geigerzähler bestimmt. Als Ergebnis dieser Methode werden genaue Altersangaben von 1000 bis zu 20 000 Jahren erwartet; Knochen und Tierschalen sind ungeeignete Materialien, da der organische Kohlenstoff bei der Versteinerung leicht verlorengeht und oft durch Kohlenstoff im Grundwasser und durch Mineralsalze ersetzt wird.

Das erste wichtige Ergebnis der C14-Datierungsmethode für die Eiszeit-Chronologie war eine radikale Reduktion des Enddatums der Eiszeit. Es wurde nachgewiesen, daß das Eis, anstatt sich vor 30 000 Jahren auf dem Rückzug zu befinden, vor 10 000 oder 11 000 Jahren immer noch vorrückte.[1] Dies stellt einen bedeutenden Widerspruch zu den aus der Warven-Methode hervorgegangenen Zahlen über die Endphase der Eiszeit in Nordamerika dar.[2]

Sogar diese bedeutende Reduktion des Datums für das Ende der Eiszeit ist nicht endgültig. Laut Professor Frederick Johnson, dem damaligen Vorsitzenden des Ausschusses für die Auswahl der Proben[3], enthüllte die C14-Analyse »rätselhafte Ausnahmen«. In zahlreichen Fällen war die Verkürzung der Zeitskala derart groß, daß Libby als einzigen Ausweg eine C14-Kontaminierung annahm. Doch in vielen anderen Fällen »kann der Grund für die Widersprüche nicht erklärt werden«. Alles in allem verrät die Methode, daß »geologische Entwicklungen schneller abgelaufen sind, als bisher angenommen wurde.«[4]

H. E. Suess vom Untited States Geological Survey gab bekannt, daß Holz aus Moränenschutt, Torf und Geschiebesand, das zunächst der späten (letzten) Wisconsin-Eiszeit zugeschrieben

1 F. Johnson in Libby, *Radiocarbon Dating* (1952), 105.

2 Antevs, »Geochronology of the Deglacial and Neothermal Ages«, *Journal of Geology,* LXI (1953), 195-230. Vgl. aber G. de Geer in *Geografiska Annaler,* 1926. H. 4. Er schätzte die Zeit, als die Eisdecke sich aus dem Gebiet von Toronto zurückzog, auf ungefähr vor 9750 Jahren.

3 Das *Comittee on Carbon 14 of the American Anthropological Association and the Geological Society of America.*

4 Johnson in Libby, *Radiocarbon Dating,* 97, 99, 105.

wurde, gemäß der C14-Methode nur 3300 Jahre alt ist (bei einer Fehlergrenze von bis zu 200 Jahren in jeder Richtung), d. h. das Holz stammt aus der Mitte des 2. Jahrhunderts vor unserer Zeitrechnung. Etwas später berichteten Suess und Rubin, daß »ermittelt wurde, vor ungefähr 3000 Jahren habe sich ein Vordringen des Eises in den Gebirgen der westlichen Vereinigten Staaten ereignet.«[1]

Es häufen sich bereits gleichartige Resultate, die nicht in das akzeptierte Schema passen, auch wenn die Eiszeit bis auf 10000 Jahre an unsere Zeit herangebracht wird. Professor Johnson sagt: »Gegenwärtig gibt es keine Möglichkeit, nachzuweisen, ob die geltenden Daten, die ›ungültigen‹, oder die ›vorhandenen Ideen‹ fehlerhaft sind.«[2] Er sagt außerdem: »Bis eine so große Anzahl von Messungen vorliegt, daß sie eine Erklärung der Widersprüche zu offenbar glaubwürdigen Daten gestattet, ist es auch weiterhin nötig, sich ein Urteil über die Gültigkeit der Methode durch eine Kombination aus allen drei zu Gebote stehenden Informationen zu bilden.«

Aus dieser Sicht biete ich in den folgenden Abschnitten eine Übersicht der Ergebnisse aus verschiedenen anderen Zeitmeßmethoden an, besonders in bezug auf die Datierung der letzten Vereisung.

Libby hatte erkannt, daß die Genauigkeit seiner Methode von zwei Voraussetzungen abhängig ist. Die erste ist, daß während der letzten 20000 oder 30000 Jahre die unsere Atmosphäre erreichende kosmische Strahlungsmenge gleichgeblieben ist; die andere ist, daß die Wassermenge in den Ozeanen sich während der gleichen Zeitdauer nicht verändert ist. Eigentlich wird nur ein kleiner Teil des von der kosmischen Stahlung produzierten C14 von Pflanzen und Tieren, der sogenannten Biosphäre, absorbiert; ein noch kleinerer Teil hält sich in der Atmosphäre; der größte Teil bleibt im Ozean.

Libby betonte die Bedeutung dieser Faktoren. Es geht daraus hervor, daß, falls sich in der Vergangenheit kosmische Katastrophen ereigneten, die kosmische Strahlung die Erde in anderer Intensität erreicht haben könnte; und in einem zukünftigen Buch be-

1 *Science*, 24.9.1954 & 8.4.1955.
2 Johnson in Libby, 106.

absichtigte ich aufzuzeigen, daß die Wasser- und Salzmenge der Ozeane in einem neueren geologischen Zeitalter bedeutend vermehrt wurde.

Unter Berücksichtigung dieser Einschränkungen erwarte ich zuversichtlich, daß mehr und mehr »rätselhafte« C14-Ergebnisse eine Gesamtrevision der Eiszeitdatierung erzwingen werden.[1]

Der Agassiz-Eisrandsee

Lake Agassiz, der größte der Eisrandseen Nordamerikas, bedeckte einst ein Gebiet, das heute vom Winnipegsee, Manitobasee, einer Anzahl kanadischer Seen und Teilen von Nord-Dakota und Minnesota der Vereinigten Staaten eingenommen wird. Er übertraf die Fläche der fünf Großen Seen, die dem St.-Lorenz-Strom zufließen. Er füllte sich, als das Eis in Nordamerika schmolz. Aber die Untersuchung seiner Sedimente enthüllte, daß er eindeutig weniger als 1000 Jahre lang existiert hatte, eine unerwartet kurze Zeitdauer; das weist ebenfalls darauf hin, daß das Eis unter katastrophenartigen Bedingungen schmolz. Warren Upham, der amerikanische Glaziologe, schrieb: »Die geologische Plötzlichkeit des endgültigen Schmelzens der Eisdecke, wie sie durch die Kürze der Existenz ihrer Randseen nachgewiesen ist, bietet der Erklärung ihrer Ursachen und Klimabedingungen kaum weniger Schwierigkeiten, als es die früheren Wechsel von milden und warmen vorglazialen Bedingungen zu anhaltender Kälte und Eisbildung tun.«[2]

Nicht nur war die Lebensdauer des Agassizsees lediglich in Jahrhunderten zu messen und war das Schmelzen der Festlandeisdecke, das die Bildung des Sees zur Folge hatte, von kurzer Dauer, sondern dieses Schmelzen muß vor nicht sehr langer Zeit erfolgt sein: Die Erosion an den Stränden des Agassizsees läßt erkennen,

1 Im Bereich der Archäologie erwarte ich von den C14-Proben die Bestätigung, daß die Zeit der 18. Dynastie in Ägypten um 500 bis 600 Jahre zu reduzieren ist und die Zeit der 19. und 20. Dynastie um volle 700 Jahre, wie ich in den Büchern der Serie »Zeitalter im Chaos« festhalte.

2 Warren Upham, The Glacial Lake Agassiz (1895), 240

daß er vor nur kurzer Zeit existierte. Upham erkannte außerdem, daß die Strandlinie des früheren Sees nicht horizontal verläuft, so daß auch die Verwerfung erst unlängst entstanden sein mußte.

Obwohl diese Untersuchung des Agassizsees durch Upham bald 1 Jahrhundert zurückliegt, sind ihre Schlußfolgerungen nie angezweifelt worden. Er erklärte ebenfalls:

»Ein weiterer Hinweis darauf, daß das letzte Schmelzen der Eisdecke über dem britischen Amerika von der heutigen Zeit nur durch eine – geologisch gesprochen – kleine Pause getrennt ist, sieht man im wunderbar erhaltenen Gletscherschiff auf den haltbaren Gesteinen ... Es erscheint unmöglich, daß dieses freigelegte Gestein der Verwitterung im harten Klima dieser nördlichen Zonen mehr als höchstens ein paar tausend Jahre lang hätte widerstehen können.«[1]

Upham begriff und betonte, daß »diese Zeiten überraschend kurz« sind, »ob wir sie einerseits mit der Periode überlieferter Menschheitsgeschichte vergleichen oder andererseits an den langen geologischen Epochen messen.«

Wie es begann, wie es endete – alles erscheint geheimnisvoll; klar ist, daß vor nur wenigen tausend Jahren große Veränderungen stattfanden, und zwar unter katastrophenartigen Bedingungen.

Die Niagarafälle

Als Lyell auf seiner Reise in die Vereinigten Staaten die Niagarafälle besuchte, berichtete ihm jemand, der in ihrer Nähe wohnte, daß die Fälle pro Jahr wohl um die 3 Fuß zurückwichen. Lyell verbreitete darauf – da Einheimische eines Landes zu Übertreibungen neigten –, daß 1 Fuß pro Jahr eine zutreffendere Zahl wäre. Daraus folgerte er, daß seit der Zeit, als das Land von der Eisdecke befreit worden war und die Fälle ihr Werk der Erosion aufnehmen konnten, über 35 000 Jahre nötig waren, um die Niagaraschlucht von Queenston bis zum Ort auszuschürfen, wo sie

1 Ebenda, 239.

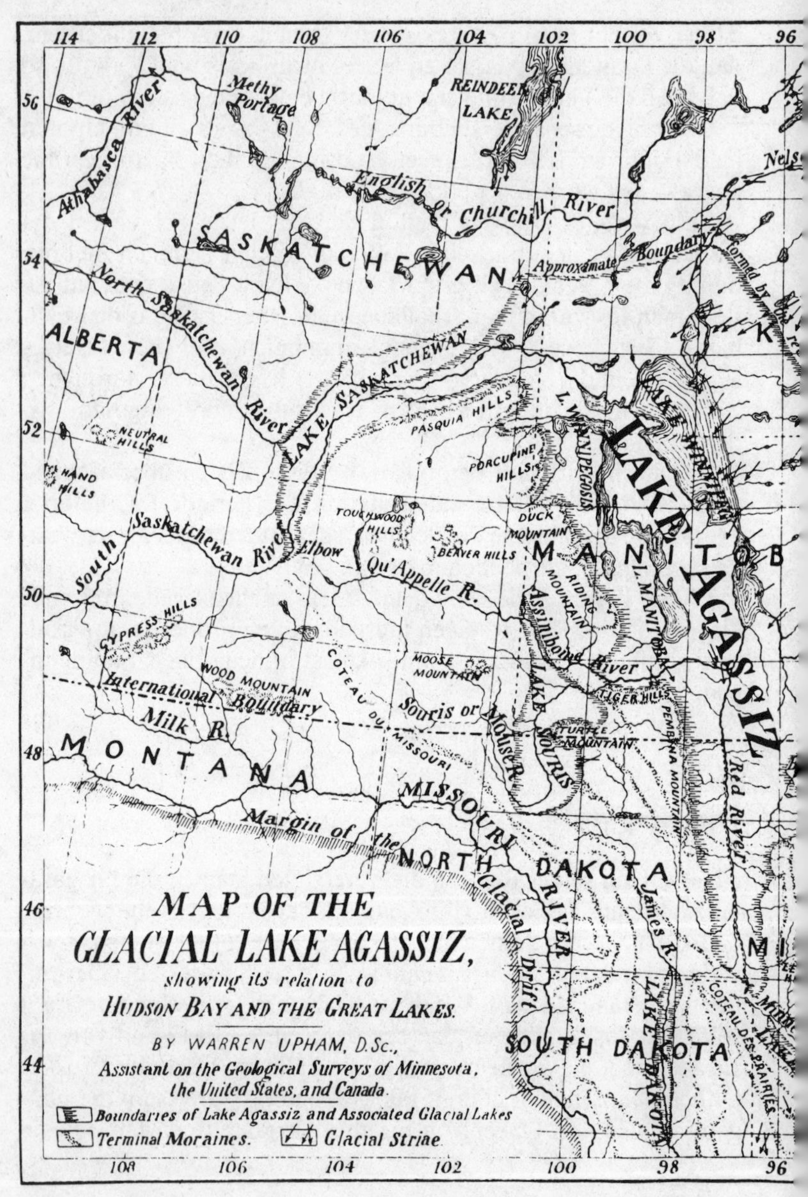

Eisrandsee Agassiz. (Aus: Wright, *The Ice Age in North America*)

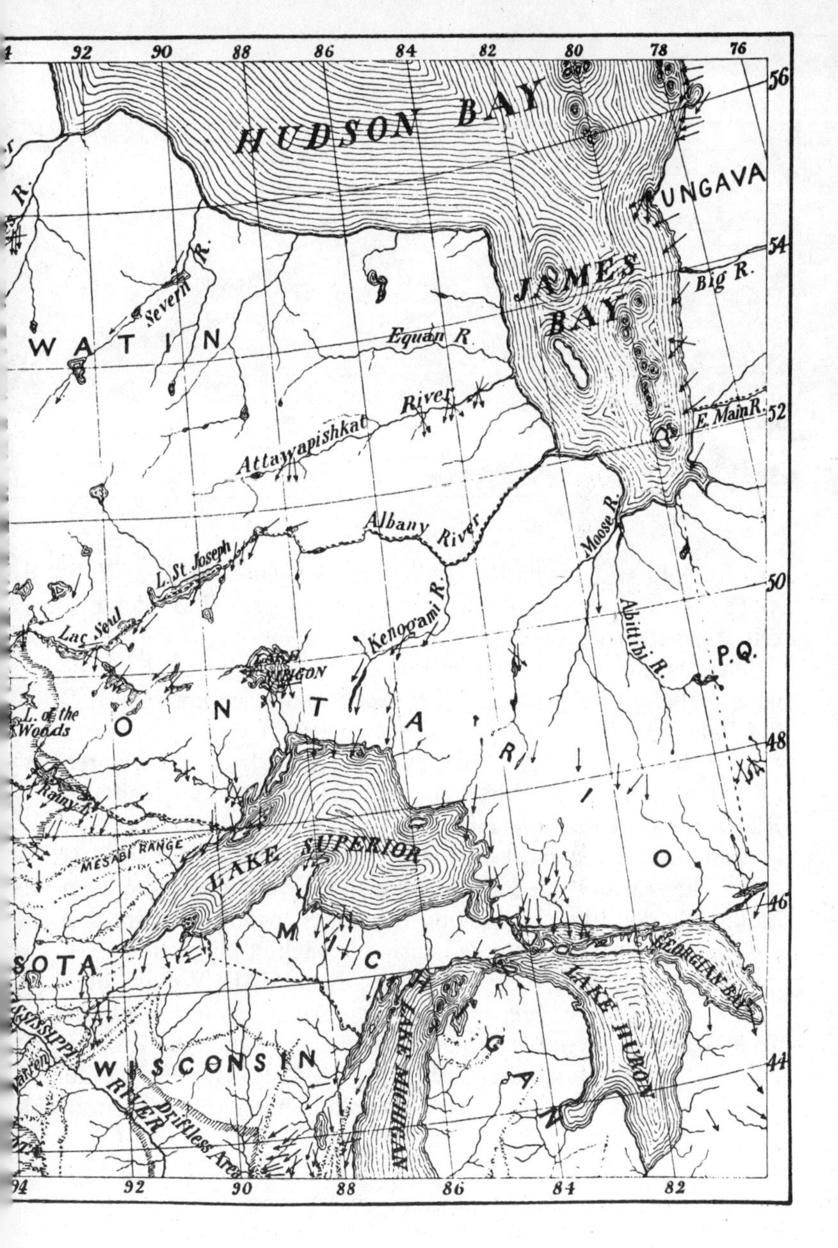
HUDSON BAY
JAMES BAY
UNGAVA
Big R.
E. Main R.
Severn R.
WATIN
Equan R.
Attawapishkat River
Albany River
Moose R.
Abittibi R.
P.Q.
L. St. Joseph
Lac Seul
Kenogami R.
L. of the Woods
Rainy R.
ONTARIO
MESABI RANGE
LAKE SUPERIOR
MIC
GAN
SOTA
WISCONSIN
RIVER
Driftless Area
LAKE MICHIGAN
LAKE HURON
GEORGIAN BAY
56
54
52
50
48
46
44
92
90
88
86
84
82
80
78
76
94

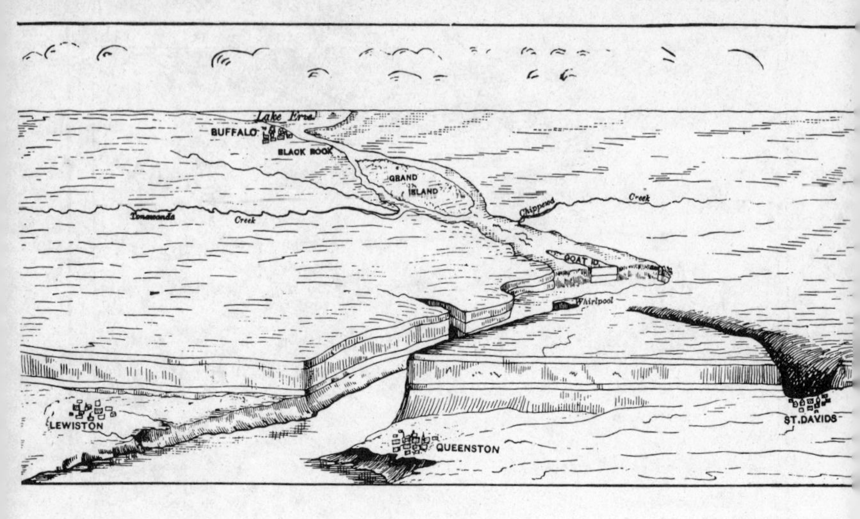

sich im Jahr von Lyells Besuch befanden. Seither ist diese Zahl in Textbüchern häufig als die Zeitdauer seit dem Ende der Eiszeit angegeben worden.

Das Datum des Endes der Eiszeit wurde nicht revidiert, als nachträgliche Überprüfungen der Aufzeichnungen ergaben, daß die Fälle seit 1764 vom Ontariosee in Richtung Eriesee um 5 Fuß, d. h. um über 1,5 Meter, pro Jahr zurückgewichen waren und daß, wenn die Abtragung des Felsens seit der Zeit des Rückzugs des Eises mit derselben Geschwindigkeit vor sich gegangen wäre, 7000 Jahre für das Werk genügt hätten. Da allerdings die Erosion bedeutend schneller vorangeschritten sein mußte, als das Eis schmolz und der angeschwollene Strom den das Gestein der Schlucht ausschürfenden Schutt mit sich trug, ist ihr Alter noch weiter zu reduzieren. Laut G. F. Wright, dem Autor von *The Ice Age in North America*, können 5000 Jahre als eine angemessene Zahl angesehen werden.[1] Auch die Erosion und Sedimentbildung der Strände am Michigansee lassen auf eine in Tausenden und nicht in Zehntausenden von Jahren zu

1 G. F. Wright, »The Date of the Glacial Period«, *The Ice Age in North America and Its Bearing upon the Antiquity of Man*.

Aus Wright, *The Ice Age in North America*

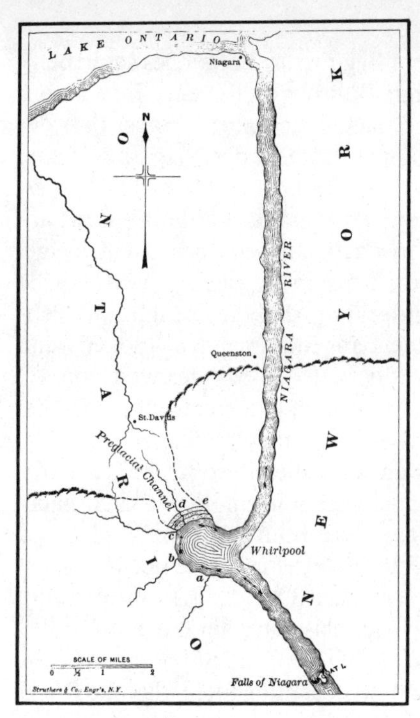

Neue Berechnungen zeigten, daß das Eis sich in historischer Zeit zurückgezogen hat, im Laufe der Jahre zwischen 1500 und 500 vor unserer Zeitrechnung.

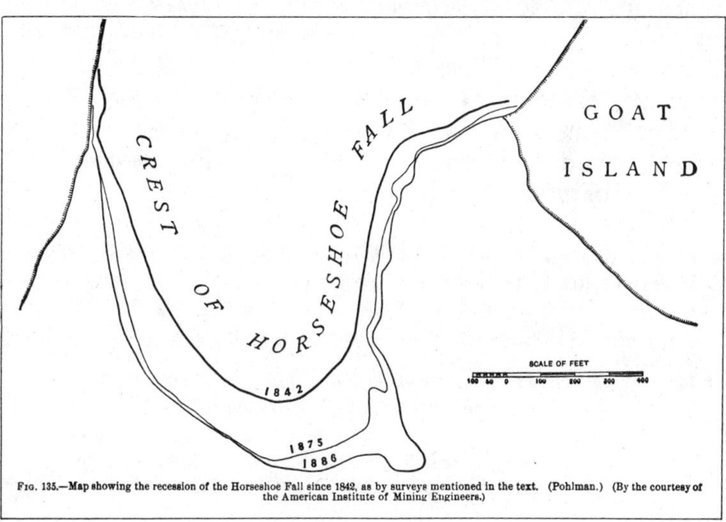

Fig. 135.—Map showing the recession of the Horseshoe Fall since 1842, as by surveys mentioned in the text. (Pohlman.) (By the courtesy of the American Institute of Mining Engineers.)

messenden Zeitspanne seit dem Beginn des Vorganges schließen.[1]

Als in den zwanziger Jahren Bohrungen für eine Eisenbahnbrücke vorgenommen wurden, stellte sich aber heraus, daß der mittlere Teil der Whirlpool-Rapids-Schlucht der Niagarafälle eine mächtige Ablagerung glazialen Blocklehms enthielt; dies ließ erkennen, daß die Schlucht einstmals gegraben, dann mit Drift angefüllt und von den Fällen in nachglazialer Zeit erneut ausgeschürft worden ist.[2] Während so die Frage des Alters der Fälle kompliziert wird, zeigt die Entdeckung, daß die nachglaziale Periode viel kürzer war, als allgemein angenommen wird, sogar wenn die Rückschreitungsrate der Fälle auf den Mindestwert von 1,2 Meter jährlich reduziert wird, wie dies in jüngerer Zeit beobachtet wurde. R. F. Flint von der Universität Yale schreibt:

»Wir sind gezwungen, uns auf die Obere Große Schlucht, den obersten Teil der ganzen Schlucht, zu stützen, die wirklich nacheiszeitlich zu sein scheint. Neue Berechnungen von W. H. Boyd zeigten, daß die gegenwärtige Rückschreitungsrate der Hufeisenfälle nicht 5 Fuß (1,5m), sondern eher 3,8 Fuß (1,16 m) pro Jahr beträgt. Demzufolge errechnet sich das Alter der Oberen Großen Schlucht mit etwas mehr als 4000 Jahren – und um sogar auf diese (niedrige) Zahl zu kommen, müssen wir annehmen, daß die Rückschreitungsrate konstant geblieben ist; dies obwohl wir wissen, daß in Wirklichkeit der Wasserabfluß seit der Eiszeit sehr schwankend war.«[3] Würde dieser letzte Faktor richtig einkalkuliert, läge das Alter der Oberen Großen Schlucht der Niagarafälle zwischen rund 2500 und 3500 Jahren. Es folgt, daß das Eis sich in historischer Zeit zurückgezogen hat, im Laufe der Jahre zwischen 1500 und 500 vor unserer Zeitrechnung.

1 E. Andrews, *Transactions of the Chicago Academy of Sciences*, Vol. II.

2 W. A. Johnston, »The Age of the Upper Great Gorge of Niagara River«, *Transactions of the Royal Society of Canada*, Ser. 3, Vol. 22, § 4, 13–29; F. B. Taylor, *New Facts on the Niagara Gorge*, Michigan Academy of Sciences, XII (1929), 251–265.

3 Flint, *Glacial Geology and the Pleistocene Epoch*, 382. C. W. Wolfe, Geologieprofessor an der Universität von Boston, schreibt in *This Earth of Ours, Past and Present* (1949), 176: »Eine recht zufriedenstellende Schätzung der Rückschreitung der Hufeisenfälle läßt erkennen, daß die Fälle sich mit der überraschenden Geschwindigkeit von 5 Fuß (1,5 m) pro Jahr flußaufwärts bewegen ...«

Der Rhônegletscher

Die Lebensdauer eines Gletschers bestimmt man durch Messung des vom schmelzenden Eis hinterlassenen Schuttes. Albert Heim, der Schweizer Naturforscher, schätzte das Alter des Gletscherbaches Muota, der in den Vierwaldstätter See fließt, auf 16 000 Jahre. F. A. Forel, ein anderer Schweizer Naturforscher, versuchte eine Schätzung des vom Rhônegletscher auf dem Boden des Genfer Sees abgelagerten Geröllschlamms. Er kam auf eine Zahl von etwa 12 000 Jahren für die Zeitspanne, die für die Ablagerung des Feinschlamms und Schuttes auf dem Seeboden seit dem Höhepunkt der Eiszeit bis zur Gegenwart erforderlich war. Forels Ergebnis bedeutet im Grunde, daß der Rhônegletscher, der den Fluß und den See nährt, ein Beweis für die kurze Dauer der nachglazialen Periode, ja der gesamten Eiszeit ist, wenn der Ursprung des Sees auf die erste Vereisungsepoche zurückgeht. Als diese Berechnungen bekanntgemacht wurden, waren sie viel kürzer als eigentlich erwartet.

Der hervorragende französische Geologe und Kollege von Heim und Forel, A. Cochon de Lapparent, kam zu einem noch radikaleren Resultat. Zur Zeit seiner größten Ausdehnung reichte der Rhônegletscher vom Wallis bis nach Lyon. De Lapparent nahm die durchschnittliche Fließgeschwindigkeit, die heute bei großen Gletschern zu beobachten ist. Der Mer-de-Glace-Gletscher am Montblanc bewegt sich in 24 Stunden 50 Zentimeter weit. Würde sich der Rhônegletscher mit einer vergleichbaren Geschwindigkeit ausdehnen, erreichte er in 2475 Jahren vom Wallis aus Lyon. Dann kam de Lapparent beim Vergleich der Endmoränen – der Stein- und Geröllanhäufung vor der Gletscherzunge – einer Reihe heutiger Gletscher mit den vom Rhônegletscher nach seiner größten Ausdehnung hinterlassenen Moränen ein weiteres Mal auf ungefähr 2400 Jahre. Er folgerte ebenfalls, daß die gesamte Eiszeit von sehr kurzer Dauer gewesen sei. Dagegen wandte sich ein anderer Geologe, Albrecht Penck.[1] Sein Einwand stützte sich nicht auf eine Widerlegung der genannten Zahlen, sondern

1 A. Penck. »Das Alter des Menschengeschlechts«, *Zeitschrift für Ethnologie*, XL (1908), 390 ff.

auf eine Behauptung: Die großen evolutionären Veränderungen hätten im Verlaufe der aufeinanderfolgenden Zwischeneiszeiten stattgefunden. Die Meinung der Gegner ging so weit auseinander, daß Hunderttausende von Jahren in Pencks Schema auf bloße Tausende in de Lapparents Berechnungen reduziert wurden. Penck schätzte die Dauer der Eiszeit mit ihren vier glazialen und drei zwischenglazialen Perioden auf 1 000 000 Jahre. Jede der vier Vergletscherungen und Entgletscherungen muß 100 000 Jahre und mehr in Anspruch genommen haben. Das Argument für diese Schätzung ist folgendes: Wieviel Zeit wird benötigt, um in der Natur diese Veränderungen hervorzurufen, wenn keine Katastrophen dazwischentraten? Und wie lange würde es dauern, um in den Tieren Veränderungen durch einen Prozeß hervorzurufen, der so langsam ist, daß er heutzutage beinah unmerklich verläuft?

Carl Schuchardt warnte in seinem Buch *Alteuropa* seine Kollegen davor, gegenüber Stimmen wie derjenigen de Lapparents taub zu sein. Nehmen wir an, die geologischen Prozesse seien immer so verlaufen, wie sie es heute tun. In Ehringsdorf bei Weimar gibt es eine »17 m hohe Tuffwand, die einheitlich in der letzten Zwischeneiszeit entstanden sein muß und von dem noch heute fließenden Kalkwasser des Berges in wenigen hundert – statt in 100 000! – oder zur Not in ein paar tausend Jahren aufgebaut sein kann.«[1]

Folgen wir dem Prinzip quantitiver Analyse und akzeptieren wir de Lapparents Zahl als ungefähr richtig, so liegt die größte Ausdehnung des Rhônegletschers zeitlich durchaus innerhalb der Grenzen der Menschheitsgeschichte.

Die neueren Untersuchungen in den Alpen ergaben in der Tat, daß zahlreiche Gletscher dort nicht älter als 4000 Jahre sind. Diese überraschende Entdeckung machte die folgende Erklärung nötig: »Eine große Zahl der heutigen Alpengletscher sind nicht Überreste der letzten glazialen Höchtsausdehnung, wie bisher allgemein angenommen wurde, sondern es handelte sich um innerhalb annähernd der letzten 4000 Jahre neu entstandenen Gletscher.«[2]

1 *Alteuropa* (1935), 19; ebenf. *Vorgeschichte von Deutschland* (1934), 5.
2 Flint, *Glacial Geology*, 491. Vgl. R. von Klebelsberg, *Geologie von Tirol* (1935), 573.

Der Mississippi

Der Mississippi transportiert jährlich Milliarden von Tonnen Schutt, von dem ein großer Teil im Delta angeschwemmt wird. Schon 1861 berechneten Humphreys und Abbot das Alter des Mississippi durch die Bewertung des zu Tal getragenen Schuttes und der im Delta abgelagerten Sedimente. Sie gelangten zur niedrigen Zahl von 5000 Jahren für das Alter des Deltas, dessen Geburt so ungefähr auf das Jahr 2800 vor unserer Zeitrechnung fiel.[1] Als aber am Ende der Eiszeit das Eis im Norden schmolz, müssen zahllose Ströme eine enorme Menge von Schutt in den Mississippi und seinen Nebenfluß, den Missouri, getragen haben, und aus diesem Grunde ist die genannte Zahl, sofern sie sonst richtig ermittelt wurde, merklich zu reduzieren. Es wird angenommen, daß beim Einsetzen des Abschmelzens des Festlandeises, als die Großen Seen anzuschwellen begannen und der St. Lorenz-Strom vom Eis noch blockiert war, das Wasser zum größten Teil durch den Mississippi in den Golf von Mexiko floß.

Die Fälle von St. Anthony in diesem Strom bei Minneapolis haben eine lange Schlucht durch das Muttergestein ausgehoben. In den 70er und 80er Jahren des letzten Jahrhunderts untersuchte N. H. Winchell diese Fälle. Beim Vergleich topographischer Karten aus 200 Jahren kam er zum Schluß, die Fälle seien jährlich um dreiviertel Meter zurückgewichen. Handelt es sich dabei um eine gleichmäßige Rückschreitungsrate, so müssen die Fälle vor 8000 Jahren entstanden sein.[2] Doch auch hier muß zur Zeit der Eisabschmelzung ein größerer Strom Schutt im Übermaß mitgeschwemmt haben, der das Felsgestein abschürfte. J. D. Dana, der das Gebiet von Lake Champlain und der nordöstlichen Vereinigten Staaten im großen untersuchte, kam zum Schluß, gewaltige Fluten von fast unvorstellbarer Wucht hätten das Abschmelzen der Eisdecke begleitet: Im unteren Lauf des Connecticut stieg die Flut 60 Meter über die heutigen Hochwassermarken.[3] Und wenn das für diese Gebiete zutrifft, muß es auch für das Mississippital

1 Humphreys und Abbot, *Report on the Mississippi River* (1861), eine Veröffentlichung der U. S. Army.

2 *Minnesota Geologic and Natural History Survey for 1876* (1877), 175–189.

3 G. F. Wright, *The Ice Age in North America*, 635.

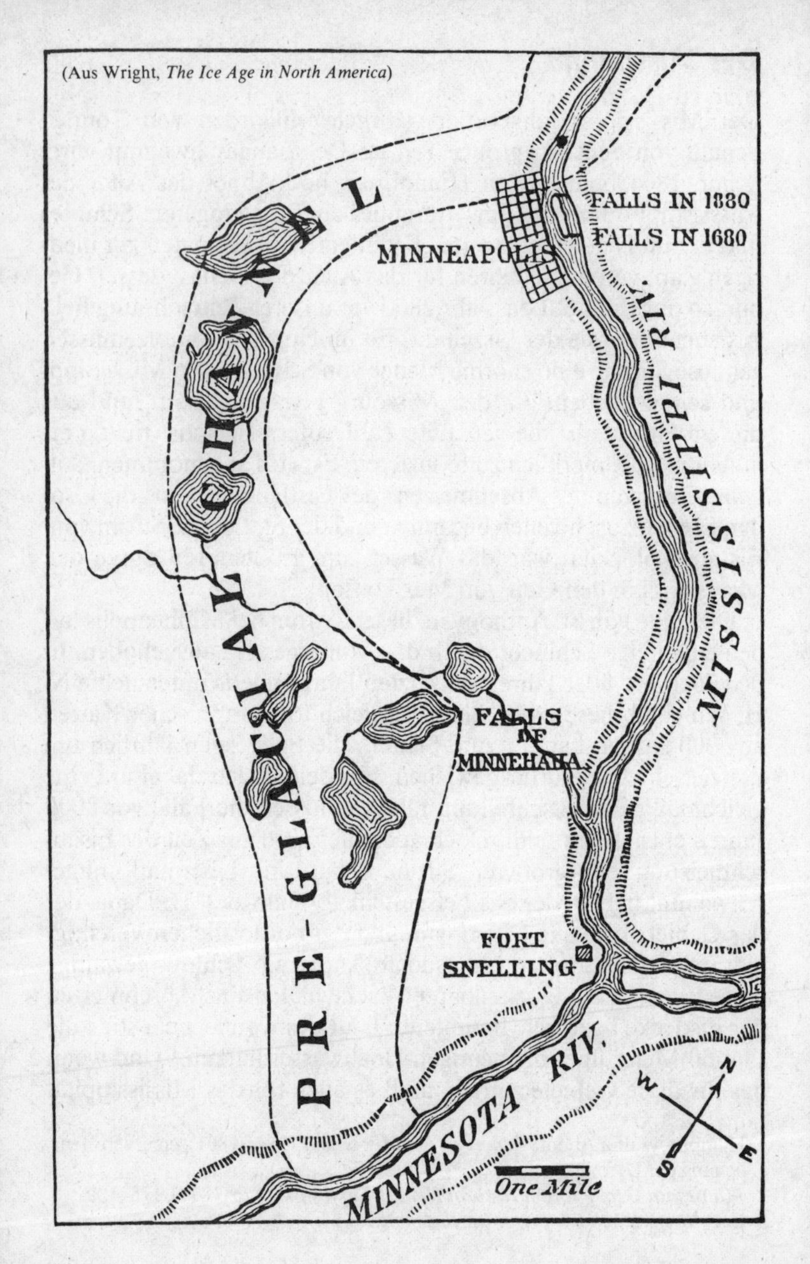

(Aus Wright, *The Ice Age in North America*)
FALLS IN 1880
FALLS IN 1680
MINNEAPOLIS
MISSISSIPPI RIV.
PRE-GLACIAL CHANNEL
FALLS OF MINNEHAHA
FORT SNELLING
MINNESOTA RIV.
One Mile
N
W
S
E

wahr sein. Demzufolge muß die Schlucht der St.-Anthony-Fälle neueren Datums sein, als Winchell es berechnete, obwohl seine Angabe als viel zu niedrig angesehen wurde.

Die langwierige Diskussion über die aus der Erforschung der Niagara- und St.-Anthony-Fälle hervorgegangene Ergebnisse ließen den Ruf nach noch einem weiteren Untersuchungsgebiet vernehmen: Vor allem das Delta eines von einem noch existierenden Gletscher genährten Flusses sollte genau erforscht werden. Zu diesem Zweck wurde das Delta des Bärenflusses ausgesucht (der Fluß eines abschmelzenden Gletschers, der den Portlandkanal bei der Grenze von Alaska und Britisch-Kolumbien erreicht). Auf der Grundlage von drei früheren genauen Untersuchungen aus den Jahren 1909 und 1927 berechnete G. Hanson 1934 mit großer Genauigkeit das jährliche Wachstum des Deltas durch abgelagerte Sedimente. Bei der heutigen Ablagerungsrate kann man sagen, daß das Delta »nur 3600 Jahre alt« ist.[1] Der Gletscher, der den Bärenfluß nährt, entstand in der Mitte des 2. Jahrhunderts vor unserer Zeitrechnung.

Fossilien in Florida

An der Atlantikküste von Florida, bei Vero im Gebiet des Indian River, sind 1915 und 1916 menschliche Überreste zusammen mit Tierknochen aus der Eiszeit (Pleistozän) gefunden worden, von denen viele entweder ausgestorben sind – wie der Säbelzahntiger – oder die aus Amerika verschwunden sind – wie das Kamel.

Der Fund erregte sofort Geologen und Anthropologen. Außer den menschlichen Knochen stieß man auch auf Keramik, ebenso auf Knochenwerkzeuge und bearbeiteten Stein. Aleš Hrdlička von der Smithsonian Institution of Washington, D. C., ein hervorragender Anthropologe (der sich der Ansicht, es habe im Amerika der Eiszeit schon Menschen gegeben, grundsätzlich widersetzte), schrieb, daß der »fortgeschrittene Stand der Kultur, wie er etwa

1 G. Hanson, »The Bear River delta, British Columbia, and its significance regarding Pleistocene and Recent glaciation«, *Royal Society of Canada, Transactions*, Ser. 3, Vol. 28, § 4, 179-185. Siehe auch Flint, *Glacial Geology*, 495.

durch die Keramik, Knochenwerkzeuge und den über beträchtliche Distanzen herangeschafften bearbeiteten Stein ausgewiesen sei, eine zahlreiche und über große Fläche verbreitete Bevölkerung impliziere, die vollkommen vertraut sei mit dem Feuer, mit gekochtem Essen und mit sämtlichen primitiven Künsten«; die menschlichen Überreste und Altertümer könnten nicht von einem Alter sein, das »vergleichbar sei mit jenem der fossilen Überreste, mit welchen sie in Verbindung gebracht würden.«[1] Er veröffentlichte auch die Meinung von W. H. Holmes, dem Chefkonservator der Anthropologischen Abteilung des United States National Museum, der die von Hrdlička in Vero erlangte Keramik untersuchte. Es handelte sich um Schalen, »wie sie bei den Indianerstämmen Floridas in allgemeinem Gebrauch standen.« Beim Vergleich mit Gefäßen aus Florida-Erdhügeln »ist kein signifikanter Unterschied festzustellen; in Material, Wandstärke, Rand- und Oberflächenausführung, Farbe, Erhaltungszustand sowie Größe und Form sind (die Gefäße) identisch.« So erscheint »angesichts der Probestücke selbst nicht der geringste Grund für die Annahme, die Vero-Keramik gehöre irgendeinem anderen Volk als den hügelbauenden Indianerstämmen Floridas aus vorkolumbianischer Zeit.«

Doch die Knochen des Menschen und seine Artefakte (Keramik) sind unter ausgestorbenen Tieren gefunden worden. Der Entdecker der Vero-Lagerstätten, E. H. Sellards, amtlicher Geologe von Florida und ein sehr fähiger Paläontologe, schrieb in der dann folgenden Debatte: »Daß die Menschenknochen als Fossilien zu betrachten sind, die normal dieser Schicht und der Zeit der damit in Verbindung stehenden Wirbeltiere zugehören, ist durch ihre Lage in der Formation gesichert, durch die Art ihres Vorkommens, ihre enge Beziehung zu den Knochen anderer Tiere und durch den Versteinerungsgrad der Knochen.« Dieser »Versteinerungsgrad der menschlichen Knochen ist identisch mit jenem der mit ihnen in Verbindung stehenden Knochen der anderen Tiere.« Nach seiner Meinung belegen die erlangten Zeugnisse, »daß der Mensch Amerika zu einem früheren Zeitpunkt erreichte und auf

1 »Preliminary Report on Finds of Supposedly Ancient Human Remains at Vero, Florida«, *Journal of Geology*, XXV (1917).

dem Kontinent in Verbindung mit einer pleistozänen (eiszeitlichen) Fauna lebte.«[1] Anthropologen der Hrdlička-Schule akzeptierten das nicht und behaupteten, der Mensch sei auf dem amerikanischen Kontinent erst spät eingetroffen, und das Vorhandensein der Keramik sei ihrer Meinung nach ein Beweis für ein spätes Datum der Menschenknochen. Die menschlichen Schädel, obwohl versteinert, unterschieden sich nicht von der Schädelform der heutigen Indianer.

In den Jahren 1923 bis 1929 wurde 52 Kilometer nördlich von Vero, bei Melbourne, Florida, eine gleichartige Ansammlung menschlicher Überreste und ausgestorbener Tiere gefunden, »eine bemerkenswert reiche Ansammlung von Tierknochen, von denen viele den Spezies entsprechen, die bei oder nach dem Ende des Pleistozäns [Eiszeit] ausstarben.«[2] Der Entdecker, J. W. Gidley vom United States National Museum, stellte eindeutig sicher, daß in Melbourne – wie in Vero – die Menschenknochen aus derselben Schicht stammten und sich im gleichen Versteinerungsstadium befanden wie die Knochen der ausgestorbenen Tiere. Und wiederum wurden zusammen mit den Knochen menschliche Artefakte gefunden. Die »Geschoßspitzen, Ahlen und Nadeln«, die mit den Menschenknochen in Melbourne wie auch in Vero gefunden wurden, entsprechen der gleichen Herstellungsweise wie die in frühen Indianersiedlungen aufgefundenen, von welchem in diesem Gebiet 2000 bekannt sind.

All diese und andere Überlegungen, anthropologischen wie auch geologischen Charakters zusammengenommen, beweisen, in der Meinung von I. Rouse, einem neueren Analytiker der vieldebattierten Fossilien aus Florida, daß »der Vero- und Melbourne-Mensch zwischen 2000 v. Chr. und dem Jahr 0 existiert haben muß«.[3] Damit ist aber das Problem der Verbindung ausgestorbener Tiere mit dem Menschen nicht gelöst, der vor 2000

1 »On the Association of Human Remains and Extinct Vertebrates at Vero, Florida«, *Journal of Geology*, XXV (1917).

2 J. W. Gidley, »Ancient man in Florida«, *Bulletin of the Geological Society of America*, Vol. XL. 491-502; J. W. Gidley und F. B. Loomis, »Fossil man in Florida«, *American Journal of Science*, 5th Ser., Vol. 12, 254-265.

3 I. Rouse. »Vero and Melbourne Man«. *Transaction of the New York Academy of Sciences*, Ser. II. Vol. 12 (1950), 224 ff.

bis 4000 Jahren lebte, im 2. und 1. Jahrtausend vor unserer Zeitrechnung.

Es gibt aus diesem Dilemma keinen anderen Weg als die Annahme, daß heute ausgestorbene Tiere in historischen Zeiten noch gelebt haben und daß die Katastrophe, die Mensch und Tier überwältigte und zahlreiche Arten auslöschte, sich im 2. oder 1. Jahrtausend vor unserer Zeitrechnung zugetragen haben mußte.

Die Geologen haben recht: Die menschlichen Überreste und Artefakte aus Vero und Melbourne in Florida sind gleich alt wie die Fossilien der ausgestorbenen Tiere.

Die Anthropologen haben gleichfalls recht: Die menschlichen Überreste und Artefakte stammen aus dem 2. oder 1. Jahrtausend vor unserer Zeitrechnung.

Wie lautet die Folgerung? Die ausgestorbenen Tiere gehören zur jüngeren Vergangenheit. Es folgt ebenfalls, daß ein katastrophenartiges Naturereignis diese Ansammlungen zusammenhäufte; und das gleiche Naturereignis kann zahlreiche Arten in Mitleidenschaft gezogen haben, so daß sie ausstarben.

Die Seen im Großen Becken und das Ende der Eiszeit

Die Gebirgskette der Sierra Nevada erhebt sich zwischen dem Großen Becken und dem Pazifik, so daß der Wasserabfluß in den Ozean versperrt ist. Der Albert- und Summer-See sind abflußlos. Sie werden als Überbleibsel eines einst großen Eisrandsees angesehen, des Chewaucan-Sees. W. van Winkle vom United States Geological Survey untersuchte den Salzgehalt dieser zwei Seen und schrieb: »Eine vorsichtige Schätzung des Alters der Summer- und Albert-Seen, ausgehend von ihrer Konzentration und Fläche, der Zusammensetzung der einfließenden Wasser und der Verdunstungsrate, ergibt 4000 Jahre.«[1] Wenn diese Schlußfolgerung richtig ist, dauerte die nachglaziale Epoche nicht länger als 4000 Jahre. Vom eigenen Resultat überrascht, mutmaßte van Winkle,

1 Walton van Winkle, »Quality of the Surface Waters of Oregon«, U. S. Geological Survey, Water Supply Paper 363 (Washington 1914).

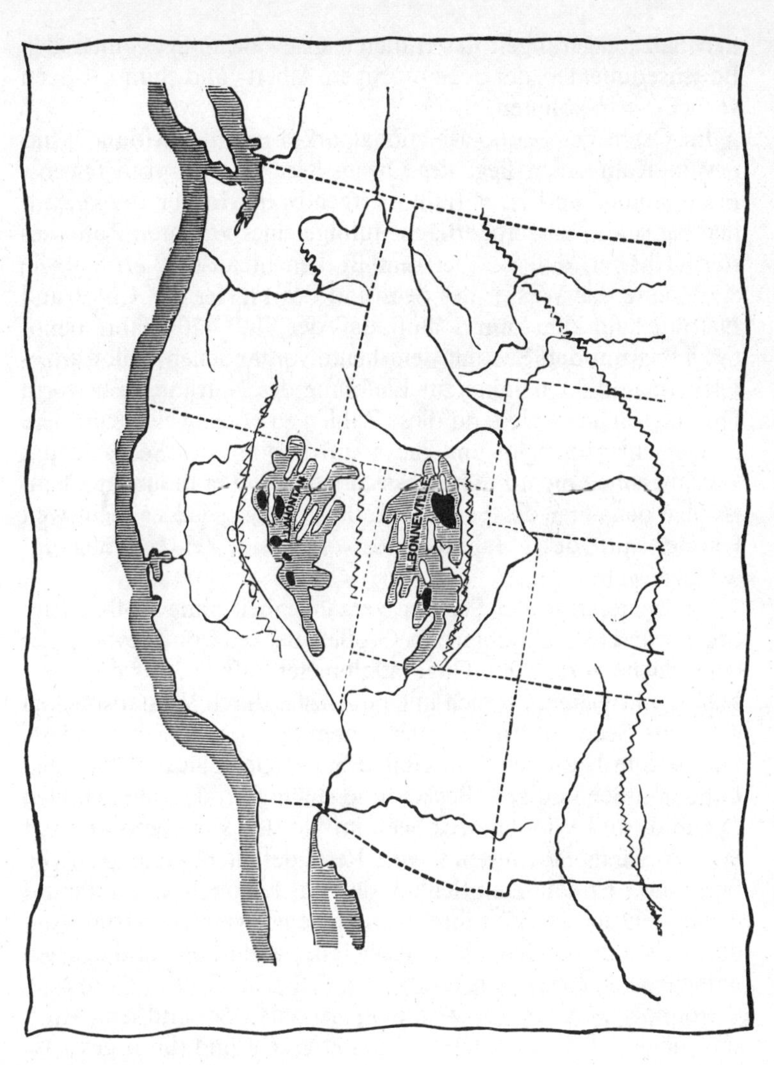

Aus Wright, *The Ice Age in North America*

daß Salzablagerungen des früheren Chewaucan-Sees unter den Bodensedimenten der gegenwärtigen Albert- und Summer-Seen versteckt sein könnten.

Im Osten des Sequoia-Nationalparkes und des Mount Whitney in Kalifornien liegt der Owens-See. Er wird vom Owens-Fluß genährt und ist abflußlos. Irgendwann in der Vergangenheit lag seine Wasseroberfläche infolge eines größeren Zuflusses so viel höher, daß er über sein Becken hinaustrat. H. S. Gale analysierte das Wasser des Sees und des Flusses auf Chlor und Natrium und kam zum Schluß, daß der Fluß 4200 Jahre benötigt habe, um den See mit dem heute vorhandenen Chlor anzureichern und 3500 Jahre zur Lieferung des Natriums. Ellsworth Huntington aus Yale fand diese Zahlen zu hoch, weil sie größere Niederschlagsmengen und die »Auffrischung des Sees« in der Vergangenheit nicht mit berücksichtigten, und er reduzierte demzufolge das Alter des Sees auf 2500 Jahre, so daß er nicht weit von der Mitte des 1. Jahrtausends vor unserer Zeitrechnung entstanden wäre.[1]

Ein weiterer großer See der Vergangenheit ohne Abfluß zum Meer war Lake Lahontan im Großen Becken von Nevada, der eine Fläche von 22000 Quadratkilometer aufwies. Als der Wasserspiegel fiel, teilte er sich in eine Anzahl durch Wüstenstrecken getrennte Seen auf. In den 80er Jahren des vorigen Jahrhunderts untersuchte I. Russell vom United States Geological Survey den Lahontan-See und sein Becken und stellte fest, daß die heutigen Pyramid- und Winnemucca-Seen im Norden von Reno und der Walker-See im Südwesten davon, Reste des älteren und größeren Sees sind.[2] Er kam zum Schluß, daß der Lahontan-See während der Eiszeit und zur Zeit ihrer verschiedenen Vergletscherungsstadien existierte. In den Ablagerungen des alten Sees fand er auch Knochen von Eiszeittieren.

Vor noch kürzerer Zeit wurde der Lahontan-See und seine Restseen neuerlich von J. Claude Jones erforscht und die Ergebnisse seiner Arbeit von der Carnegie Institution of Washington als »Geo-

1 *Quarternary Climates*, Monographien von J. Claude Jones, Ernst Antevs und Ellsworth Huntington (Carnegie Institution of Washington, 1925), 200.

2 I. Russell, »Geologic History of Lake Lahontan«, U. S. Geological Survey, Monograph 11 (1886).

logical History of Lake Lahontan« veröffentlicht.[1] Er untersuchte den Salzgehalt des Pyramid- und Winnemucca-Sees und des Trukkee River, der sie nährt. Er fand, daß der Fluß den gesamten Chlorgehalt dieser zwei Seen in 3881 Jahren hätte liefern können. »Eine ähnliche Berechnung, diesmal für Natrium anstelle von Chlor, ergab 2447 Jahre als notwendige Zeitspanne.« Die sorgfältige Arbeit von Jones führte ihn zur Übereinstimmung mit Russell, daß der Lahontan-See nie völlig austrocknete und daß die bestehenden Seen seine Überbleibsel sind.

Aber diese Schlußfolgerungen setzen voraus, daß das Alter der Eiszeitsäugetiere, die in den Ablagerungen des Lake Lahontan gefunden wurden, nicht höher ist als dasjenige des Sees. Das bedeutet, daß die Eiszeit vor nur 25 bis 39 Jahrhunderten endete. Jones überprüfte seine Zahlen aus der Chlor- und Natriumakkumulationsrate des Truckee River mit anderen Methoden, wie der Akkumulator von Chlor in Seen während der 31 Jahre, die seit der von Russell angestellten Analyse vergangen waren, und auch mit der Konzentrationsrate von Salzen durch Verdunstung, und kam jedesmal zum Ergebnis, daß die gesamte Geschichte des Pyramid- und Winnemucca-Sees »innerhalb der letzten 3000 Jahre liegt.«[2]

Pferde-, Elefanten- und Kamelknochen – von Tieren, die in Amerika ausgestorben sind – kamen in den Lahontan-Sedimenten zum Vorschein, ebenso eine von Menschen hergestellte Speerspitze.[3] Als eine Zweiglinie der Southern Pacific Railroad durch den Astor-Paß gelegt wurde, öffnete man eine große Kiesgrube aus der Lahontan-Zeit; J. C. Merriam von der University of California identifizierte unter den Knochen die Skelettüberreste von *Felix atrox*, einer auch in den Asphaltgruben von Rancho La Brea gefundenen Löwenart sowie von einer Pferdeart und von einem Kamel, die es ebenfalls in La Brea gab.[4] »Alle diese Formen sind heute ausgestorben, und weder Kamele noch Löwen sind auf diesem Kontinent als Teil der heutigen einheimischen Fauna zu finden.«[5]

1 Jones, Antevs und Huntington, *Quarternary Climates.*

2 Jones in *Quarternary Climates*, 4.

3 Russell, U. S. Geological Survey, Monograph 11, 143.

4 J. C. Merriam, *California University Bulletin*, Department of Geology. VIII (1915). 377-384.

5 Jones in *Quarternary Climates*, 49-50.

Die Ähnlichkeit der Fauna aus den Asphaltgruben von La Brea und den Ablagerungen des Lahontan-Sees führten Merriam zur Feststellung, daß sie aus derselben Zeit stammten.

Auf Grund seiner Analysen kam Jones zum Schluß, daß die ausgestorbenen Tiere in Nordamerika bis in historische Zeiten hinein lebten. Das war eine ungewöhnliche Erklärung, und sie wurde zuerst damit zurückgewiesen, seine Interpretation seiner Beobachtungen sei »offensichtlich fehlerhaft, da (sie) ihn zur Schlußfolgerung führe, daß das Mastodon und das Kamel in Nordamerika bis in historische Zeiten hinein lebten.«[1] Doch dies ist ein Argument auf Grund eines Vorurteils, das sich nicht auf die geologischen Befunde im Feld stützt. Entweder überlebten die Eiszeittiere die Eiszeit oder einige der schlagartigen Veränderungen der Eiszeit ereigneten sich in historischer Zeit.

1 Brooks, *Climates through the Ages* (2nd ed. 1949). 346.

Kapitel 11

Klimasturz

Klimasturz

Es ist noch nicht so lange her, »da wurde allgemein geglaubt, Klimaveränderungen seien seit der Quartäreiszeit nicht mehr aufgetreten, seit einer Periode überdies, die vor Hunderttausenden von Jahren angesetzt wurde.«[1] Es wurde als eine erwiesene Tatsache in der Geschichte des Klimas und der historischen Geologie angesehen, daß sich das Klima der Erde in der Periode seit dem Ende der Eiszeiten nicht bemerkbar verändert habe.

Dann, 1910 auf dem Internationalen Geologischen Kongreß in Stockholm, wurden den Wissenschaftlern Tatsachen vorgelegt, die große Veränderungen und katastrophenartige Fluktuationen im Klima der Erde in den letzten paar tausend Jahren nachwiesen. Seit jenem Kongreß sind viele Bücher zur Beschreibung der klimatischen wie auch der geologischen Veränderungen geschrieben worden, die sich in der Neuzeit ereigneten. An vielen Stellen ist heutiges Land vom Meer bedeckt gewesen, und heutige Seen gehörten zum Festland. Aus den Veränderungen in der Weichtierbevölkerung der Meere und des Baumbestandes der untergegangenen Wälder beispielsweise wurde geschlossen, daß die Nord- und Ostsee ihre heutige Form während der geologischen Neuzeit gewannen. In verschiedenen Ländern unternommene Forschungen verbanden sich ebenfalls zum Nachweis, daß »die Eiszeit selbst nicht so weit entfernt war, wie das geschienen habe, und daß in der Tat die nachglaziale Geologie Europas teilweise gleichzeitig mit der Geschichte Ägyptens verlief.«[2]

Eine sehr starke Klimastörung, ein sogenannter Klimasturz, ereignete sich im Subboreal, einem Zeitabschnitt des Quartärs, und wird in der Mitte des 2. Jahrtausends vor unserer Zeitrechnung angesetzt. Die zweite Klimakatastrophe des Quartärs ereignete

1 Brooks, *Climates through the Ages* (2nd ed.), 281.
2 Ebenda.

sich im Jahrhundert nach 800 v. u. Z., in einer Zeit also, die innerhalb gut überlieferter Geschichte liegt. »Der Beginn der ›Periode unveränderten Klimas‹ hat sich unter den Attacken der Geologen immer weiter vorwärts verschoben und liegt jetzt nach Meinung der meisten Autoren, die sich mit dem Thema beschäftigten, nur ein paar Jahrhunderte vor Christus.«[1]

Das neue Verständnis ging von Axel Blytt aus, einem norwegischen Wissenschaftler, der seine Arbeit in den 70er Jahren des letzten Jahrhunderts aufnahm. Gunnar Andersson und Rutger Sernander, ebenfalls skandinavische Wissenschaftler, führten die von Blytt begonnene Arbeit weiter. So kam es, daß Skandinavien und die umgebenden Meere zuerst untersucht wurden.

In Skandinavien markierte der letzte Klimasturz das Ende der Bronzezeit. Die folgenden Jahrhunderte bieten ein Bild der Verwüstung und der Not, das dem veränderten Klima zugeschrieben wird. »Überquellender Reichtum« wurde gefolgt von »auffallender Armut».[2] Das Studium von Veränderungen in der Flora, wie sie bei Pollen von in den alten Mooren gefundenen Bäumen festzustellen sind, enthüllte ebenfalls das Bild einer plötzlichen Klimakatastrophe. »Die Klimaverschlechterung muß einen katastrophalen Charakter gehabt haben«, schrieb Sernander, dessen Laboratorium an der Universität von Uppsala zum Forschungszentrum für Klimageschichte wurde. Die Periode der stärksten Veränderungen nannte er Fimbulwinter, indem er den Begriff aus dem nordischen Epos, der Edda, entlehnte. In diesem Epos steht der Fimbulwinter für einen jahrelang Winter und Sommer hindurch anhaltenden Schneefall.

Die letzte Serie von Klimaschwankungen im 8. und zu Beginn des 7. Jahrhunderts nahm nicht die Form einer einzigen Temperaturschwankung an. Laut Sernander »beruht des Fimbulwinters verödende Wirkung auf die nordische Kultur nicht so sehr im Heruntergehen der Durchschnittstemperatur usw., sondern in Schwankungen und Unsicherheiten in den klimatologischen Konstanten.«[3] Doch wurde sein katastrophenartiger Beginn von ihm

1 Ebenda.

2 R. Sernander, »Klimaverschlechterung, Postglaciale« in *Reallexikon der Vorgeschichte*, Hrsg. Max Ebert, VII (1926).

3 Ebenda.

und auch von anderen Autoren betont; so unterstrich G. Kossinna, der den Klimasturz »ungefähr auf das Jahr 700 v. Chr.« ansetzt, daß er mit katastrophenartiger Plötzlichkeit eingesetzt habe.[1]

Baumringe

Die Jahresringe von Bäumen enthüllen, ob in einem einzelnen Jahr oder einer Periode das Wachstum vorangetrieben oder behindert wurde. Zu den ältesten bekannten Bäumen gehören die kalifornischen Sequoias, die Mammutbäume. Einige haben einen Umfang von 30 Metern. Von allen Exemplaren, deren Ringe gezählt wurden, begann das älteste sein Leben nach dem Jahr 1300 vor unserer Zeitrechnung (das Alter des General-Sherman-Baumes im Sequoia National Park ist nicht bekannt, da er nicht umgesägt wurde). Es scheint also, daß kein Baum aus den Tagen der großen Katastrophe in der Mitte des 2. Jahrtausends bis in unsere Zeit überlebt hat. Die Mammutbäume sind durch eine häufig 60 Zentimeter dicke Rinde gegen Feuer fast so gut wie durch Asbest geschützt. Um die Zeit der Weltkatastrophe überleben zu können, mußte ein Baum in der Lage sein, auch den Orkanen und Flutwellen zu widerstehen und in einer sonnenlosen Welt zu existieren, unter einer Decke von Staubwolken, welche die Welt viele Jahre hindurch einhüllte.

Die ältesten Bäume, die ihr Leben vor ungefähr 3200 Jahren begannen, bieten Einsicht in die Einflüsse auf ihr Wachstum, die von einer Serie späterer Klimaschwankungen in weltweitem Ausmaß stammten und sich gemäß Pollenanalyse im 8. und zu Beginn des 7. Jahrhunderts zutrugen, d. h. vor 2700 Jahren. Laut dem in *Welten im Zusammenstoß* gesammelten historischen Material handelt es sich bei den erinnerungswürdigen Daten um die Jahre –747, –702 und besonders –687.

1919 veröffentlichte die Carnegie Institution eine Grafik, die von A. E. Douglass, dem damaligen Direktor des Steward Obser-

1 G. Kossinna in *Mannus, Zeitschrift für Vorgeschichte*, IV (1912). 418

vatoriums gezeichnet worden war, als er die Baumringe zur Feststellung der Sonnenaktivität in der Vergangenheit untersuchte.[1] Die Grafik zeigt in der Tat einen Anstieg von Schwankungen im jährlichen Wachstum der Baumringe um das Jahr -747 (die Identifizierung der Ringe als einem besonderen Jahr zugehörig ist annähernd). Ein ungewöhnlich hoher Ausschlag zeigt sich in den letzten Jahren des 8. Jahrhunderts und zu Beginn des 7. Jahrhunderts. Nach einem 6 Jahre andauernden Rekordausschlag gibt es -687 einen steilen Abfall.

Naturkatastrophen von großer Gewalt wirkten zerstörend auf die Wälder. Doch jene Bäume, welche die Klimastürze des 8. und 7. Jahrhunderts (Orkane, Fluten, Lava und Feuer) überlebten, wurden zwar durch den erhöhten Kohlendioxydgehalt der Luft zum Wachtum angeregt, durch die Wolkendichte und den Staub aber auch behindert; sie mögen durch elektrische Entladungen und vielleicht magnetische Stürme belebt und vom Aschenfall auf den Boden begünstigt worden sein. Das Versengen der Blätter und veränderter Bedingungen des Grundwassers wie auch die allgemeine Klimaveränderung müssen fühlbar geworden sein. Alles in allem sind in den Jahren großer Naturkatastrophen starke Schwankungen in der Dicke von Baumringen zu erwarten. Diese sind in den Jahresringen der Mammutbäume klar erkennbar, die ungefähr in den Jahren -747, -702 und -687 sowie allgemein in jenem Jahrhundert ausgeformt wurden.

Pfahlbauten

Am Ende der Steinzeit Europas, ungefähr -1800, gab es gegen wilde Tiere gesicherte Siedlungen, in denen der Mensch und seine Haustiere lebten. Die Bauten waren auf hölzernen, in den Boden getriebenen Pfählen errichtet. Überreste derartiger Siedlungen sind an den Ufern der Seen von Skandinavien, Deutschland, der Schweiz und Norditalien entdeckt worden. Irgendwann in der

1 A. E. Douglass, *Climatic Cycles and Tree Growth*, Carnegie Institution Publications No. 289 (1919), L, 1118-1119.

Mitte des 2. Jahrtausends vor der heutigen Zeitrechnung ereignete sich eine »Hochwasserkatastrophe«. Die Dörfer wurden verschüttet und mit Schlamm, Sand und kalkigen Ablagerungen bedeckt. In allen Seesiedlungen fand das Leben ein Ende. Ungefähr drei oder vier Jahrhunderte lang geschah nichts; aber nach –1200 wurden neue Dörfer errichtet, manchmal auf den Trümmern der früheren, anderswo auf neuem Boden. Europa befand sich bereits in der Bronzezeit; in den Überresten der Seesiedlungen dieser Periode findet man Bronzegegenstände.

Nach einer zweiten Blütezeit, die ungefähr vier Jahrhunderte lang andauerte, überwältigte im 8. Jahrhundert vor unserer Zeitrechnung eine neue Katastrophe die Pfahldörfer an allen Seen Mittel- und Nordeuropas, und es handelte sich abermals um eine Hochwasserkatastrophe; einmal mehr bedeckten Schlamm und Sand die Siedlungen auf den Pfählen und, vom Menschen aufgegeben, wurden sie nie wieder aufgebaut.

So geschah es zweimal, einmal am Ende der Steinzeit (des Neolithikums) und zum zweiten Mal am Ende der Bronzezeit, daß die Pfahlsiedlungen vom Wasser überschwemmt wurden und im Schlamm vermoorten. Das Zusammentreffen ihrer Zerstörung mit dem Ende der Kulturzeitalter ist von Ischer, der den Bielersee untersuchte, »merkwürdig«[1] genannt worden, von Reinerth, der den Bodensee erforschte, »rätselhaft«[2]; aber alle Forscher stimmen darin überein, daß eine Naturkatastrophe vor Beginn der Eisenzeit in Mittel- und Nordeuropa die Ursache dafür war.[3] Für das erste Ereignis nennen die Wissenschaftler ein Datum um ungefähr –1500, von dem einige um ein paar Jahrhunderte nach oben oder unten abweichen, von –1800 bis –1400[4] Für das zweite Ereignis liegt das bevorzugte Datum im 8. Jahrhundert vor unserer Zeitrechnung[5], wobei einige Autoren das Datum auf das 7. Jahrhundert reduzieren.

1 T. Ischer, *Die Pfahlbauten des Bielersees o. J., 99.*

2 H. Reinerth, *Die Pfahlbauten am Bodensee* (1922), 35.

3 O. Paret, *Das Neue Bild der Vorgeschichte* (1948), 44.

4 Brooks, *Climate through the Ages* (2nd ed.), 300.

5 Paret, *Das Neue Bild der Vorgeschichte*, 135. In der ersten Ausgabe seines Buches *Climate through the Ages* setzt Brooks den Beginn des Subatlantikums, das auf den letzten Klimasturz folgt, bei –850 an und in der 2. Ausgabe am Ende des 6. Jahrhunderts vor unserer Zeitrechnung.

H. Gams und R. Nordhagen nahmen eine ausgedehnte Überprüfung der deutschen und schweizerischen Seen und Marschländer vor und veröffentlichten eine klassische Arbeit über das Thema.[1] Sie fanden heraus, daß die Seen bei zwei Ereignissen in der Vergangenheit – am Ende des Neolithikums (Jungsteinzeit) in Europa in der Mitte des 2. Jahrtausends sowie im 8. Jahrhundert vor unserer Zeitrechnung – nicht nur von Hochwasserkatastrophen heimgesucht worden waren, sondern daß auch sehr starke tektonische Bewegungen diese Katastrophen begleiteten oder verursachten. Die Seen gerieten plötzlich aus ihrer horizontalen Lage, indem oft das eine Ende emporgehoben und das andere abgesenkt wurde, so daß die alte Strandlinie heute schief zum Horizont verlaufend zu beobachten ist. Das trifft auf den Ammersee und den Starnbergersee im bayerischen Alpenvorland und auf andere alpine Randseen zu.[2] Bei diesen Katastrophen stieg das Wasser des Bodensees um 10 Meter, und sein Becken wurde geneigt. Geneigte Seestrandlinien wurden auch in weit von den Alpen entfernten Gebieten gefunden, so zum Beispiel in Norwegen von Bravais und Hannsen und in Schweden von de Geer und Sandegren, zu denselben Zeitaltern gehörend.[3]

Einige der Seebecken sind durch das Neigen plötzlich völlig entleert worden wie der Eis-See und der Federsee.[4] Das Isartal in den bayerischen Alpen wurde »gewaltsam herausgerissen«, und zwar »in der neuesten Zeit«.[5] Und im Umland »deuten schon die vielen Flußverlegungen auf Bodenbewegungen in großem Stil.«[6]

Alle erforschten Seen der schweizerischen Alpenregion, wie auch in Tirol, den bayerischen Alpen und im Bereich des Jura, sind zweimal durch Hochwasserkatastrophen überflutet worden, und die Ursache lag in tektonischen Bewegungen und im plötzlichen Abschmelzen der Gletscher. Das geschah in der postglazia-

1 H. Gams und R. Nordhagen, »Postglaziale Klimaänderungen und Erdkrustenbewegungen in Mitteleuropa«, *Mitteilungen der Geographischen Gesellschaft in München,* XVI, Heft 2 (1923), 13-348.

2 Ebenda, 17-44.

3 Ebenda, 34, 225-242.

4 Ebenda, 44.

5 Ebenda, 53, 60.

6 Ebenda, 73.

len Periode, zum letzten Mal im eigentlich historischen Zeitalter, kurz bevor die Römer sich in jene Teile Europas auszudehnen begannen.[1]

Gams und Nordhagen brachten auch umfassendes Material, um nachzuweisen, daß die tektonischen Störungen nicht nur von Hochwasserkatastrophen, sondern auch von Klimaveränderungen begleitet waren. Sie unternahmen eine genaue Untersuchung des Pollengehaltes von Torfmoor. Da Pollen für jede Bauart charakteristisch sind, ist es möglich, durch Analyse die Art der Wälder festzustellen, die in verschiedenen Perioden der Vergangenheit wuchsen und demzufolge auch das vorherrschende Klima zu bestimmen. Die Pollenanalyse enthüllte eine »*radikale Änderung* der Lebendsbedingungen, keine langsame Vermoorung.«[2]

Menschen und Tiere verschwanden plötzlich von der Bildfläche, obwohl zu jener Zeit das Gebiet schon recht dicht bevölkert war. Die Tanne trat an die Stelle der Eiche und kam von den Höhen herab, wo sie gewachsen war, um sie unfruchtbar zurückzulassen.

Während der Bronzezeit sind die Alpenpässe fleißig bereist worden: Viele Bronzegegenstände aus der Zeit vor -700 sind an zahlreichen Orten gefunden worden, besonders auf dem St. Bernhard. Auch Bergwerke wurden in der Bronzezeit in den Alpen betrieben. Mit dem Eintreten des Klimasturzes wurden die Bergwerke plötzlich aufgegeben und die Pässe nicht mehr länger bereist, als ob das Leben in den Alpen ausgelöscht worden wäre.[3]

Um die Pollenanalyse mit den archäologischen Funden zu verbinden, wurde eine chronologische Tabelle aufgestellt. Die Pollenanalyse zeigte wie andere Untersuchungsmethoden, daß Europa und Skandinavien in der Mitte des 2. Jahrhunderts und wieder im 8. oder 7. Jahrhundert vor unserer Zeitrechnung von klimatischen Katastrophen heimgesucht wurden.

Gleichzeitig auftretende Hochwasser- und tektonische Katastrophen brachten Verwüstungen über das gesamte untersuchte Gebiet von Norwegen bis zum Jura, den Alpen und in Tirol, Täler

1 Ebenda, 219.
2 Ebenda, 94.
3 Vgl. den Abschnitt »Der vorgeschichtliche Verkehr über die Alpenpässe« im zitierten Werk von Gams und Nordhagen.

aufreißend, Seen entleerend, Tier- und Menschenleben vernichtend, plötzlich das Klima ändernd, Wälder durch Moore ersetzend: und das mindestens zweimal im Subboreal, der Periode, die schätzungsweise ungefähr vom Jahr –2000 – möglicherweise von einem Datum näher der Mitte des 2. Jahrtausends vor unserer Zeitrechnung – bis –800 oder –700 reicht. Diese klimatischen und tektonischen Katastrophen verursachten die Wanderungen von Stämmen hilfloser Menschen, nach der letzten Katastrophe auch die der Kelten und der Zimbren.[1] Die Auswanderer erreichten die verwüsteten Länder anderer, weit entfernter Regionen, durch dieselben Katastrophen wohl ähnlich fürchterlich vernichtet.

Abgesenkter Meeresspiegel

An vielen Orten der Welt trifft man an den Meeresküsten auf entweder gehobene oder abgesenkte Strände. Auf dem Gestein gehobener Strände sieht man die früheren Brandungslinien; wo die Küste abgesenkt wurde, ist die früher von der Brandung eingeschnittene Linie unter dem heutigen Meeresspiegel zu sehen. Einige Strände wurden um Hunderte von Metern emporgehoben, wie im Falle der Pazifikküste Chiles, wo Charles Darwin beobachtet hatte, daß der Strand sich vor nicht langer Zeit um 400 Meter gehoben haben mußte – »innerhalb der Periode, in der emporgehobene Schalentiere unverwittert auf der Oberfläche liegenblieben.« Er meinte auch, die »wahrscheinlichste« Erklärung sei, daß die Küste mit »ganzen und vollkommen erhaltenen Schalentieren ... in einem einzigen Zug über die künftige Reichweite der See gehoben« worden sei, infolge eines Erdbebens.[2] Auf den Hawaii-Inseln gibt es einen um 365 Meter gehobenen Strand. Auf gleicher Höhe über dem Meeresspiegel sind auf der Espiritu-Santo-Insel der Neuen Hebriden im Südpazifik Korallen gefunden worden. Korallen wachsen nicht hoch über der See, auch nicht in den Tiefen des Meeres; sie bilden sich lediglich nahe sei-

1 Ebenda, 187.
2 Darwin, *Geological Observations on the Volcanic Islands and Parts of South America*, Teil II, Kapitel IX und XV.

ner Oberfläche. So sind Korallen früherer Zeitalter Anzeiger früherer Meeresspiegel.

In zahllosen Fällen sind auf demselben Felsen Anzeichen von Hebung und Senkung zu sehen. Einen dieser Fälle haben wir diskutiert – den Felsen von Gibraltar. In kleinerem Maß wiederholt sich das Phänomen in Bermuda. Aus dem Zeugnis untergetauchter Höhlen geht hervor, daß der Meeresspiegel in Bermuda »einmal wenigstens 60 bis 100 Fuß [18 bis 30 Meter] tiefer stand als heute«, während es auf Grund von gehobenen Stränden »scheint, er habe einmal mindestens 25 Fuß [7,6 Meter] höher gelegen als heute« (H. B. Moore).

Diese Verschiebungen datieren aus verschiedenen Zeitaltern, doch allen gemeinsam ist das Fehlen dazwischenliegender Strandlinien; wäre die Hebung oder Senkung allmählich verlaufen, könnte man im Stein Zwischenlinien feststellen.

R. A. Daly beobachtete, daß an zahlreichen Orten rund um die Erde eine gleichartige Hebung der Strandlinien um 5,5 bis 6 Meter auftritt. Im Südwestpazifik, auf den Inseln Tutuila, Tau und Ofu und auf dem Rose-Atoll, die alle zur Samoa-Inselgruppe gehören, sich aber über mehr als 300 Kilometer verteilen, ist dieselbe Hebung evident. Nach Dalys Meinung bedeutet diese Gleichmäßigkeit, daß die Hebung »etwas anderes als eine Krustenverwerfung« zur Ursache habe. Eine von innen stoßende Kraft wäre nicht »so gleichmäßig über eine Distanz von 200 Meilen wirksam.«[1] Auf fast halbem Weg um die Erde herum, bei St. Helena im Südatlantik, ist die Lava von trockengelegten Meereshöhlen durchbrochen, deren Böden mit abgeschliffenen Kieseln bedeckt sind: Diese sind »jetzt staubig, weil von der Brandung nicht mehr erreichbar.« Die Hebung beträgt hier ebenfalls 6 Meter. Höhlen und Bänke am Kap der Guten Hoffnung »weisen ebenfalls junge und deutlich wahrnehmbare gleichmäßige Hebung im Ausmaß von ungefähr 20 Fuß auf.«

Daly fährt weiter: »Meeresterrassen, die eine ähnliche Hebung aufzeigen, sind entlang der Atlantikküste von New York bis zum Golf von Mexiko zu sehen; auf einer Strecke von wenigstens 1000

1 Daly, *Our Mobile Earth*, 177.

Meilen (1600 km) entlang der Küste von Ostaustralien; an den Küsten Brasiliens, Südwestafrika und vieler Inseln im Pazifischen, Atlantischen und Indischen Ozean; bei allen diesen und anderen veröffentlichten Fällen handelt es sich sowohl um eine junge als auch um eine Erhebung der gleichen Größenordnung. Nach dem Zustand der Bänke, Terrassen und Höhlen zu urteilen, scheint die Hebung an allen Stränden gleichzeitig erfolgt zu sein.«[1]

Natürlich fand Daly auch viele Orte, an denen die Strandverschiebung in eine andere Größenordnung gehörte; aber »diese lokalen Ausnahmen bestätigen die Regel.« Nach seiner Meinung liegt der Grund für das weltweite Auftauchen der Strandlinien im Sinken des Meeresspiegels auf der Erdkugel, und zwar »einer vor kurzem erfolgten Absenkung«, die dadurch hätte verursacht werden können, daß Wasser zur Bildung der Eiskappen auf der Antarktis und auf Grönland aus den Ozeanen abgezogen wurde. Als andere Möglichkeit denkt Daly an eine Abtiefung des Ozeanbodens oder an eine Vergrößerung seiner Fläche.

P. H. Kuenen von der Universität Leyden findet in seiner *Marine Geology* Dalys Ansicht bestätigt: »In mehr als 30 Jahren nach Dalys erstem Aufsatz sind viele weitere Beispiele durch eine ganze Anzahl von Forschern überall auf der Welt bekannt geworden, so daß diese junge Verschiebung nunmehr unzweifelhaft feststeht.«[2]

Was immer die Ursache des beobachteten Phänomens war, es war nicht das Ergebnis einer langsamen Veränderung; in einem solchen Fall hätten wir Strandlinien zwischen der gegenwärtigen Brandungslinie und der Sechsmeterlinie am gleichen Strand; aber da gibt es keine Linien.

Von besonderem Interesse ist die Zeit der Verschiebung. Laut Daly »ist diese Vergrößerung der Eiskappe oder -kappen vorläufig in spätneolithischer Zeit angeordnet worden, vor ungefähr 3500 Jahren. Zu diesem ungefähren Datum gibt es mindestens eine Abkühlung auf der Nordhalbkugel, die einer ausgedehnten Warmzeit folgte, als das Weltklima deutlich wärmer war als jetzt. Der spätneolithische Mensch lebte in Europa vor 3500 Jahren.«

1 Ebenda, 178.
2 P. H. Kuenen, *Marine Geology* (1950), 538.

Was den Zeitpunkt des plötzlichen Absinkens des Meeresspiegels betrifft, schreibt Kuenen: »Die Zeit dieser Verschiebung wurde von Daly auf wahrscheinlich vor 3000 bis 4000 Jahren geschätzt. Detaillierte Feldforschung in den Niederlanden und in Ostengland haben ein neueres eustatisches Absinken in derselben Größenordnung wie von Daly gefolgert gezeigt. Die Zeit ist hiermit vor 3000 bis 3500 Jahren festzulegen.«[1] So haben Die Arbeiten in Holland und England nicht nur Dalys Entdeckung, sondern auch seine Datierung bestätigt. Natürlich ist es der Meeresspiegel, der überall auf der Welt sank. Es war nicht eine langsame Senkung des Bodens oder eine langsame Ausbreitung des Ozeans über das Festland oder eine allmähliche Verdunstung des Ozeanwassers: Was immer es war, es ereignete sich plötzlich und deshalb katastrophenartig.

Vor 3500 Jahren war die Mitte des 2. Jahrhunderts vor unserer Zeitrechnung, das Ende der mittleren Bronzezeit in Ägypten.

Die Nordsee

Die stürmische Nordsee, umrahmt von Schottland, England, den Niederlanden, Deutschland, Dänemark und Norwegen, ist ein sehr junges Becken. Die Geologen nehmen an, das Gebiet sei einstmals vom Meer besetzt gewesen, daß es aber in einem frühen Stadium der Eiszeit vom Schutt, aus Schottland und Skandinavien herangetragen, aufgefüllt worden sei, so daß das Meer verdrängt wurde: es wurde zu Festland. Der Rhein floß durch dieses Land, und die Themse war sein Nebenfluß; die Mündung des Stromes lag in der Nähe von Aberdeen.

In postglazialer Zeit, so wird angenommen, im Subboreal, das ungefähr 2000 Jahre vor unserer Zeitrechnung begann und bis etwa –800 reichte, gingen große Flächen wieder zurück zur See. Der Atlantische Ozean sandte sein Wasser entlang den schottischen und norwegischen Küsten und auch durch den Ärmelkanal, der nur kurz zuvor gebildet wurde. Menschliche Artefakte und

1 Kuenen, *Marine Geology*, 538.

Knochen von Landtieren wurden vom Boden der Nordsee gehoben; und entland den Stränden Schottlands und Englands wie auch auf der Doggerbank inmitten der See wurden Baumstrünke mit noch im Boden verankerten Wurzeln gefunden. 70 Kilometer von der Küste entfernt zogen Fischer aus Norfolk aus einer Tiefe von 36 Metern ein Stück Torf an Bord, in dem sich eine aus Hirschgeweih geschnitzte Speerspitze befand.[1] Dieses Artefakt stammt aus dem Mesolithikum oder dem frühen Neolithikum und dient als eines der vielen Beweisstücke, wonach das von der Nordsee eingenommene Gebiet vor noch nicht vielen tausend Jahren von Menschen bewohnt gewesen sei. Aus der Analyse der auf dem Meeresboden im Torf gefundenen Pollen kam man zum Schluß, diese Wälder hätten in nicht zu ferner Zeit existiert. Es ist ebenfalls angenommen worden, die Bildung ausgedehnter Flächen der Nordsee im Subboreal sei das Ergebnis einer eher raschen Absenkung des Festlandes gewesen, ein Vorgang, den einige Autoren auf ungefähr –1500 oder etwas früher datieren – auf die Zeit, als Hochwasserkatastrophen die Pfahlsiedlungen in Zentraleuropa vernichteten.

Wenn wir berücksichtigen, daß phönikische Schiffe die Atlantikküste Europas bereits zur Zeit des Mittleren Reiches in Ägypten, d. h. schon vor –1500 besuchten, beginnen wir die Katastrophe, in der sich die Nordsee über bewohntes Land ausbreitete, in ihrer historischen Perspektive zu sehen. Das untergegangene Land muß vom Mittel- und Jungsteinzeitmenschen besiedelt gewesen sein, als Ägypten und Phönikien schon die Mittelbronzezeit erreicht hatten.[2]

Die See hat sich nicht langsam ausgedehnt, um schließlich die Bevölkerung aus ihren Siedlungen zu vertreiben; sie brach ohne Warnung über das Land herein und sandte ihre Wogen auf die Suche nach neuen Grenzen. Die Doggerbank mag für einige Zeit noch aus dem Wasser geragt haben, doch schließlich wurde auch sie von der See überrollt.

1 E. Janssens, *Histoire ancienne de la Mer du Nord* (2. Ausg. 1946), 7; K. Gripp, Die Entstehung der Nordsee« in *Werdendes Land am Meer* (1937), 1-41.

2 Indessen schreibt Janssens: »Die Öffnung der Nordsee zum Atlantischen Ozean erfolgte also vor viel kürzerer Zeit als der Durchbruch des Mittelmeers bei den Säulen des Herakles; sie fällt etwa mit dem Aufblühen der sumerischen Zivilisation in Mesopotamien zusammen.«

Nach hundert Generationen begann der Mensch mit großen Anstrengungen, durch den Bau von Deichen und Wehren, der See wieder etwas Land abzuringen; auch bei dieser Arbeit entdeckte er Tierknochen in riesigen und verknäulten Massen, von ausgestorbenen und lebenden Formen, die gewöhnlich der Eiszeit zugeschrieben werden. So sind im holländischen Dorf Tegelen in einer aus Sand, Schlick, Lehm und Torf bestehenden Schicht Ulme, Esche und Rebe zusammen mit ausgestorbenen Süßwasserschnecken, mit Elefantenknochen, Mammut, Nashorn, Flußpferd, Rotwild, Pferd *(Equus stenonis)* und Hyäne gefunden worden.[1]

Eine Untersuchung englischer Moore durch H. Godwin von der Universität Cambridge, in welcher das Schwergewicht auf einer Erforschung dcs Pflanzenlebens in nachglazialer Zeit lag, enthüllte eine »allgemeine Transgression« des Meeres »in der Periode zwischen dem Neolithikum und der Römerzeit in Großbritannien, die durch unsere Zeugnisse am besten belegt ist.«[2]

Die Moore erstrecken sich über eine Fläche von ungefähr 5000 Quadratkilometer in den Grafschaften Lincolnshire, Cambridge und Norfolk und reichen im Osten von Norfolk bis zum Wash, einem Meerbusen der Nordsee. »Die Transgression wurde durch zwei Perioden der Regression unterbrochen, die eine in der Bronzezeit und die andere nach (dem Beginn) der Eisenzeit.«

Innerhalb des Neolithikums »fielen die Bäume des Waldes gegen Nordwesten. Diese gebrochenen Wälder bestanden meistens aus Eichen.« Zusammen mit den Eichen wurden polierte Steinwerkzeuge gefunden. Einige Zeit nach dem Orkan, der alle Eichen umbrach, kam weiteres Unheil: Das Land »wurde jetzt plötzlich durch einen weiträumigen Einbruch des Meeres verändert.« »Innerhalb kurzer Zeit« wurde aus dem heutigen Moorgebiet ein Brackwasser, das später wieder zu einem Frischwassergebiet wurde. Bronzewerkzeuge und -waffen wurden im Moor in großen Mengen gefunden.

Das Klima wurde »mit dem Übergang zur Eisenzeit um unge-

1 Flint, *Glacial Geology and the Pleistocene Epoch*, 325.

2 H. Godwin, »Studies of the post-glacial history of British vegetation«, *Transactions of the Royal Society of London*, Ser. B, Vol. 230, Februar 1940.

fähr 500 v. Chr. viel schlechter« – andere Autoren schreiben diesen Klimasturz dem 8. Jahrhundert zu. Es wurde sowohl kälter als auch feuchter. Das Gebiet wurde gänzlich unbewohnbar, denn es gibt dort keine Spuren des vorrömischen Eisenzeitmenschen. Dann kam der letzte Einbruch des Meeres.

Somit ist die Ebene im Norden von Cambridge laut der Analyse von Godwin in der Zeit zwischen –2000 und –500 mehr als einmal von der Nordsee überschwemmt worden, und zwar unter Bedingungen, die wir als katastrophenartig interpretieren können.

An vielen Orten in England und Wales gibt es versunkene Wälder, die man als »wahrscheinlich postglazial oder neuer« datiert.[1] Andererseits erfolgte ihre Versenkung nicht »innerhalb der letzten 2500 Jahre«. Bei einigen der unter Wasser liegenden Wälder sind die Baumstümpfe »am Platz verwurzelt«. Die Liste dieser Wälder ist lang.[2]

Versunkene Wälder sind auch an vielen anderen Orten beobachtet worden, beispielsweise in Grönland und an der Ostküste Amerikas. Es gibt auch weniger verläßliche Berichte von unter dem Wasser ausgemachten Mauern versunkener Städte – in der Nordsee, querab atlantischer Küsten, im Mittelmeer, überall um Europa herum und auch an weit entfernten Orten, wie an der Malabarküste in Indien.

Wie die gehobenen Strände und die versunkenen Wälder beweisen, stieg und fiel das Festland im Wechsel mit der Herrschaft des Meeres vor nur wenigen tausend Jahren.

1 H. B. Woodward, *The Geology of England and Wales* (2nd ed. 1887), 523.

2 Versunkene Wälder wurden festgestellt bei Cardunock am Solway Firth, in der Alt-Mündung, in der Poolvash Bay, Llandrillo Bay, Cardigan Bay, St. Brides Bay und Swansea Bay; bei Holly Hazle in der Nähe von Sharpness, bei Stolford in der Nähe der Parretmündung, in der Porlock Bay, in West Somerset, an den Küsten von Devon, bei Braunton Burrows, Blackpool, North and South Sands, in der Salcombebucht, Bigsbury Bay und in Cornwall bei Looe, Fowey, Mounts Bay und weiteren Orten. Ebenda, 523–526.

Kapitel 12

Die Ruinen des Orients

Die Insel Kreta im blauen Wasser des Mittelmeeres, mit ihren steil abfallenden rötlichen Küsten, war vor Jahrtausenden das große Zentrum einer ungewöhnlich reichen Kultur und ist heute das stille Denkmal einer vergangenen Welt. Die minoischen Schriften werden derzeit entziffert; der Schlüssel dazu wurde von Michael Ventris entdeckt, einem englischen Architekten.

Die Geschichte des Alten Kreta – seiner minoischen Kultur – wird in früh-, mittel- und spätminoisch eingeteilt, Perioden, die zeitlich dem Alten, Mittleren und Neuen Reich in Ägypten entsprechen. Die Hyksoszeit in Ägypten, zwischen dem Mittleren und Neuen Reich trifft mit der letzten – der dritten – Unterabteilung der mittelminoischen Periode zusammen.

Alle Hauptperioden des minoischen Kreta endeten in Naturkatastrophen. Sir Arthur Evans monumentales Werk *The Palace of Minos at Knossos* liefert eine Fülle von Beweisen für die physikalische Natur der zerstörenden Gewalt, welche die Zeitalter minoischer Kultur beendete, eines nach dem anderen. Er spricht von einer »großen Katastrophe«, die sich am Ende der mittelminoischen Phase (MM) II ereignete.[1] »Eine gewaltige Zerstörung suchte Knossos an der Nordküste der Insel und Phaistos an ihrer Südküste heim.«[2] Die Insel lag verwüstet, von den Elementen überwältigt.

Als schließlich die Überlebenden oder ihre Nachkommen den Wiederaufbau begannen, wurde ihre Arbeit abermals in einem »Umsturz« vernichtet.[3] Kaum ein halbes Jahrhundert war zwischen diesen beiden Katastrophen vergangen: Die eine ereignete sich synchron mit dem Untergang des Mittleren Rei-

1 Sir Arthur Evans, *The Palace of Minos at Knossos* (1921-1935), III, 14.
2 Ebenda, II, 287.
3 Ebenda, II, 348.

ches in Ägypten[1], die andere eine oder zwei Generationen danach.

Für die spätere Phase MM III zeigen die Phänomene »schlüssig eine seismische Ursache für den gewaltigen Umsturz, der den Palast und die ihn umgebende Stadt heimsuchte«.[2] »Überall auf dem gefährdeten Gebiet des Gebäudes (Palastes) gibt es Beweise für einen gewaltigen Umsturz, der eine lange Aufeinanderfolge von Kulturüberresten unter sich begrub . . .«[3]

Am Ende des nächsten Zeitalters, Spätminoisch (SM) I, fand der Palast von Knossos »durch eine von außen kommende Ursache ein Ende, allerdings ohne jene Zeichen völliger Vernichtung, welche offenbar die frühere Katastrophe auszeichneten«.[4] Indessen findet Marinatos, Direktor der Griechischen Altertümerverwaltung: »Die SM-I-Katastrophe war für ganz Kreta endgültig und allgemein. Es scheint sicher, daß es sich um die schrecklichste von allen handelte, die sich auf der Insel ereignet hatte.« Der Palast von Knossos wurde zerstört. »Dieselbe Tragödie befiel alle sogenannten Villen . . . Auch ganze Städte wurden dem Erdboden gleichgemacht . . . Sogar Heilige Höhlen fielen ein, wie diejenige von Arkalokhori.«[5] Vulkanische Asche fiel auf die Insel, und große Flutwellen stürzten, aus dem Norden kommend, über sie. Durch diese Katastrophe erlitt Kreta »einen nicht mehr gutzumachenden Schlag«. Die einzige Erklärung für den Umsturz »besteht in einer natürlichen Ursache; ein normales Erdbeben ist allerdings völlig unzureichend, um ein so umfassendes Unglück zu erklären.«[6]

Dann kam die Zerstörung von SM II. Die plötzliche Katastrophe unterbrach alles Leben; aber es gibt auch Hinweise, daß trotz der Unmittelbarkeit des Umsturzes einige Vorbereitungen angestellt wurden, die Gottheit aus Furcht vor dem bevorstehenden Ereignis versöhnlich zu stimmen. Evans schreibt: »Es möchte schei-

1 Der Synchronismus zwischen dem Zusammenbruch des Mittleren Reiches in Ägypten und dem Exodus wird in meinem *Vom Exodus zu König Echnaton* behandelt.

2 Evans, *The Palace of Minos*, II, 347.

3 Ebenda, 288.

4 Ebenda, 347.

5 S. Marinatos, »The Volcanic Destruction of Minoan Crete«, *Antiquity*, XIII (1939), 425 ff.

6 Ebenda, 429.

nen, daß Vorbereitungen zu einer Salbungszeremonie im Gange waren ... Aber die aufgenommene Handlung war nicht dazu bestimmt, erfüllt zu werden.«[1] Unter einer Decke von Erde und Schutt liegt der »Thronsaal« mit Ölgefäßen aus Alabaster. »Der plötzliche Abbruch der begonnenen Handlungen – so deutlich sichtbar ... weist gewiß auf eine plötzlich auftretende Ursache.«[2] Es war »ein weiterer jener schreckerregenden Schläge, die wiederholt die Geschichte des Palastes unterbrochen hatten«. Das Erdbeben wurde vom Feuer begleitet. Der eigentliche Umsturz wurde verschlimmert durch eine »ausgedehnte Feuersbrunst«, und die Katastrophe erreichte »besonders verheerende Dimensionen infolge eines gleichzeitig ungestüm wehenden Windes.« Evans verlegt die letzte Zerstörung des Gebäudes auf Ende März. Das Ausmaß des Unglücks erreichte indessen nicht dasjenige, »welches beispielsweise dem Bau aus dem mittelminoischen Zeitalter ein Ende bereitet hatte«.

Nach dieser letzten Katastrophe ist der Palast von Knossos nie wieder aufgebaut worden.

Aus der Topographie von Knossos und seiner Umgebung geht hervor, daß sich die Stadt in der Vergangenheit einst im Vorfeld eines inneren Hafens befand, der durch einen Kanal mit einem größeren Hafen verbunden war, dessen Einfahrt zwischen zwei Landzungen im Norden lag. »Eine immense Katastrophe hob diesen Teil der Insel weit über seine ehemalige Lage empor, die er zur Zeit der Existenz der Stadt von Cnossus (Knossos) eingenommen hatte.«[3]

Archäologische Forschung auf Kreta enthüllte ausgedehnte Katastrophen physischer Ursache. Da das Ende von Kulturzeitaltern auf Kreta mit dem Ende historischer Perioden in Ägypten zusammenfällt, die ebenfalls in Naturkatastrophen untergingen, scheint die Ausdehnung dieser wiederholten Umstürze nicht auf lokale Bereiche beschränkt gewesen zu sein.

Die Insel Kreta stellt ein ausgezeichnetes Gelände dar, um die Auswirkungen der großen Katastrophen in der Vergangenheit auf

1 Evans, *The Palace of Minos*, IV, Teil 2, 942.
2 Ebenda.
3 Laut schriftlichem Hinweis von Norman E. Merrill, Commander, United States Coast Guard.

frühe Zivilisationen zu untersuchen. Bis zur Ankunft der Dorier blieb die Insel isoliert, so daß die Auswirkungen einer Naturkatastrophe nicht mit einer Zerstörung durch Menschenhand verwechselt werden können.

Im Norden von Kreta liegt die Vulkaninsel Thera, Santorin. Der Vulkan ist noch nicht erloschen. Eine mächtige Explosion in der Vergangenheit sprengte seinen Kegel, und es bildete sich ein erweiterter Krater. Eine deutsch-griechische Expedition erforschte die Insel und veröffentlichte einen detaillierten Bericht über die gewaltige Explosion in einem vergangenen Zeitalter. Damals sind Dörfer unter Lava, Bimsstein und Asche begraben worden; die ausgegrabenen Kulturüberreste ließen erkennen, daß der große Ausbruch »zwischen 1800 und 1500 v. Chr.« stattgefunden hatte oder zur Zeit des Zusammenbruches des Mittleren Reiches in Ägypten.[1] Die ausgeworfenen Massen waren so mächtig, daß ein deutscher Gelehrter eine Theorie anbot, wonach die ägyptische Plage der Dunkelheit von der Eruption des Theravulkanes verursacht worden sei, der 1000 Kilometer im Nordwesten des Nildeltas liegt.

Die Gesteinsstruktur Ägyptens erlitt zur Zeit des Zusammenbruchs des Mittleren Reiches zumindest lokale Verwerfungen. K. R. Lepsius beobachtete, daß die Nilmeter in Semneh für das Mittlere Reich an diesem Ort, wo der Strom durch einen Einschnitt im Felsen fließt, einen im Vergleich zu heute 7 Meter höheren mittleren Wasserstand anzeigen. »Diese Angaben sind . . . von einem eigentümlichen Interesse für die geologische Geschichte des Niltals, weil sie beweisen, daß der Fluß vor 4000 Jahren um 24 Fuß höher anschwoll als jetzt . . .«[2]

Dieser Fall des Hochwasserspiegels muß entweder einer Veränderung der Wassermenge im Nil oder einer Verwerfung in der Felsenstruktur Ägyptens zugeschrieben werden. Hätte aber der Nil in der Vergangenheit so viel mehr Wasser enthalten, wären viele Wohnstätten und Tempel regelmäßig überschwemmt worden.

1 H. Reck, Hrsg. *Santorin* (1936), 82; H. S. Washington in *Bulletin of the Geological Society of America*, XXXVII (1926).

2 Lepsius, *Letters from Egypt, Ethiopia and the Peninsula of Sinai* (1853), 259-260.

Ich übergehe die Hinweise in der ägyptischen Literatur auf vom Boden verschlungene Städte; indessen scheinen die rätselhaften und durchaus regelmäßig auftretenden Spuren von Bränden in Gräbern des Alten und Mittleren Reiches bemerkenswert, die wie von einer eindringenden flüchtigen Substanz verursacht aussehen, die sich auf dem erhitzten Boden entzündet hatte.

Troja

An der Westspitze Kleinasiens, einige Kilometer entfernt von den Dardanellen, liegt das Dorf Hissarlik. 1873 entdeckte dort Heinrich Schliemann, obwohl er kein Archäologe war, die Überreste der in der *Ilias* besungenen Festung. Seit seinen Jugendjahren als Kaufmannslehrling, Kajütenjunge auf einer Schiffbruch erleidenden Brigg und Buchhalter in Holland, hatte er den Ehrgeiz gehabt, Troja aufzufinden. Nach vielen Reisen, die ihn nach Rußland, Kalifornien und in den Fernen Osten brachten, ließ er sich in Griechenland nieder und veröffentlichte seine Vorhersage, wo er die Stadt der *Ilias* finden würde – was ihm Hohn und Spott einbrachte. Doch gelang es ihm bald, die legendäre Stadt im türkischen Dorf Hissarlik zu orten.[1] Sie war sechs- oder siebenmal neu aufgebaut und ebenso viele Male zerstört worden. Schliemann betrachtete die reiche Stadt des zweituntersten Horizontes als das Troja des Königs Priamos, welcher der Belagerung widerstanden hatte und dann den Griechen unterlag, den achäischen Kriegern unter Agamemnon. Spätere Gelehrte erkannten, daß diese zweite Stadt aus einer viel früheren Zeit stammte; sie erklärten die sechste Stadt vom Boden zu jener von Priamos und Homer. Die zweite Stadt ging gleichzeitig mit dem Alten Königreich Ägyptens unter; sie wurde in einer heftigen Naturkatastrophe zerstört.

Die archäologische Expedition der Universität von Cincinnati unter Carl Blegen hat festgestellt, daß ein Erdbeben die von Aga-

1 Am Ende des 18. Jahrhunderts, noch vor der Zeit moderner Archäologie, vermutete Le Chevalier, daß Hissarlik die Stätte des Homerischen Troja oder Ilion sei. Dieser frühe Hinweis wurde vernachlässigt.

memnon belagerte Stadt zerstörte.[1] Claude Schaeffer, der Ausgräber von Ras Schamra (Ugarit) in Syrien, kam nach Troja, um die Funde Blegens mit seinen eigenen in Ras Schamra zu vergleichen; er kam zur Überzeugung, daß die von ihm in Ras Schamra festgestellten Erdbeben und Feuersbrünste synchron mit den Erdbeben und Feuersbrünsten in Troja verlaufen waren. 1000 Kilometer weit entfernt. Darauf verglich er die Befunde an diesen zwei Orten mit Erdbebenspuren an zahlreichen anderen Stellen im Alten Orient. Gewissenhafteste Arbeit führte ihn zum Schluß, die gesamte Region sei in historischer Zeit mehrmals von gewaltigen Erdbeben erschüttert worden – es handelte sich um eine ungewöhnliche Fläche, wenn sie mit den größten, in moderner Zeit von Erdbeben heimgesuchten Gebieten verglichen wird. Schaeffer schrieb:

»In der Tat gibt es für uns nicht den geringsten Zweifel, daß der Brand von Troja II der Katastrophe entspricht, welche den Wohnstätten der Frühbronzezeit in Alaca Hüyük, Alisar, Tarsus, Tepe Hissar [in Kleinasien] ein Ende bereitete; der Katastrophe, die in Syrien das alte Ugarit, die zur Zeit des Alten Reiches blühende Stadt Byblos, in Palästina die zeitgenössischen Siedlungen den Flammen auslieferte; und die zu den Ursachen gehört, welche den Untergang des Alten Reiches in Ägypten herbeiführten.«[2] Nach einer Zeit des Verfalls gelangten die meisten dieser Städte in einer neuen Ära lebendiger Zivilisation wieder zur Blüte.

Die danach wieder erbaute Stadt, Troja III, ist ebenfalls in einer gewaltigen und plötzlichen Katastrophe zerstört worden; es war »eine überaus schreckliche Feuersbrunst.« Dörpfeld, der hervorragende Archäologe, der zusammen mit Schliemann arbeitete und ihn um viele Jahre überlebte, wunderte sich darüber, weshalb eine Stadt wie Troja III als Folge eines Feuers eine 16 Meter dicke Aschenschicht hinterlassen konnte.[3] Schaeffer fand, daß dieselbe Zerstörung sich über ganz Kleinasien und weit darüber hinaus erstreckt hatte.

1 C. W. Blegen, »Excavations at Troy, 1936«, *American Journal of Archaeology*, XLI (1937), 35.

2 Claude F. A. Schaeffer, *Stratigraphie Comparée et Chronologie de l'Asie Occidentale* (1948). 225.

3 Ebenda, 237. W. Dörpfeld, *Troja und Ilion* (1902).

Bemühungen, auf der Asche der alten eine neue Stadt, Troja IV, zu errichten, wurden abermals durch eine unerwartete Feuersbrunst zunichte gemacht. Einmal mehr war der Boden bedeckt »mit einer dicken Schicht von Asche und verkohlter Massen, die deutlich machten, daß die Gebäude einem Feuer zum Opfer fielen.«[1]

Troja VI, das der fünften Stadt folgte und gewöhnlich als die Hauptstadt von König Priamos bezeichnet wird, ist in einem Erdbeben zerstört worden. Eine Naturgewalt, gewaltiger als das Heer Agamemnons, machte ihr ein Ende. Es handelte sich um eine zerstörende Erschütterung des Erdbodens, wie auch in der *Ilias* berichtet wird. Mauern wurden verschoben und fielen um. Einmal mehr war Schaeffer beeindruckt von den Zeichen einer gleichzeitig in allen Ausgrabungsstätten Kleinasiens und des Alten Ostens allgemein auftretenden Katastrophe; er verschrieb sich dem Zusammentragen des archäologischen Materials aus dem 3. und 2. Jahrtausend vor unserer Zeitrechnung mit dem speziellen Ziel, eine stratigraphische Synchronisierung auf Grund plötzlicher und gleichzeitiger Unterbrechungen der kulturellen Zeitalter in diesem gesamten Gebiet zu errichten.

Die Ruinen des Orients

Die Ruinen aller Ausgrabungsstätten überall im Alten Orient lassen Anzeichen von Zerstörungen erkennen, deren Ursache nur Naturgewalten gewesen sein konnten. Claude Schaeffer unterschied in seinem großen Werk sechs verschiedene Umstürze. Alle diese Erdbeben- und Feuerkatastrophen waren von derart umfassendem Ausmaß, daß Kleinasien, Mesopotamien, der Kaukasus, das Hochland von Iran, Syrien, Palästina, Zypern und Ägypten gleichzeitig betroffen wurden. Und einige dieser Katastrophen waren zudem von solcher Gewalt, daß sie großartige Zeitalter in der Geschichte der alten Kulturen beendeten.

Die aufgezählten Länder waren Gegenstand von Schaeffers

1 Blegen, *American Journal of Archaeology*, 1937, 570 ff.

eingehender Untersuchung; und in der Erkenntnis des Ausmaßes der Katastrophen, für die es in modernen Annalen oder in den Vorstellungen der Seismologie keine Parallelen gibt, kam er zur Überzeugung, daß diese Länder, deren alte Stätten er untersuchte, nur einen Bruchteil des Gebietes einnahmen, das von den Schlägen betroffen war.

Die älteste Katastrophe, von der Schaeffer Anzeichen entdeckte, ereignete sich zwischen –2400 und –2300. Sie trug Zerstörung von Troja bis in das Niltal. Mit ihr fand die frühe Bronzezeit ihr Ende. Verwüstet waren die Städte von Anatolien, wie Alaca Hüyük, Tarsus, Alisar; und jene Syriens, wie Ugarit, Byblos, Chagar Bazar, Tell Brak, Tepe Gawra; und von Palästina, wie Beth Sean und Ai; und von Persien und im Kaukasus. Zerstört waren die Kulturen von Mesopotamien und Zypern, und das Alte Reich Ägyptens fand sein Ende, ein großes und glänzendes Zeitalter. In allen Städten waren die Mauern von den Fundamenten geworfen worden, und die Bevölkerung verringerte sich merklich. »Um es so zu sagen, handelte es sich um eine allumfassende Katastrophe; die ethnischen Bewegungen waren zweifellos ihre Folgen und Auswirkungen. Aber ihre erste und reale Ursache ist, wahrscheinlich, in irgendeinem Kataklysmus zu suchen, über den der Mensch keine Kontrolle hatte.«[1] Er kam plötzlich und gleichzeitig über alle untersuchten Orte.

Nach ein paar Jahrhunderten des Wanderns und der Vermehrung errichteten die Nachkommen der Überlebenden neue Kulturen in der einst ruinierten Welt: die mittlere Bronzezeit. In Ägypten war das die Zeit des Mittleren Reiches, ein kurzes aber glorreiches Wiederaufleben ägyptischer Zivilisation und Macht. Die Literatur erreichte Perfektion, politische Macht ihren Gipfel. Dann kam ein Schlag, der in einem einzigen Tag aus diesem Reich eine Ruine machte, Schutt aus seiner Kunst, Leichen aus seiner Bevölkerung. Wieder war es der gesamte Alte Orient, bis zu seinen entferntesten Grenzen, der hingestreckt lag; die Natur, die keine Grenzen kennt, ließ alle Völker erzittern und bedeckte das Land mit Asche.

1 Dieses und folgende Zitate stammen aus Schaeffer, *Stratigraphie Comparée*, 534-567.

»Diese glänzende Periode der mittleren Bronzezeit, in der die Kunst des Mittleren Reiches in Ägypten und das so hochentwikkelte Kunstgewerbe der mittelminoischen Zeit blühte und in der die großen Handeslzentren wie Ugarit in Syrien sich eines bemerkenswerten Aufschwungs erfreuten« ging plötzlich unter.

»Der ausgedehnte internationale Handel, der die mittlere Bronzezeit im östlichen Mittelmeer und den größten Teil des fruchtbaren Halbmondes auszeichnete, fand in all diesen ausgedehnten Gebieten plötzlich ein Ende ... An allen bisher in Kleinasien untersuchten Städte verursacht eine Lücke oder eine Periode ausgeprägter Armut einen Bruch in der stratigraphischen und chronologischen Abfolge der Schichten ... In den meisten Ländern fand eine bedeutende Verringerung der Bevölkerung statt, in anderen folgte auf die seßhafte Bevölkerung das Nomadentum.«

In Kleinasien kam das Ende der mittleren Bronzezeit unvermittelt, und ein Bruch zwischen diesem Zeitalter und der späten Bronzezeit wird augenscheinlich an »allen Stellen, die stratigraphisch untersucht wurden«. Troja, Bogazköi, Tarsus, Alisar präsentieren alle das gleiche Bild des Aussterbens mit dem Ende der mittleren Bronzezeit.

In Tarsus, zwischen der Schicht der »glänzend entwickelten Zivilisation« der Mittelbronzezeit und jener der Spätbronzezeit, fand sich eine eineinhalb Meter mächtige Erdschicht ohne jedes Anzeichen menschlichen Lebens – eine »Lücke«. In Alaca Hüyük ist der Übergang von der mittleren zur späten Bronzezeit durch Umsturz und Zerstörung gekennzeichnet, und das gleiche läßt sich von jeder Ausgrabungsstätte in Kleinasien sagen.

An der syrischen Küste und im Landesinnern »finden wir einen stratigraphischen und chronologischen Bruch zwischen den Schichten der Mittel- und der Spätbronzezeit in Qualaat-er-Rouss, Tell Simiriyan, Byblos und in den Nekropolen von Kafer-Djarra, Qrayé, Majdalouna.« Alle untersuchten Nekropolen im oberen Orontes-Tal wurden aufgegeben, und das Bewohnen des bedeutenden Ortes Hama wurde im Moment unterbrochen, als das Mittlere Reich in Ägypten unterging. Auch in Ras Schamra gibt es eine deutliche Lücke zwischen den Horizonten der mittleren und der späten Bronzezeit.

In Beth Mirsim in Palästina kam es nach dem Fall des Mittleren

Reiches in Ägypten zu einer Unterbrechung der Besiedlung. In Beth Sean stießen die Ausgräber zwischen den Schichten der Mittel- und der Spätbronzezeit auf eine einen Meter mächtige Ansammlung von Schutt. »Sie weist darauf hin, daß der Übergang von der Mittelbronze- zur Spätbronzezeit von einem Umsturz begleitet war, der die chronologische und stratigraphische Abfolge auf dem Platz durchbrochen hat.« Eine gleichartige Situation fand Bliss in Tell el Hésy. Erdstöße verwüsteten auch Jericho, Megiddo, Beth Schemesch, Lachis, Askalon, Tell Taanak. Die Ausgräber von Jericho fanden, daß die Stadt wiederholt zerstört worden war. Ihre mächtige Mauer fiel in einem Erdbeben kurz nach dem Zusammenbruch des Mittleren Reiches.[1]

Erschütterungen verwüsteten das ganze Zweistromland. Auch das russisch-persische Grenzgebiet zeigt, daß es keinen kontinuierlichen Übergang gibt zwischen der Mittelbronze- und der Spätbronzezeit. Im Kaukasus wurde keine einzige archäologische Spur der Jahrhunderte gefunden, welche diese zwei Zeitalter trennen.

Eine Flutwelle brach über das Land herein, wie an der Küste von Ras Schamra, die noch mehr Zerstörung mit sich brachte.

Es scheint außerdem, daß der Zusammenbruch des Mittleren Reiches von Vulkanausbrüchen und Lavaströmen gekennzeichnet war. In einer frühen, nicht näher bestimmten Zeit verbrannte auf der Sinai-Halbinsel – das Sinai-Massiv ist kein Vulkan – ein Strom basaltischer Lava, der aus dem zerklüfteten Boden kam, die Wälder und ließ eine Wüste zurück.[2] In Palästina füllte hervorquellende Lava das Jesreel-Tal. Zu Beginn unseres Jahrhunderts wurde ein in Lava eingebetteter phönikischer Topf gefunden. Geologen haben versichert, die vulkanische Tätigkeit in Palästina sei in vorhistorischer Zeit abgeschlossen gewesen. »Neuerdings aber ist diese Behauptung unserer Geologen stark in Frage gestellt«, schrieb ein Autor zu jener Zeit.[3] Der dort in der Lava gefundene Topf weist vulkanische Tätigkeit »in historischer Zeit« nach. Das Urteil der Archäologen heißt, der Topf »datiere aus dem 15. Jahrhundert vor unserer Zeitrechnung«, und deshalb

1 J. Garstang und G. B. E. Garstang, *The Story of Jericho* (1940).
2 Flinders Petrie, »The Metals in Egypt«, Ancient Egypt (1915).
3 H. Gressmann, *Palästinas Erdgeruch in der Israelitischen Religion* (1909), 74-75.

muß der Ausbruch sich in der Mitte des 2. Jahrtausends ereignet haben.[1]

Laut Schaeffer ist Ägypten, als es in einer Naturkatastrophe unterging, von den Hyksos erobert worden, die aus dem Osten kamen. Auch in anderen Ländern waren nicht Eroberer oder wandernde Horden, sondern Erdbeben und Feuer die Ursache für die Zerstörungen. »Unsere Beweiserhebung hat gezeigt, daß diese aufeinanderfolgenden Krisen, durch welche die Hauptperioden des 3. und 2. Jahrtausends beschlossen und eröffnet werden, nicht durch die Tätigkeit des Menschen heraufbeschworen wurden. Im Gegenteil, beim Vergleich mit dem Ausmaß dieser allgemeinen Krisen und ihrer tiefgreifenden Auswirkungen muten die Unternehmungen der Eroberer ... recht bescheiden an.«[2]

Schaeffer findet Hinweise, daß sich das Klima nach den Katastrophen abrupt veränderte; das Phänomen war allgegenwärtig: »Im Kaukasus und in bestimmten Regionen des protohistorischen Europas haben zu dieser Zeit Klimaveränderungen offenbar Umgestaltungen in der Bevölkerung und Bewirtschaftung des Landes eingeleitet.«[3]

Die Katastrophe, die als Ausgangspunkt für zwei meiner Werke diente, *Welten im Zusammenstoß* und die Serie »Zeitalter im Chaos«, hinterließ archäologische Spuren in biblischen und homerischen Ländern, von den Dardanellen bis zum Kaukasus, auf dem Iranischen Hochland und bei den Nilkatarakten. Die heftigste und zerstörerischste Katastrophe ereignete sich genau am Ende des Mittleren Reiches in Ägypten, wie in diesen Büchern nachgewiesen.

Welches war die Ursache der Zerstörungen, die zum Ende der frühen Bronzezeit und dann der mittleren Bronzezeit führten, und das Aussehen der bekannten Welt von Europa über Asien bis nach Afrika veränderten? Feuer wütete, Lava strömte, Erschütterungen durchquerten ganze Kontinente, und das Klima unterlag Umwälzungen. Schaeffer wunderte sich über die große Ausdeh-

1 Ebenda, 75; A. Lods, *Israel* (1932), 31; I. Benzinger, *Hebräische Archäologie* (3. Ausg. 1927).
2 Schaeffer, *Stratigraphic Comparée*, 565.
3 Ebenda, 556.

nung der Erdbeben, wie man sie heute nicht kennt. Er fragte: Kann es sein, daß in früheren Zeiten Erdbeben viel heftiger und ausgedehnter waren als heute, weil ursprünglich aus dem Gleichgewicht gebrachte geologische Schichten sich mit der Zeit festigten?[1] Diese Erklärung der Anpassung geologischer Schichten im Verlauf der Zeit ist nicht vertretbar, wenn wir bedenken, daß die Geologie dem Planeten ein Alter von 3 bis 4 Milliarden Jahre zuspricht und daß 3000 Jahre höchstens einem Millionstel dieser Periode entsprechen. Die Erde hätte ihre Schichten längst vorher ausgeglichen, im Verlaufe der geologischen Zeitalter. Offensichtlich wurde die Erde vor nur wenigen tausend Jahren aus dem Gleichgewicht geworfen, was auch die mit der Katastrophe einhergehende Klimaveränderung erklärt.

Schaeffers Untersuchung reicht im Osten bis nach Persien; geht man darüber hinaus, so findet man, daß eine reiche Industrialkultur, mit vielen befestigten Städten, im 15. Jahrhundert vor unserer Zeitrechnung, zu Ende ging, kurz vor der Ankunft der Arier. Die Ursache dieses plötzlichen Erlöschens, »bequem passend mit dem 15. Jahrhundert v. Chr. gleichgesetzt«, ist unbekannt; doch die von R. E. Mortimer Wheeler[2] vorgestellten Tatsachen legen verschiedenen Gelehrten[3] nahe, daß eine Naturkatastrophe das Gebiet in jenen frühen vedischen Zeiten überwältigte. In ihrem Sog kamen die Arier in das Land; ein Vedisches Dunkles Zeitalter folgte, und auf der Asche der ausgelöschten Welt errichteten Arier Schritt um Schritt eine neue Zivilisation.

1 Ebenda.

2 R. E. Mortimer Wheeler, »Archaeology in India and Pakistan since 1944«, *Journal of the Royal Society of Arts*, XCIX (Dezember 1950); ebenfalls *Pakistan, Geological Review*. Vol. I. Pt. I.

3 Eine schriftliche Nachricht von H. K. Trevaskis, Autor von *The Land of the Five Rivers* (1928).

Zeiten und Daten

Die Evidenz dieses und vorangehender Kapitel sollte nicht als Nachweis dafür interpretiert werden, es habe nur im 1. und 2. Jahrtausend vor unserer Zeitrechnung globale Katastrophen gegeben; vielmehr wird die Behauptung erhärtet, daß sich auch in diesen Zeiten globale Störungen ereigneten: bei diesen handelt es sich eigentlich nur um die letzten einer Folge, die auf weit frühere Zeiten zurückgeht.

Laut der Schilderung in *Welten im Zusammenstoß* kam es in neuerer historischer Zeit zu zwei Reihen von Katastrophen: »Eine, die sich vor 35 bis 34 Jahrhunderten, in der Mitte des 2. Jahrtausends vor unserer Zeitrechnung abspielte, und eine andere im 8. oder zu Beginn des 7. Jahrhunderts vor unserer Zeitrechnung vor 26 Jahrhunderten.«[1] Die erste dieser Katastrophen ereignete sich am Ende des Mittleren Reiches in Ägypten und verursachte in der Tat dessen Zusammenbruch; in *Vom Exodus zu König Echnaton* wurden weitere Einzelheiten über die letzten Stunden des Mittleren Reiches angeführt, das in Naturkatastrophen unterging. Die zweite Serie von Katastrophen ereignete sich in einer Periode, die –776 begann und –687 endete, als im letzten Akt des ausgedehnten Dramas Sanherib seine Niederlage erlitt.

In einer davon unabhängigen Untersuchung gelangte Claude Schaeffer zum Schluß, am Ende des Mittleren Reiches habe sich ein enormer Kataklysmus abgespielt, der Ägypten zerstörte und durch Erdbeben und Holocaust jeden bevölkerten Ort in Palästina, Syrien, Zypern, Mesopotamien, Kleinasien, dem Kaukasus und in Persien vernichtete[2]; vor ihm hatte Sir Arthur Evans nachgewiesen, daß beim Untergang des Mittleren Reiches in Ägypten Kreta von einer Naturkatastrophe heimgesucht worden war; auch

1 Eine schriftliche Nachricht von H. K. Trevaskis, Autor von *The Land of the Five Rivers* (1928).

2 Schaeffer verlegte das Ende des Mittleren Reiches in Übereinstimmung mit der akzeptierten Chronologie zwischen –1750 und –1650. Er vermerkte indessen: »Wohlverstanden, der Wert der von uns angewandten absoluten Datierungen ist abhängig vom Genauigkeitsgrad, der im Forschungsbereich über die chronologisch verwendbaren historischen Dokumente erreicht wird ...« (Stratigraphic Comparée, 566). In *Vom Exodus zu König Echnaton* habe ich nachgewiesen, weshalb das Ende des Mittleren Reiches um –1500 anzusetzen ist.

der Vulkan von Thera warf gewaltige Mengen von Lava aus; und die Industrialkultur fand ein abruptes Ende.

Schaeffer schildert auch neuere Katastrophen, in welche der gesamte Nahe und Mittlere Osten ein paar hundert Jahre später gerieten. Evans hatte festgestellt, daß die Städte Kretas ein weiteres Mal von heftigen Erdbeben zerstört wurden, welche die aufeinanderfolgenden minoischen Zeitalter in Kreta beendeten.

Zur Stützung der in *Welten im Zusammenstoß* über Zeit und Ausdehnung der Katastrophen belegten Aussagen genügen an sich schon Schaeffers Befunde, die auf Dutzenden, wenn nicht Hunderten von Ausgrabungen überall im Alten Orient beruhen, wo Bevölkerungen dezimiert oder vernichtet wurden, die Erde bebte, die See hereinbrach und das Klima sich veränderte. Aber wir haben viel mehr Zeugnisse, und dies ist kein Wunder: Da die Katastrophen allgegenwärtig waren, sind ihre Auswirkungen überall zu finden.

Der Rhônegletscher begann vor 2400 Jahren abzuschmelzen, in der Mitte des 1. Jahrtausends. Diese Kalkulation von de Lapparent stimmt mit jener überein, mit welcher wir die letzte Katastrophe auf –687 datieren. In dieser Katastrophe schmolzen viele ältere Gletscher, und die daraus entstandene vermehrte Verdampfung und die größeren Niederschläge führten zur Bildung anderer Gletscher, die nach nicht langer Zeit ihrerseits wieder zu schmelzen begannen, ein Prozeß, der seither immer weiterläuft. Viele Alpengletscher, so lernte man vor kurzem mit Überraschung, sind weniger als 4000 Jahre alt (Flint).

Katastrophenartige Klimaveränderungen, die von Sernander und anderen Gelehrten in Skandinavien entdeckt wurden, korrespondieren fast exakt mit unseren Daten: im 2. Jahrtausend, ungefähr –1500, und ein weiteres Mal 800 bis 700 Jahre vor unserer Zeitrechnung, oder vor 34 und fast 27 Jahrhunderten. Dieselben Daten erweisen sich durch die Pollenanalyse vom Gams und Nordhagen für katastrophenartige Klimaveränderungen in deutschen Mooren und tektonischen Verwerfungen in Zentraleuropa; und wiederum die gleichen Daten, nahe der Mitte des 2. Jahrtausends vor unserer Zeitrechnung und einmal mehr nach dem Jahr –800 werden von Paret und anderen Autoren für die Klimastürze genannt, die sich aus der Geschichte der Pfahlsiedlungen in Deutschland, der Schweiz und Norditalien ergeben.

Eine sorgfältige Untersuchung des Niagara-Flußbettes von W. A. Johnston enthüllte, daß die heutige Schlucht von den Fällen in weniger als 4000 Jahren gegraben wurde. Eine gleichermaßen sorgfältige Untersuchung des Bärenfluß-Deltas durch Hanson, der Messungen aus periodisch wiederholten Überprüfungen verglich, zeigte für das Delta ein Alter von 3600 Jahren, so daß seine Entstehung auf die Mitte des 2. Jahrtausends vor unserer Zeitrechnung zurückgeht.

Warren Uphams Forschungen über den großen Eisrandsee Agassiz und die dortige Furchenbildung im entblößten Gestein lassen erkennen, daß der See erst vor einigen tausend Jahren gebildet worden ist und nur kurze Zeit Bestand hatte.

Das Studium der Seen des Großen Beckens durch Claude Jones wies nach, daß diese Seen, Überbleibsel ausgedehnter Eisrandseen, nur ungefähr 3500 Jahre lang existieren und daß auch die Eiszeitfauna bis auf ein ähnlich junges Datum überlebte. Gale erhielt dasselbe Resultat beim Owens-See in Kalifornien, und van Winkle auch beim Albert- und Summer-See in Oregon.

C14-Analysen von Libby weisen ebenfalls darauf hin, daß mit ausgestorbenen Tieren (Mastodon) in Verbindung stehende Pflanzen in Mexiko wahrscheinlich nur 3500 Jahre alt sind. Gleichartige Schlußfolgerungen, die das Überleben pleistozäner Fauna in noch nicht lange zurückliegender Zeit betreffen, wurden von verschiedenen Gelehrten bei der Feldforschung in vielen Teilen des amerikanischen Kontinentes gezogen.

Suess und Rubin fanden mit Hilfe der C14-Analyse, daß in den Bergen der westlichen Vereinigten Staaten das Eis vor nur 3000 Jahren noch vordrang.

Das Studium der magnetischen Eigenschaften etruskischer Töpferwaren weist auf eine Umkehrung des Erdmagnetfeldes und ebenfalls auf den Durchgang der Erde durch ein starkes Magnetfeld in historischer Zeit.

Die Florida-Fossilienlager in Vero und Melbourne bewiesen – durch die dort zusammen mit menschlichen Knochen und den Überresten ausgestorbener Tiere gefundenen Artefakte –, daß diese Fossilienlager vor 2000 bis 4000 Jahren entstanden sind. Wie durch Godwin enthüllt, ereigneten sich die zwei Einbrüche des Meeres an englischen Küsten ebenfalls im 2. und 1. Jahrtausend vor unserer Zeitrechnung. Laut einem früheren Werk von Prestwich war der Ausbruch der See von heftiger Art; er reichte bis in die Mitte Frankreichs und zur Französischen Riviera, nach Gibraltar, Korsika und Sizilien, und über das gesamte Gebiet, welches sich bis zu den Ländern des Alten Orients erstreckt. An all diesen Orten sind zerbrochene, aber frische Tierknochen gefunden worden; diese Knochen noch lebender und ausgestorbener Arten entdeckte man in Klüften und Höhlen in großer Zahl, manchmal auf Berggipfeln. Die in englischen Höhlen gefunden, mit fluvioglazialen Sedimenten bedeckten Knochen wurden ebenfalls als frisch und noch nicht versteinert geschildert.

Aus Beobachtungen an Stränden an zahllosen Orten überall auf der Welt kam Daly zum Schluß, es habe sich eine Veränderung des Ozeanspiegels ereignet, der vor 3500 Jahren um 5 bis 6 Meter gesunken sei; Kuenen und andere bestätigten Dalys Feststellungen mit Zeugnissen aus Europa.

Zu diesen kurzzeitig zurückliegenden geologischen, klimatologischen und archäologischen Katastrophenzeugnissen lassen sich zahllose andere gesellen, die gleichfalls auf erst in jüngster Zeit vorgefallene, gewaltige Katastrophen verweisen.

Zerrissene und zerschmetterte Tiere, darunter viele ausgestorbene Arten, wurden in Alaska in enormen Haufen entdeckt, ihre Knochen und Häute noch immer frisch; das in Sibirien gefundene Mammutfleisch ist noch eßbar; die Flußpferdknochen in den Felsenklüften Englands enthalten noch ihre organischen Stoffe. Die Gebirgsketten in China und Tibet, der Anden, Alpen und Rockies und des Kaukasus erreichten ihre gegenwärtige Höhe in der Jungsteinzeit und sogar in der Bronzezeit, und zu jenen (postglazialen) Zeiten wurde Afrika vom Großen Graben zerklüftet.[1]

Aus allen Teilen der Welt und, was noch wichtiger ist, aus allen Arten von Kalendern, Kalkulationen und Betrachtungsweisen erhalten wir dieselbe späte Datierung. Und in der Tat stammen die auf diesen Seiten zusammengetragenen Zahlen aus den Gebieten der Archäologie und Klimatologie, und von Fossilien-

1 Siehe Abschnitt »Ein entzweigerissener Kontinent«.

lagern und Wasserfällen und Deltas und Mooren (Pollenanalyse), von Pfahlbauten und Gletschern und Ozeanspiegeln und von der magnetischen Polarität der Erde, alle zusammen dieselben Ereignisse und die gleichen Daten enthüllend.

Kapitel 13

Zusammenbrechende Lehrgebäude

Geologie und Archäologie

Gemessen an anthropologischen und archäologischen Zeugnissen, weisen viele Funde kein hohes Alter auf; gemessen an den vorherrschenden geologischen und paläontologischen Lehrgebäuden, ist ihr Alter um mehrere Größenordnungen höher. Dieser Konflikt war sehr ausgeprägt im Fall der Artefakte enthaltenden Fossilienfunde in Vero und Melbourne (Florida), und er wiederholte sich an sehr vielen Orten. A. S. Romer hat reichhaltiges Material zum Überleben der pleistozänen Fauna bis in späte Zeitalter zusammengetragen, das von Archäologen umfassend zitiert wurde. A. L. Kroeber sieht keinen leichten Weg zur Umgehung der Schlußfolgerung, daß »einige der mit menschlichen Artefakten verknüpften ausgestorbenen Tiere vielleicht nicht älter als 3000 Jahre sind« und nicht »25 000 Jahre alt«.[1] Wie Jones nimmt er an, die Eiszeitfauna habe bis in eine späte Zeit überlebt, indem sie einen langsamen Aussterbeprozeß durchlief. Doch der Idee des langsamen und allmählichen Aussterbens der Eiszeitfauna wird von Erforschern des Problems widersprochen, die meinen, »plötzliche und entscheidende geologische oder klimatische Veränderungen sind vorgefallen, die gleichzeitig eine beträchtliche Anzahl von Tierarten auslöschten«.[2]

Aus den auf dem europäischen Festland ans Licht gebrachten Zeugnissen, »die für frühe postglaziale Stätten viel vollständiger belegt sind, erkennen wir ein recht plötzliches Verschwinden« der Fauna.[3]

Gemessen an archäologischen Maßstäben, verweisen indessen auch in Europa Artefakte und andere menschliche Überreste auf

1 A. L. Kroeber im S. M. Tozzer gewidmeten Band *The Maya and Their Neighbours* (1940). 476.

2 L. C. Eiseley. »Archaeological Observations of the Problem of Post-Glacial Extinction«, *American Antiquity*, Vol. VIII, No. 3 (1943), 210.

3 Ebenda, 211.

ein viel späteres Datum. K. S. Sandford, der über den Konflikt zwischen den Meinungen der Geologen und Archäologen in England geschrieben hat, sagt: »Der Meinungsunterschied ist in einigen Fällen derart ausgeprägt, daß die eine oder die andere Ansicht entschieden falsch sein muß.«[1] Jene, welche die Zeit im Sinne kultureller oder physischer Anthropologie und Archäologie messen, stehen in entschiedenem Gegensatz zu allen auf einer geologischen oder paläontologischen Zeitskala beruhenden Schätzungen.

Als zusätzliches Argument dient dem Archäologen der Hinweis auf Abbildungen ausgestorbener Tiere auf babylonischen und ägyptischen Reliefs, deren Knochen tatsächlich gefunden worden sind. Und der Anthropologe ist der Auffassung, daß sogar mündliche Überlieferungen, die ausgestorbene Tiere betreffen, Grund genug seien für weitreichende Folgerungen.

»Die Archäologie hat nachgewiesen, daß der amerikanische Indianer den Elefanten gejagt und getötet hat; sie hat ebenfalls nachdrücklich erkennen lassen, daß diese Elefanten seit mehreren Tausend Jahren ausgestorben sind. Das bedeutet, daß die Tradition der Indianer, indem sie an diese Tiere erinnern, ihre historische Gültigkeit für lange Zeiträume beibehalten haben. Es ist unmöglich zu sagen, für wie lange: Das Minimum sind wohl 3000 Jahre ... Wenn einige indianische Überlieferungen während so vieler Jahre historisch geblieben sind, so trifft das zweifellos auch auf Traditionen anderer Rassen und Völker zu.«[2]

Von den Tieren der La Brea-Asphaltgruben in Los Angeles wurde zuerst angenommen, sie gehörten in die Anfangsjahre des Pleistozäns – der Eiszeit – und seien also fast eine Million Jahre alt; dann erzwang die nahe Verwandtschaft zwischen den Lahontan- und den La Brea-Fossilien eine Abänderung dieser Einschätzung und die Ansetzung sowohl der Fauna von La Brea als auch aus anderen Asphaltgruben in Kalifornien (Carpinteria und McKittrick) auf das Ende der Eiszeit, vor mutmaßlich 20 000 bis 30 000 Jahren.

»Vielleicht am verblüffendsten ist die Schlußfolgerung, daß,

1 K. S. Sandford, »The Quarternary Glaciation of England and Wales«, *Nature*, 2. 12. 1933.

2 L. H. Johnson, »Men and Elephants in America«, *Scientific Monthly*, Oktober 1952.

wenn das Alter dieser sogenannten frühen Pleistozänansammlungen in Wirklichkeit spätpleistozän ist, frühe Quartär-Wirbeltierfauna bis heute in den westlichen Vereinigten Staaten praktisch unbekannt blieb.«[1]

Diese radikal revidierte Ansicht blieb nicht auf die Westküste Nordamerikas beschränkt: Die Fauna, deren Untergang früher zu Beginn der Vereisungsperioden gedacht wurde, soll nach allgemeiner Meinung jetzt die gesamte Eiszeit überlebt haben und erst ganz zuletzt in dieser Periode umgekommen sein.

»Es erscheint seltsam, daß eine Fauna, welche die mächtigen Eismassen überlebte, an deren Ende sterben sollte. Doch sie ging tatsächlich unter.«[2]

Doch nicht einmal die Reduktion der Zeit, als der Hauptteil der Pleistozänfauna an der Westküste verschwand, von 1 000 000 Jahre auf nur 30 000 oder 20 000 oder sogar 10 000 Jahre würde zureichen, wenn die Schätzung von Jones über das Alter der Lahontan-Ablagerungen richtig ist. Laut seiner Analyse des Salzgehaltes der vom größeren Lahontan-See zurückgelassenen Seen, wurde dieser Eisrandsee vor nur 3500 Jahre gebildet, und die darin gefundene Fauna kann deshalb nicht älter sein. Das führt zu weiteren Reduktionen. J. R. Schultz, der über die Fauna der Teersickerquellen in Kalifornien schrieb, sagt angesichts der anerkannten Wechselbeziehung der Fauna von La Brea und der Fauna des Lahontan-Sees, sogar die Meinung von Jones »über das relativ junge Alter des Sees sei vereinbar mit den Wirbeltierzeugnissen«.[3] Heißt das wirklich, daß die ausgestorbenen Tiere der Asphaltgruben nur 3000 bis 4000 Jahre alt sind? Es würde bedeuten, daß diese Knochen in der Zeit schriftlich überlieferter ägyptischer und babylonischer Geschichte abgelagert worden sind.

So beobachten wir eine Rückkehr zu den von amerikanischen Geologen im letzten Teil des 19. und zu Beginn des 20. Jahrhunderts vertretenen Ansichten: George Frederick Wright

1 J. R. Schultz, »A Late Quaternary Mammal Fauna from the Tar Seeps of McKittrick, California«, *Studies on Cenozoic Vertebrates of Western North America* (1938).

2 Eiseley, *American Antiquity*, Vol. VIII, No. 3 (1943), 211.

3 Schultz in *Studies on Cenozoic Vertebrates*.

(1838–1921), Newton Horace Winchell (1839–1914), Warren Upham (1850–1934). Wright kam zum Schluß, die Eiszeit habe »nicht vor der Zeit geendet, als die Kulturen Ägyptens, Babyloniens und Westturkistans einen hohen Entwicklungsgrad erreicht hatten«, und das im Widerspruch zu »weit übertriebenen Ideen in bezug auf das Alter der glazialen Epoche.«[1]

Die wissenschaftliche Meinung nähert sich in langsamen Schritten dieser Ansicht, obwohl noch immer daran festgehalten wird, zwischen der Eiszeit und aufgezeichneter Geschichte gäbe es eine breite Lücke – ungeachtet des Überlebens vieler Eiszeittiere bis in das 2. Jahrtausend vor unserer Zeitrechnung.

Zusammenbruch der Lehrgebäude

Im Jahr 1829 veröffentlichte Gérard Deshayes seine Studien über die fossilienhaltigen Schichten im Gebiet von Paris, wo Meerestiere mit Landtieren abwechseln; diese Schichten enthüllten, daß die obere Meeresablagerung viele Arten von Schalenweichtieren enthält, die noch heute die See beleben, und daß mit zunehmender Tiefe der Schichten die noch lebenden Formen abnehmen.

Der Veröffentlichung von Deshayes Werk folgend, ersann Lyell einen Zeitplan geologischer Zeitalter. Die versteinerten Überreste früherer Tiere lassen Veränderungen in der Fauna im Laufe der Zeit erkennen; Lyells Zeitmaß geologischer Perioden beruht auf derartigen Veränderungen im Tierreich, besonders bei den Schalentieren. Er fand heraus, daß auf das Quartär, die Zeit des Menschen, nicht mehr als ein Zwanzigstel der Evolution entfiel, die seit dem Miozän (mittleren Teil des Tertiärs, Zeitalter der Säugetiere) stattgefunden hatte. Von hier aus entwarf er einen vollständigen »Evolutionszyklus«, in welchem laut seiner Einschätzung praktisch alle am Anfang des Zyklus vorhandenen Arten am Ende durch neue ersetzt worden waren. Wenn auf diese Weise für das Zeitalter des Menschen 1 000 000 Jahre angenommen werden, wären somit zur Vollendung aller seit dem Miozän beobachteten

1 Wright, *The Ice Age in North America*, 683.

Die akzeptierte Abfolge der geologischen Zeitalter

Ära	Zeitalter	Periode	Epoche
KÄNOZOIKUM	Zeitalter des Menschen	QUARTÄR	Neuzeit (Stein-, Bronze-, Eisenzeit)
			Pleistozän (Eiszeit)
	Zeitalter der Säugetiere	TERTIÄR	Pliozän
			Miozän
			Oligozän
			Eozän
MESOZOIKUM	Zeitalter der Reptilien		Kreide
			Jura
			Trias
PALÄOZOIKUM	Zeitalter der wirbellosen Tiere, Fische, Amphibien		Perm
			Karbon
			Devon
			Silur
			Ordovizium
			Kambrium
KRYPTOZOIKUM	Kein Leben und Entstehung des Lebens		Präkambrium

Veränderungen 20 000 000 Jahre einzusetzen; und seit dem Mesozoikum, also dem Zeitalter der Reptilien, müssen vier solcher Transformationszyklen des Lebens vergangen sein. Durch diese Methode gelangte Lyell mit 12 Zyklen auf 240 000 000 Jahre seit dem Beginn des Paläozoikums, der Zeit früher Lebensformen auf der Erde. Diese Zahl wurde seither bedeutend vergrößert; die anderen Berechnungen blieben nach Lyells Bewertung anerkannt.

Lyells Schema, das durch die Einführung neuer Unterteilungen geologischer Epochen perfektioniert wurde, geht nach der folgenden Regel vor: Enthält eine Schicht 90 bis 100 Prozent heute noch vorkommender Schalentierarten, so gehört die Schicht zum Pleistozän, d. h. zur Eiszeit; enthält sie 40 bis 90 Prozent solcher Schalentiere, dann gehört die Schicht zur jüngsten Unterabteilung des Tertiärs, dem Pliozän; sind nur 20 bis 40 Prozent der Schalen in einer Schicht heutige Varianten, so gehört sie in das Miozän, eine ältere Unterabteilung des Tertiärs; und so weiter, bis hinunter in die Schicht, wo man von den Schalen lebender Molluskenarten keine direkten Vorgänger mehr finden kann.

Lyells Zeitsystem geht von der Voraussetzung aus, daß keine katastrophenartigen Ereignissen dazwischentraten und die Ausrottung der Arten das Ergebnis langsamen Erlöschens sei, was Darwins Theorie dem Überleben des Tüchtigsten im Kampf um die beschränkten Mittel zum Dasein zuschreibt. Wenn aber große Katastrophen sich auf der Erdoberfläche und in den Tiefen des Meeres in umfassenderem als nur lokalem Umfang ereigneten, und wenn in solchen Umstürzen einige Lebensformen untergingen und andere überlebten, und wenn die Nachkommen wieder anderer starken Mutationen unterlagen, dann ist das gesamte Schema von Prozentanteilen und Zeitzumessungen durch Multiplikation der in der letzten Epoche beobachteten Veränderungen mit seinem vorgegebenen Plan und seiner Unbeweglichkeit ebensowenig stichhaltig wie die Verlautbarungen einiger Theologen, z. B. des Bischofs von Ussher in Irland, der 1654 erklärte, die Schöpfung habe um 9 Uhr morgens am 26. Oktober 4004 v. Chr. stattgefunden.

Die vorliegende Arbeit schlägt weder eine Verlängerung noch eine Verkürzung des geschätzten Alters der Erde oder des Universums vor (das während der wenigen Jahre, als dieses Buch geschrieben wurde, von zwei auf sechs Milliarden Jahre anwuchs). Ich sehe nicht ein, weshalb einem wahrhaft religiösen Geist ein kleines und kurzlebiges Universum ein besserer Nachweis dafür sein soll, daß es von einer absoluten Intelligenz ersonnen worden sei. Noch vermag ich einzusehen, wie wir zur Lösung vieler ungelöster geologischer Probleme oder zur Erklärung ihres geheimnisvollen Charakters beitragen können, wenn wir sie in weit zurückliegende Zeitalter verlegen.

Was immer das Alter des Universums und der Erde sein mag, einzelne geologische Epochen waren von ganz anderer Dauer, als sie auf Grund der Evolutionstheorie vermutet werden. Schon die Vorstellung eines 60 000 000 Jahre langen Teritärs, als sich Gebirge erhoben, gefolgt von einer 1 000 000 Jahre andauernden Eiszeit, einer Periode starker klimatischer Veränderungen, mit danach kommenden 30 000 ruhigen Neuzeitjahren, ohne Gebirgsbildung und mit stabilem Klima, ist grundsätzlich falsch. Der Bau der Gebirge hielt während der Eiszeit an, traf mit Klimakatastrophen zusammen, und beides dauerte fort bis in die Zeit vor nur wenigen tausend Jahren.

In früheren Zeitaltern

Bei der Untersuchung älterer Gesteine findet man, daß sie von gewaltigen Umstürzen berichten, gegen welche die Katastrophen späterer Zeiten nur geringfügig erscheinen. Entlang der kanadischen Grenze westlich des Lake Superior im Gebiet von Keewatin erreichte ein Komplex alter Lavaergüsse und dazwischenliegender Sedimentgesteine laut C. O. Dunbar von der Yale Universität »die beeindruckende Mächtigkeit von 20 000 Fuß (6100 Meter)«.[1] In der Michipicoten Bay ist der vulkanische Tuff 3500 Meter dick. Im selben Gebiet des Oberen Sees wurde der Inhalt eines späteren (Keweenawan) Lavaergusses, noch immer sehr früh in der Geschichte der Erde, auf 100 000 Kubikkilometer geschätzt, und im

1 Dieses und die folgenden Zitate sind aus Dunbar, *Historical Geology* (1949); in den früheren Ausgaben erscheint Charles Schuchert als Mitautor.

Norden von Michigan und Wisconsin kann das Keweenawan-System »50 000 Fuß (15 240 Meter Mächtigkeit) erreichen, wovon weit mehr als die Hälfte aus Lava besteht«. »Es erregt die Phantasie, über die 2 000 000 Quadratmeilen (5 180 000 Quadratkilometer) Granitgneis nachzudenken, die den Boden des kanadischen Schildes bilden, und sich zu vergegenwärtigen, daß das ganze als flüssiges Magma unter einer Decke älteren Gesteins erstarrte, das inzwischen längst von der Erosion abgetragen wurde.« Man gewinnt den Eindruck, »daß während dieser urzeitlichen Epochen die Erdkruste wiederholt zerbrochen und großteils von aufquellendem geschmolzenem Material überschüttet wurde.« In dieser präkambrischen Lava wurden sowohl in Kanada, wie auch in Australien und Südafrika glaziale Ablagerungen entdeckt, »mit zum Teil gerundeten und kantigen Blöcken, einige darunter verschliffen und gefurcht.« Die Ermittlung dieses Nachweises früher Vergletscherung war zunächst »eine schockierende Entdeckung«, weil sie als »ein ernstzunehmendes Hindernis zu der Ansicht« erschien, »die Erde sei ursprünglich in einem geschmolzenen Zustand gewesen«. Später gestatteten die Geologen dem Gestein sich vorerst einmal abzukühlen, indem sie zwischen den Ursprung der Erde und die frühen Eisphänomene eine halbe Milliarde Jahre einschoben.

Im Kambrium fluteten dann die Meere über die Kontinente, und es bildeten sich Dolomit- und Metamorphitgesteine von 1000 bis 1200 Meter Dicke. Auf der Welt gab es nur niedriges Leben. Und doch »haben die einfachsten, unspezialisiertesten Arten heute noch lebender Tiere im zoologischen Sinne ihrerseits als ganz und gar modern zu gelten und . . . gehören zur gleichen Ordnung der Natur wie die heute noch vorherrschende«. Im Ordovizium überdeckte das Meer »gut die Hälfte des heutigen (amerikanischen) Festlandes und reduzierte es auf eine Gruppe großer Inseln.« Zu Beginn dieser Periode »drang das Wasser des Meeres über die Ufer und breitete sich manchmal weit über den mittleren und den östlichen Teil der Vereinigten Staaten aus.« Später in dieser Epoche »dehnte sich eine große See im Süden der Arktis über Zentralkanada aus und verband sich mit den südlichen Einbuchtungen, die einen großen Teil der Vereinigten Staaten einnahmen«. Gebirge stiegen empor, falteten und verwarfen sich in der sogenannten takonischen Phase. Sie wurde von vulkanischer Tätigkeit begleitet. Asche fiel von Alabama bis nach New York »und sogar im Westen darüber hinaus bis nach Wisconsin, Minnesota und Iowa.« Die Ascheschichten variieren in ihrer Mächtigkeit von einigen Zentimetern bis zu mehr als 2 Metern. »Die größte Entfaltung vulkanischer Tätigkeit findet man indessen weiter im Nordosten, in Quebec und Neufundland«, wo vulkanischer Tuff von großer Mächtigkeit die Epoche anzeigt. Zur selben Zeit wurden im arktischen Kanada von Alaska bis nach Manitoba Korallenriffe aufgebaut, ebenso wie in Neufundland und Nordgrönland. Anzeichen einer Eiszeit (Tillit) wurden in Nordnorwegen festgestellt, und wenn sie dem gleichen Zeitalter entstammen, dann ergeben sie wegen der Korallenriffe, die im Norden wuchsen, ein echtes Problem. Das Leben spielte sich im Wasser ab; das Meer wurde von Tausenden von Arten bevölkert.

In der folgenden silurischen Epoche brach die vulkanische Tätigkeit mit neuer Energie hervor. »In New Brunswick und besonders im Südosten von Maine, erreichen Ascheschichten und Lavaströme die beeindruckende Mächtigkeit von 10000 Fuß (3000 Meter) und mehr.« Auch in Südalaska und in Nordkalifornien gibt es gewaltige Lavaströme, vulkanisches Trümmergestein und Tuff aus derselben Zeit. Der Abschluß dieser Periode ist durch die sogenannte Kaledonische Faltung in Europa gekennzeichnet, als sich eine Gebirgskette quer über die Britischen Inseln und Skandinavien erhob. »Über die ganze Länge Norwegens und Schwedens, eine über 1100 Meilen (1760 Kilometer) lange Strecke, falteten, verwarfen und stürzten sich die prädevonischen Formationen in einer nach Osten gerichteten Bewegung auf einzelne Bruchflächen, die bis zu 20 und 40 Meilen (32 bis 64 Kilometer) groß waren.« Wiederum wuchsen in arktischen Regionen Korallen.

Die nächste Periode (das Devon) ragt durch die sogenannte Akadische Gebirgsbildung mit Hebungen und Senkungen heraus. »Viel Eruptivtätigkeit begleitete die Akadische Störung. Große Mächtigkeit geschichteter Lava und Tuffs in Südquebec, Gaspé, New Brunswick und Maine bezeugen Vulkane, die im Devon aktiv waren.« Magma drängte unter die White Mountains, hob sie empor und bildete ihren Granitsockel. Gleichartige Vorgänge spielten sich in anderen Teilen der Welt ab. Der Untere Buntsandstein Europas ist eine Devon-Formation. In Ostaustralien erhoben sich Gebirge, die sich über die volle Länge des Ostrandes des Kontinentes erstrecken. »Viel Eruptivtätigkeit ereignete sich während dieser Periode in diesem Gebiet, und die Devon- und damit verknüpfte vulkanische Schichten sollen über 30 000 Fuß (9100 Meter) mächtig sein.« Während der gesamten Devon-Epoche muß Nordamerika mit Europa durch eine Landbrücke verbunden gewesen sein, »die später im Nordatlantik versank.« Der Nachweis dafür, daß diese zwei Landmassen miteinander verbunden waren, ergibt sich aus den im Devon-Gestein der zwei Regionen erhaltenen Landpflanzen und Süßwassertiere, »die auf beiden Seiten des Atlantiks sich so gleich sehen, daß es klar scheint, eine bequeme Landbrücke habe ihnen einen freien Weg zur Wanderung geboten.«

Im Karbon wurden Berge errichtet, die See kam über das Festland, Korallen bauten Riffe an den arktischen Küsten Alaskas und Spitzbergens. Vulkane brachen aus, und eine Vergletscherung fand statt, besonders in Australien. Landtiere ebenso wie reiches Leben im Wasser hinterließen ihre Spuren. Kohleschichten bildeten sich. In den Kohlebecken von Nova Scotia und New Brunswick »erreichen die Kohlengebirge eine Mächtigkeit von einigen Tausend bis zu 13 000 Fuß (4000 Meter)«. Weiträumige kontinentale Vergletscherungen ereigneten sich in Indien, Südafrika, Südamerika und Australien ...

Hier halte ich mit den Zitaten aus *Historial Geology* ein. Immer wieder war die Welt ein Spielplatz für Vulcanus und Poseidon, die Elementargewalten geschmolzenen Steins und übergreifender See. Doch wenn all dies vorgetragen ist, wird uns nichtsdestotrotz versichert, die geologische Vergangenheit sei sanft und gleichförmig verlaufen, und was als Umwälzung erscheine, sei ein gedrängter Eindruck langsamer und gewöhnlicher Prozesse; sogar den Meeren von Lava, offensichtlich in einer einzigen Aufwallung entstanden, wird der katastrophenartige Ursprung abgesprochen.

Man liest: »Es ist nicht einleuchtend, daß die Stadt Boston auf der Oberfläche einer der größten Gebirgsketten der Welt ruht – und doch tut sie es« (sie ist abgesunken und auch erodiert);[1] man

1 Daly, *Our Mobile Earth, 239.*

liest ebenfalls, daß »Boston im Karbon in der äquatorialen Regenzone, im Perm aber in der Region heißer Wüsten lag«[1]; es wird einem weiterhin gesagt, das Gebiet von Boston habe einst unter dem Meer gelegen, und habe sich auch einmal unter einer meilendicken Eiskappe befunden. Es wird insistiert, alle diese Veränderungen hätten ohne irgendwelche Umwälzungen in der Natur stattgefunden, es handle sich lediglich um Auswirkungen von Prozessen und Kräften, die auch in unserer Zeit tätig seien – wo höchste Berge flach abgetragen werden, Äquatordschungel heißen Sandwüsten und heiße Wüsten der Polareisdecke Platz machen, und die Polareisdecke dem Meeresboden und der Meeresboden der Harvard-Universität weicht. Es geschah alles so langsam, daß keine lebende Kreatur je die Veränderung bemerkte.

Kohle

Kohle wird in Schichten gefunden, die verschiedenen Zeitaltern vor allem auf Grund der in ihnen gefundenen Fossilien zugeschrieben werden. Braunkohle besteht hauptsächlich aus nur zum Teil verkohlten Bäumen. Stein- oder Fettkohle ist brüchig und von schimmerndem Glanz und enthält Schwefel; ihre organische Herkunft wird manchmal unter dem Vergrößerungsglas ersichtlich, und die Pflanzen, die zu ihrer Entstehung beitrugen, kann man an den Blättern im Schiefer oben auf der Kohleschicht erkennen. Anthrazit oder Glanzkohle ist eine metamorphe, bituminöse Kohle.

Bei den Pflanzen, welche an der Formation der alten Schichten beteiligt waren, handelt es sich hauptsächlich um Farne und Zykadeen; spätere Schichten setzen sich aus Sassafras, Lorbeer, Tulpenbaum, Magnolie, Zimtbaum, Mammutbaum, Pappel, Weide, Ahorn, Birke, Kastanie, Erle, Buche, Ulme, Palme, Feigenbaum, Zypresse, Eiche, Rose, Pflaumenbaum, Mandelbaum, Myrte, Akazie und vielen anderen Spezies zusammen.[2]

Die Herkunft der Kohleschichten ist bei weitem noch nicht zu-

1 Brooks, *Climate through the Ages*, 232.
2 Price, *The New Geology*, 468-469.

friedenstellend erklärt.[1] Eine Theorie will in Torfmooren den Ort sehen, wo in einem nach Zehntausenden und Hunderttausenden von Jahren allmählich ablaufenden Prozeß Kohle entsteht. Es wird gesagt, die Pflanzen fielen auf den Boden, und bevor sie sich noch an der Luft zersetzen, würden sie vom Wasser der Sümpfe bedeckt. Eine Sandschicht legt sich darüber, die den Boden für neue Pflanzen bilde, und so wiederhole sich der Prozeß. Damit diese Sandschicht abgelagert werden kann, ist es nötig, daß diese Morastgebiete von fließendem Wasser bedeckt sind. Da fast regelmäßig auf den Kohleschichten Meeresmuscheln und -fossilien gefunden werden, muß die See einmal die Sümpfe überschwemmt haben; damit dann neue Landpflanzen dort wachsen konnten, muß sich die See wieder zurückgezogen haben. Es gibt Orte, wo sich 60, 80, 100 und mehr aufeinanderfolgende Kohleschichten ausgebildet haben; diese Theorie würde dann erfordern, daß ebenso viele Male das Meer übergriff – wenn das Land sich senkte – und genauso häufig sich zurückzog. Mit anderen Worten, diese Theorie unterstellt, daß der Boden pulsiere und daß das Meer wieder zurückkehre und die Kohlenlager wieder überschwemme, wie es das hundertmal in der Vergangenheit schon tat.

»Fossilien auf Meeresmuscheln und -schnecken ... gibt es im Schiefer oben auf jedem Kohleflöz überreichlich. Später zog sich das Salzwasser mit dem fluktuierenden Meeresspiegel zurück, und es entstand ein weiterer Frischwassersumpf, der zu einer weiteren Kohleschicht über dem letzten führte. Wiederum sind wir überrascht, dieses Mal durch die große Anzahl der mit Meeressedimenten abwechselnd auftretenden Kohleschichten; diese werden heute als ausgeprägte Zyklen erkannt, wo jeder Zyklus einen gemeinsamen Ereignisablauf widerspiegelt ... Ohio offenbart mehr als 40 solcher Zyklen, und in Wales wurden mehr als 100 getrennte Kohlenflöze entdeckt. Marvin Miller gab ungefähr 400 000 Jahre an als wahrscheinliche Zeit für jeden Ohio-Zyklus.«[2]

Dieses Schema erheischt nicht nur, daß die See das Festland hundertmal bedeckt haben muß, sondern daß nach jedem Rück-

1 Siehe Suess, *The Face of the Earth.* II. 244.
2 Chamberlain in *The World and Man,* Hrsg. Moulton, 79.

zug des Meeres auf dem freigegebenen Boden ein Frischwassersumpf entstehen mußte, um den Bäumen einen neuen Ort zu bieten, wo sie wachsen und umfallen und verfaulen konnten; und daß dem Verwesungsprozeß Einhalt geboten wurde, bevor er zu weit ging, »denn sonst wären die pflanzlichen Stoffe völlig verschwunden, und keine davon wären zur Kohlebildung übrig geblieben.«[1] Und dazu war nicht nur jedesmal »die Flächenausdehnung der Sümpfe bemerkenswert, sondern die Mächtigkeit der Kohle erforderte eine überraschende Akkumulation pflanzlicher Stoffe.

Viele Arten von Pflanzen und Bäumen, die zur Kohleformation beitrugen, wachsen nicht in Sümpfen, und wenn sie sterben, bleiben sie auf trockenem Boden und verwesen. Diese Tatsache allein schon macht die Torfmoor-Theorie unhaltbar.

Kohlenflöze sind manchmal 20 und mehr Meter mächtig. Kein Wald vermöchte eine derartige Kohlenschicht zu produzieren; man schätzt, daß zur Produktion einer 30 Zentimeter starken Kohleschicht eine 4 Meter mächtige Torfablagerung erforderlich wäre; und eine derart mächtige Torfablagerung würde eine 40 Meter hohe Schicht pflanzlicher Überreste bedingen. Wie hoch und dicht muß ein Wald dann sein, um einen Kohleflöz von nicht nur 30 Zentimetern, sondern von 15 Metern Mächtigkeit zu produzieren? Die Pflanzenüberreste müßten 1800 Meter dick lagern. An einigen Orten muß es 50 bis 100 aufeinanderfolgende riesige Wälder gegeben haben, jeder den letzten ersetzend, da sich ebenso viele Kohleschichten bildeten. Aber es ist noch weiter fragwürdig, ob die Wälder einer über dem anderen wuchsen, weil eine auf der einen Seite nicht unterteilte Kohleschicht sich manchmal auf der anderen Seite in zahlreiche Flöze auftrennt, mit Kalksteinschichten und anderen Formationen dazwischen.

Die Berücksichtigung der enormen Massen pflanzlicher Stoffe, die zur Kohleschichtbildung nötig waren, führte zur Geburt einer anderen Theorie über die Herkunft der Kohle. Gefallene Bäume sind von über die Ufer getretenen Flüssen weggetragen worden, und aus diesen entstand die Kohle, nicht aus

1 Ebenda, 78.

Pflanzen in *situ.* Diese Theorie erklärt die enormen Ansammlungen sterbender Pflanzen an einigen Orten; sie könnte auch zeigen, weshalb in einigen Fällen ein versteinerter Baumstrunk verkehrt herum in Kohle eingebettet liegt – was die Torfmoor-Theorie nicht erklärt. Doch die Drifttheorie vermag nicht die Tatsache zu erklären, daß mit der Kohle verschiedene Arten von Meerestieren vermischt sind. Kohleartige und bituminöse Schiefer sind oft vollgepackt mit versteinerten Meeresfischen. Tiefseelilien und Klarwassermeereskorallen wechseln oft mit den Kohlenschichten ab.

Ebenfalls gibt es häufig in Kohle eingehüllte Findlinge. Es wurde angenommen, diese Blöcke seien zufällig auf Naturflößen dicht zusammengedrängter Baumstämme in die Kohle geraten. Dichte Flöße driftender Baumstämme sind nur vorstellbar nach einem großen Orkan. Indessen würden Meeresfische nicht tief in überflutende Flüsse eindringen, um sich zusammen mit den Findlingen begraben zu lassen, und Korallen wachsen nicht in trübem Wasser.

Offensichtlich bildete sich die Kohle nicht auf den beschriebenen Wegen. Wälder brannten, ein Orkan entwurzelte sie, und eine oder eine Reihe aufeinanderfolgender Flutwellen stürzte vom Meer her kommend über die verkohlten und zersplitterten Bäume, schwemmte sie zu großen, durch die Wogen verdichteten Haufen an, und bedeckte sie mit Meeressand, Kieseln und Schalentieren, mit Unkraut und Fischen; darüber deponierte eine weitere Flut noch mehr verkohlte Stämme, warf sie zu Haufen und bedeckte sie wiederum mit Meeressedimenten. Der erhitzte Boden metamorphisierte das verkohlte Holz zu Kohle, und wenn das Holz oder der Boden, wo es begraben wurde, mit einem bituminösen Erguß durchtränkt wurde, so bildete sich Steinkohle. Nasse Blätter überlebten manchmal die Waldbrände und, in dieselben Haufen von Stämmen und Sand geschwemmt, hinterließen ihre Zeichnung auf der Kohle. So geschah es, daß Kohlenflöze von Meeressedimenten bedeckt sind; aus diesem Grund kann sich eine Kohlenschicht aufgabeln und Meeresablagerungen zwischen ihren Zweigen aufweisen.

Eine Stütze für diese meine Ansicht über die Herkunft von Kohle finde ich in einem vor nicht langer Zeit veröffentlichten ausführlichen Werk von Heribert Nilsson, Professor emeritus für Botanik an der Universität Lund.[1] Nilsson legt die Ergebnisse einer Untersuchung der botanischen und zoologischen Zusammensetzung der Braunkohle des Geiseltals in Deutschland vor, die von Johannes Weigelt und seiner Gruppe aus Halle angestellt wurde.[2] Bei vielen der im Geiseltal-Lignit vorgefundenen Pflanzen handelt es sich um tropische Arten, die noch nicht einmal in den Subtropen wachsen. Eine lange Liste der tropischen Familien, Gattungen und Arten, die in der Geiseltalkohle zu unterscheiden sind, wurde veröffentlicht (E. Hoffmann; W. Beyn). Algen und Pilze auf den in der Kohle erhaltenen Blättern werden heutzutage auf Pflanzen in Java, Brasilien und Kamerun gefunden (Köck).

Neben der dominierenden tropischen Flora in Geiseltal gibt es dort auch Pflanzen aus fast jedem Teil der Weltkugel. Die Insektenfauna der Geiseltalkohle kommt vor »im heutigen Afrika, in Ostasien und in verschiedenen Regionen Amerikas, erhalten in fast originaler Reinheit.« (Walther und Weigelt). Die Kohle von Geiseltal wird als dem Beginn des Tertiärs zugehörig erachtet.

Was die Reptilien-, Vogel- und Säugetierfauna betrifft, so stellt die Kohle einen »richtiggehenden Friedhof« dar. Affen, Krokodile und Beuteltiere hinterließen ihre Überreste in dieser Kohle. Ein indo-australischer Vogel, ein amerikanischer Kondor, tropische Riesenschlangen, ostasiatische Salamander blieben ebenfalls dort zurück (O. Kuhn). Einige der Tiere sind Steppenbewohner, andere wiederum, wie Krokodile, kamen aus Sümpfen.

Nicht nur die Herkunft und die Lebensräume der Pflanzen und Tiere bieten ein sehr paradox anmutendes Bild, sondern in dieses Bild gehört auch ihr Zustand der Konservierung. In den in der Braunkohle gefundenen Blättern ist noch Chlorophyll erhalten (Weigelt und Noack). Die Blätter müssen recht schnell vom Kontakt mit Luft und Licht isoliert, d. h. rasch umhüllt worden sein: Dies waren weder im Herbst von den Pflanzen fallende Blätter noch von einem Sturm abgerissene und dann der Tätigkeit von Licht und Atmosphäre ausgesetzte Blätter. Ganze Schichten von Blättern aus allen Teilen der Welt, zu Milliarden und, obwohl zu

1 H. Nilsson, *Synthetische Artbildung*, 2. Bde. (1953), Kapitel VII-VIII.

2 Die Arbeiten von Weigelt und seinen Mitarbeitern wurden in *Nova Acta Leopoldina*, 1934 bis 1941, veröffentlicht.

Fetzen zerrissen doch mit intakter Aderung und in vielen Fällen noch grün, sind im Geiseltal-Lignit enthalten.

Mit den Tieren steht es nicht anders. Die Struktur der tierischen Gewebe verliert ihre Schärfe, sobald sie nach dem Tod auch nur kurze Zeit der natürlichen Umgebung ausgesetzt ist; den Muskeln und der Haut der Tiere in der Braunkohle von Geiseltal blieb die Feinstruktur erhalten (Voigt). Auch die Farben der Insekten hatten ihren ursprünglichen Glanz behalten. Der eigentliche Versteinerungsvorgang – das Eindringen von Silikat in das Gewebe – muß »fast blitzschnell« vor sich gegangen sein, laut Nilssons Meinung. Während aber die Membranen und Farben der Insekten derart gut erhalten sind, ist es schwierig, ein ganzes Insekt zu finden: Meistens treten nur zerrissene Teile in Erscheinung (Voigt).

Nilsson ist davon überzeugt, daß die in der Geiseltalkohle abgelagerten Tiere und Pflanzen durch Wasserfluten aus allen Teilen der Welt dorthin getragen wurden, hauptsächlich von den Küsten der äquatorialen Zonen des Pazifischen und Indischen Ozeans – aus Madagaskar, Indonesien, Australien und von den Westküsten Amerikas. Eines indessen ist offensichtlich: Kohle entstand unter kataklystischen Umständen.

Kapitel 14

Vernichtung

Fossilien

Bisons zu Millionen sind auf den Prärien des Westens in den mehr als 400 Jahren seit der Entdeckung Amerikas eines natürlichen Todes gestorben; Aasfresser haben ihr Fleisch gefressen, oder es verweste und löste sich auf; die Knochen und Zähne leisteten dem Verwesungsprozeß eine Zeitlang Widerstand, doch sie verwitterten schließlich und zerbröckelten zu Staub. Keine Knochen dieser toten Bisons wurden zu Fossilien in Sedimentgestein, und kaum einige davon sind erhalten geblieben.

Die evolutionstheoretischen Überlegungen über die Fossilienbildung unterstellen gewisse Voraussetzungen als obligatorisch: Sedimentgestein bildet sich in einem langsamen Prozeß auf dem Meeresboden, und die Knochen von in den Ablagerungen begrabenen Tieren versteinern. Landtiere waten im seichten Wasser des Meeres oder eines Sees, sterben während des Watens, und ihre Körper werden mit Sediment überdeckt. Das Sediment muß die Tiere rasch zudecken, und das erfolgt am besten durch eine Absenkung des Bodens. Deshalb postulierte Darwin eine derartige Absenkung des Meeresbodens als Voraussetzung für die Bildung von Fossilien. Andererseits in Absenkung oder Hebung des Geländes in der Theorie der Uniformen Evolution ein sehr langsamer Vorgang, bei weitem viel länger andauernd als die für die Verwesung eines Kadavers im Wasser erforderliche Zeit.

Die Riesenreptilien sollen angeblich wie Amphibien gelebt haben – auf dem Land und im seichten Meer –, weil man zahlreiche fossile Überreste in Sedimentgesteinen gefunden hat. Indessen sind an ihren Skeletten keine Anpassungen an das Leben im Wasser auszumachen. Die Körper seien so schwer gewesen, wird angenommen, daß sie sich nach Möglichkeiten zum Waten oder Schwimmen umsahen – obwohl es scheinen möchte, daß, wenn ihnen das Gewicht ihrer Körper auf dem Land Schwierigkeiten bereitete, es ihnen noch viel schwerer gefallen wäre, sich über den sumpfigen Boden im seichten Wasser der Strände zu schleppen. Auch von Vögeln wird angenommen, sie seien beim Waten gestorben und dann begraben worden.

Wenn ein Fisch stirbt, so treibt sein Körper an die Oberfläche oder sinkt auf den Boden, und wird recht schnell von anderen Fischen verzehrt – tatsächlich schon in wenigen Stunden. Der fossile Fisch im Sedimentgestein indessen ist sehr oft als intaktes Skelett erhalten. Über große Flächen wurden schwarmweise Fische in Milliarden von Exemplaren versteinert, alle in einem Zustand der Agonie, aber ohne Zeichen eines Angriffs durch Aasfresser.

Die Erklärung der Herkunft von Fossilien durch die Theorie der Uniformen Evolution widerspricht dem fundamentalen Prinzip dieser Theorien: Nichts geschah in der Vergangenheit, das nicht in der Gegenwart geschieht. Heutzutage bilden sich aber keine Fossilien.

Versteinerte Knochen von Reptilien, Vögeln und Säugetieren werden häufig in ausgedehnten, unzerklüfteten Gebieten aufgefunden; und da es recht schwierig ist, derartige Flächen als Watgelände zu bezeichnen, wird manchmal eine andere Erklärung für die Herkunft der Fossilien angeboten: Die Tiere ertranken in Überschwemmungen großer Ströme und wurden so begraben. Für bestimmte Fälle scheint diese Erklärung allgemein näher an der Wahrheit zu liegen als die Wattheorie; indessen impliziert die Ausdehnung der von Überschwemmungen heimgesuchten Festlandgebiete Katastrophen gewaltigen Ausmaßes, und derartige Ereignisse, die heutzutage beobachtete jahreszeitlich bedingte Flußüberschwemmungen bei weitem übertreffen, widersprechen wiederum den Prinzipien der Gleichmäßigkeit.

Schließlich ist auch der Vorgang der Sedimentbildung selbst nicht ohne seine eigenen Probleme. Sediment bilde sich im Meer laufend, heißt es, durch den von den Flüssen ins Meer getragenen oder von den Wellen vom Küstengestein geschlagenen Schutt, und hauptsächlich durch den Schlick aus Myriaden kalkiger Skelette winziger Lebewesen, die im Meer reichlich vorkommen und ihr Grab auf dem Meeresboden finden. Die Mächtigkeit der Sedimente auf dem Boden des Ozeans soll einen Zeitplan für das Alter des Ozeans darstellen; doch im Gegensatz zu den Erwartungen haben Bohrungen an einer Anzahl von Stellen des Meeresbodens kein Sedimentgestein festgestellt, so daß der Boden an diesen Orten erst vor kurzem entstanden sein kann; und an anderen Stellen, sogar auf dem Land, ist das Sedimentgestein enorm dick, manchmal Tausende von Metern mächtig. Wenn ein und derselbe Vorgang laufend und gleichmäßig den kalkigen Schlick und den Flußschutt auf dem Meeresboden ablagert, bleiben die Abweichungen im gewachsenen Sedimentgestein ebensowenig geklärt wie die Entstehung der Fossilien.

Beide Phänomene sind durch kataklystische Ereignisse in der Vergangenheit zu erklären. An einigen Orten wurde der Meeresboden gehoben und an anderen abgesenkt, Sedimente sind gewaltsam verlagert worden, Lebewesen aus den Tiefen des Ozeans wurden auf das Land gespült, Landtiere wurden von enormen und mit Schutt beladenen Fluten verschlungen, und an vielen Orten begruben Sandlawinen und Vulkanasche des aquatische Leben – Fischskelette blieben erstarrt in den Stellungen des Todes, ungefressen und unverwest.

Fußabdrücke

An zahllosen Stellen und in verschiedenen Formationen trifft man auf Fußabdrücke prähistorischer Tiere. Solche von Dinosauriern und anderen Tieren sind klar im Stein eingedrückt. Die anerkannte Erklärung heißt, daß diese Tiere über morastischen Boden gingen und ihre Abdrücke erhalten blieben, als der Boden hart und steinig wurde.

Diese Erklärung vermag einer kritischen Untersuchung nicht standzuhalten. Auf sumpfigem Boden kann man die Hufabdrücke von Rindern und Pferden sehen. Doch der nächste Regen wird diese Spuren verschmieren, und nach einer kleinen Weile wird nichts davon übrig bleiben.

Wenn wir die Hufabdrücke von Kühen schon nach kurzer Zeit nicht mehr zu erkennen vermögen: Wie kommt es, daß die Zehenabdrücke von Tieren aus der Urzeit intakt im Schlamm erhalten blieben, durch den sie ihres Weges gingen?

Die Abdrücke müssen wie das Eindrücken eines Stempels in

weichen Siegellack erfolgt sein, der aushärtet, bevor sie verschwommen oder ausgelöscht werden. Der Grund muß weich gewesen sein, als das Tier darüberrannte, und dann muß er schnell erstarrt sein, bevor Veränderungen eintraten. Manchmal sehen wir Abdrücke von Tieren, die zufällig über frischen Zement gingen. Während die Substanz noch weich war, konnte ein Hund, ein Vogel oder ein großes Insekt darübergelaufen sein und Spuren hinterlassen haben, die nach der Aushärtung sichtbar blieben. Spuren konnten auch in einem schlammigen, unerhitzten Boden zurückbleiben, der kurz danach von Lava überfloßen wurde, welche die Abdrücke ausfüllte und später in der Verwitterung sich auflöste. In historischer Zeit – bei der vulkanischen Zerstörung von Pompeji und Herculaneum – füllten Lava und Vulkanasche die Wagenfurchen in den Straßen dieser Städte aus und erhielten sie auf diese Weise bis auf den heutigen Tag. Beim Ausbruch des Kilauea 1790 auf Hawaii, als viele Menschen ihr Leben verloren – unter ihnen eine Brigade der hawaiianischen Armee – sind Fußabdrücke überraschter Menschen und Tiere in der ausgehärteten vulkanischen Asche erhalten geblieben.[1]

Wo immer Fußabdrücke im Boden aus historischer oder prähistorischer Zeit entdeckt werden, dürfen wir annehmen, daß sich zum Zeitpunkt, als diese Spuren zurückgelassen wurden oder kurz danach, sehr wahrscheinlich eine Katastrophe ereignete. Bei einer drohenden Katastrophe oder in deren Verlauf waren die Tiere von Furcht ergriffen und auf der Flucht. In der Tat zeigen die Fußabdrücke, daß diese Tiere in den meisten Fällen im Flüchten begriffen waren, und nicht herumwateten oder dahinschlenderten; manchmal läßt die Anordnung der Abdrücke die Unentschlossenheit des Tieres erkennen, das wohl durch eine von allen Seiten kommende Gefahr gefangen worden war.

Die um ihr Leben flüchtenden Tiere mögen einige Augenblicke danach überwältigt worden sein, zermalmt oder verbrannt. Der Boden wurde von Treibsand oder Asche überschwemmt, oder von Lava oder Asphalt bedeckt, von Zement, von flüssigem Silikat und später möglicherweise von Fluten, und die Abdrücke im erhitzten

1 W. M. Agar, R.F. Flint, C. R. Longwell, *Geology from Original Sources* (1929), Tafel XXVIII B.

Boden, der zu Stein gebacken wurde, haben sich bis auf den heutigen Tag erhalten. So kommt es, daß wir keine Spuren von Tieren finden, die vor 100 oder 300 Jahren friedlich ihres Weges gingen; aber daß wir Abdrücke und Spuren von Tieren finden, die vor vielen tausend Jahren getrieben und vertrieben wurden.

Höhlen

Es ist beobachtet worden, daß in einer verbreiteten Panik Raubtiere gewöhnlich gemeinsam mit ihren Beutetieren flüchten, ohne daß sie übereinander herfallen oder voreinander Angst haben. So flüchten bei einem Waldbrand Pferde und Wölfe, Gazellen und Hyänen auf den gleichen Pfaden, alle vom selben Schrecken ergriffen, ohne sich gegenseitig zu beachten. Wenn Prärien brennen oder Dschungel in Flammen aufgehen, flüchten wilde Tiere und zahme Kreaturen in vermischten Herden in panischem Schrecken um ihr Leben. Bei Erdbeben oder Überschwemmungen verlieren Tiere ihre gegenseitige Animosität in gemeinsamer Angst. Es ist ebenfalls beobachtet worden, daß bei Erdbeben oder anderem Unheil wilde Tiere zu den Wohnstätten des Menschen kommen. Bei ihren großen Wanderungen verhalten sich Tiere anders, als wenn sie sich einzeln oder in kleinen Herden bewegen; so flüchtet der Lemming beim Geräusch eines menschlichen Schrittes, überrennt aber Haus, Stadt und Fluß bei seiner Wanderung in großen Scharen – viele kommen um, aber eine riesige Welle bewegt sich vorwärts.

In gewaltigen Katastrophen suchen Tiere Schutz vor schreckenerregenden Phänomenen – vor Fluten, herabstürzenden Meteoriten, brennenden Wäldern und furchterregenden Vorgängen am Himmel. Höhlen stellen die am meisten gesuchten Zufluchtsstätten dar. Ein Instinkt der Tiere treibt sie dazu, einen Bau oder ein Loch im Boden zu suchen, während große Tiere zu einer Höhle flüchten. In der Stunde der Katastrophe mögen sie sich an solche Orte erinnern, und eines mag dem anderen folgen. Natürlich werden niemals alle Tiere den Schutz einer Höhle erreichen, aber einigen wird es gelingen. Und wenn im Schutt auf dem Boden einer

Höhle Knochen solcher Tieren entdeckt werden, die sich gewöhnlich nicht zusammenschließen würden, und ihre Knochen sich vermischt haben, und jene der Beutetiere keine Nagespuren von den Zähnen der Raubtiere aufweisen, dann ist es fast sicher, daß diese Tiere in dieser Höhle angesichts einer drohenden Katastrophe Zuflucht suchten und voreinander keine Angst hatten.

Es ist möglich, daß einige der Tiere am Zufluchtsort die Katastrophe überlebten und dann ihre angeborenen Instinkte wieder zum Vorschein kamen; aber in vielen Fällen gingen sie alle unter, überwältigt von Gasen, Rauch, elektrischen Wirbelströmen auf der Erdoberfläche und in Fluten, die sie unter Sedimenten begruben.

An zahlreichen Orten auf der Welt weist der Bestand an Knochen in Höhlen darauf hin, daß sie als Versteck in Zeiten höchster Gefahr gedient haben. Löwen und Tiger, Wölfe und Hyänen, Gazellen und Hasen teilten sich in die Zuflucht und fanden dort ein gemeinsames Grab. Doch waren nicht alle Orte, wo derartige Knochenansammlungen entdeckt worden sind, auch Zufluchtsstätten. In manchen Fällen wurden die Tiere aus weiten Räumen durch eine Flutwelle gegen die Felsen geworfen, und das durch die Klüfte strömende Wasser ließ die Tiere mit zerbrochenen Knochen und zerrissenen Körpern zurück. Von so weit entfernten Orten wie China und England, Frankreich und den Inseln des Mittelmeeres sind in diesem Buch Beispiele von Klüften vorgestellt worden, die mit zersplitterten und vermischten Knochen angefüllt wurden.

Nicht nur Felsenklüfte, sondern auch Höhlen in den Bergen können mit Knochen gefüllt worden sein, obwohl die Höhlen nicht als Zufluchtsstätten aufgesucht wurden. Das hereinstürzende Meer oder ein aus seinem Becken gehobener großer See, mit eigenem Schutt und Trümmern vom Land, schwemmten heterogene Tierherden in die entferntesten Gegenden und warfen Berge von Geröll, Steinen und Erde darüber. Die auf einer früheren Seite beschriebene Cumberland-Höhle gehört zu diesen Beispielen.

Wenn die Knochen abgeschliffen sind, so kamen sie wahrscheinlich von weit her und stammen von Tieren, die lange vorher gestorben waren; sind die Knochen mehr oder weniger intakt, so wird eher an eine Zufluchtsstätte zu denken sein, die nicht standhielt; und wenn die Knochen zersplittert sind, ist sehr wahrscheinlich, daß die Tiere von einer enormen Gewalt gegen die Felsen oder auf steinharten Boden geschmettert wurden.

Vernichtung

Viele Lebensformen, Arten und Gattungen von Tieren, die in einer späten geologischen Epoche auf diesem Planeten lebten, sind ohne Hinterlassung eines einzigen Überlebenden vollständig verschwunden. Säugetiere bevölkerten Felder und Wälder, pflanzten sich fort und vermehrten sich – und verschwanden dann ohne ein einziges Zeichen der Degeneration.

»Eine beachtliche Gruppe ist im Grunde genommen innerhalb der letzten paar Tausend Jahre ausgestorben ... Zu den (in Amerika) ausgestorbenen Säugetieren gehören alle Kamele, alle Pferde, alle Bodenfaultiere, zwei Gattungen des Moschusochsen, Nabelschweine, bestimmte Antilopen, ein Riesenbison mit Hörnern, die zwei Meter ausladen, ein biberartiges Riesentier, ein Rieseneich und verschiedene Katzenarten, von denen einige die Größe des Löwen erreichten.«[1] Auch das *Mammuthus imperator* und das Kolumbia-Mammut, beide Tiere größer als der afrikanische Elefant und über ganz Nordamerika verbreitet, verschwanden. Das Mastodon, das die Wälder bewohnte und von Alaska zur Atlantikküste und bis nach Mexiko streifte, sowie das wollhaarige Mammut, das ein breites, an das Eis anschließendes Gebiet durchwanderte, harrten ebenfalls bis vor einigen tausend Jahren aus.[2]

Der Höhlenlöwe, der Säbelzahntiger, der Höhlenbär, das Zwergpferd (Equus tau) verschwanden und sind heute weder in der Alten noch in der Neuen Welt mehr anzutreffen. Auch viele Vögel starben aus.

Man nimmt an, diese Spezies seien am Ende der Eiszeit »bis auf das letzte Exemplar« vernichtet worden. Starke und lebensfä-

1 Flint, *Glacial Geology and the Pleistocene Epoch*, 523.
2 L.H. Johnson, *Scientific Monthly*, Oktober 1952.

hige Tiere starben plötzlich aus, ohne Überlebende zu hinterlassen. Das Ende kam nicht im Verlaufe des Existenzkampfes – mit dem Überleben des Tüchtigsten. Tüchtige und Untüchtige, in der Mehrzahl Tüchtige, Alte und Junge, mit scharfen Zähnen, mit starken Muskeln, mit flinken Beinen, inmitten reichlicher Nahrung: alle gingen unter.

Diese Tatsachen treiben den Biologen, wie ich bereits zitierte, »zur Verzweiflung, wenn er die Auslöschung so vieler Arten und Gattungen am Ende des Pleistozäns (Eiszeit) überblickt«.[1]

Mit dem wollhaarigen Mammut erreichte die Gattung der Elefanten den Höchststand ihrer Entwicklung; wie schon durch Falconer gezeigt wurde und Darwin bekannt war, waren die Zähne des Mammuts denjenigen des heutigen Elefanten überlegen; und in vielen anderen Einzelheiten war ihre Anpassung perfekt. Die Evolutionstheorie hatte im Mammut eines der besten Beispiele einer im Kampf um das Überleben durch Adaption sich entwikkelnden Spezies. Der Steinzeitmensch machte Zeichnungen davon; möglicherweise zähmte er einige von ihnen. In der neolithischen (steinzeitlichen) Stadt Predmost in Mähren sind die Knochen von 800 bis 1000 Mammuts aufgefunden worden; ihre Schulterblätter wurden zum Bau von Begräbnisstätten verwendet. Auf den weiten Ebenen Nordsibiriens weideten sie in Herden. Sie gingen dort unter, wie wenn eine einzige kalte Nacht über das Land hereingebrochen sei, ohne sich je wieder zu erheben. Sie starben nicht Hungers – ihre Nahrung fand man in ihren Mägen und auch zwischen ihren Zähnen. Der am besten konservierte Körper eines Mammuts – sogar mit noch intakten Augäpfeln – ist in Beresovka in Sibirien entdeckt worden, 1300 Kilometer weit entfernt von der Beringstraße. »Eine Fraktur der Hüfte und des Vorderbeins, eine große Menge geronnenen Blutes in der Brust und noch nicht hinuntergeschlungenes Gras zwischen den zusammengepreßten Zähnen weisen alle auf seinen gewaltsamen und plötzlichen Tod hin.«[2] Fiel es in eine Grube, oder wurde es von Orkanen und Fluten herumgeworfen? Es scheint, es habe sich um »einen plötzlichen unerwarteten Kataklysmus« gehandelt[3], denn

1 Eiseley, *American Athropologist,* XLVIII (1946), 54.
2 R.S. Lull, *Organic Evolution* (verb. Aufl. 1929), 376.
3 Kunz, *Ivory and the Elephant,* 236.

Mammuts zusammen mit Nashörnern, Bisons und anderen Tieren, deren Knochen und Zähne die Hauptsubstanz der Neusibirischen Inseln bilden, bedecken den Boden des Nordpolarmeeres über Sibirien und liegen im Permafrost der sibirischen Tundren. Ungefähr zur selben Zeit gingen auch die Mammuts von Europa und Amerika zugrunde.

Auch das Mastodon wurde zu Beginn der heutigen Ära ausgerottet. Es gab keinen Mangel an ihrer Nahrung – sie bestand aus Kräutern, Blättern und Baumrinde, wie aus den in ihren Skeletten unverdauten Überresten bekannt ist. Sie lebten in allen Teilen Amerikas. Im Staat New York sind über 200 Skelette ausgegraben worden. Es ist unbekannt, was dieser weitverbreiteten Gruppe ein Ende bereitete.

Fossile Knochen des Pferdes sind ein Indiz dafür, daß es sich um ein während der Eiszeit in der Neuen Welt sehr verbreitetes Tier handelt. Als aber die Soldaten von Cortez bei ihrer Ankunft an den Küsten Amerikas ihre Pferde bestiegen, die sie aus der Alten Welt mitgebracht hatten, dachten die Eingeborenen, es seien Götter in ihr Land gekommen. Sie hatten noch nie ein Pferd gesehen.

Von den Pferden, welche die Spanier nach Amerika gebracht hatten, gingen einige verloren, verwilderten und füllten die Prärien herdenweise; das Land und seine Vegetation und sein Klima eigneten sich außerordentlich gut für die Fortpflanzung dieses Tieres.

An vielen Orten von Nord- und Südamerika fanden Fossiliensucher fossile Pferdeknochen in großer Zahl, oft in Gestein oder Lava eingebettet, die sich von den Knochen heutiger Pferde nicht unterscheiden. Weshalb ist das Pferd mit dem Ende der Eiszeit ausgestorben, als das Klima freundlicher wurde?

In früheren Zeitaltern gab es in Amerika anders aussehende Pferde, mit dreizehigen Füßen, und auch sehr kleine Pferde in der Größe von Katzen. Doch lebte dasjenige, welches genau wie ein modernes Pferd aussah, auch in Amerika und starb dort nur wenige Tausend Jahre vor der Ankunft des europäischen Pferdes aus, das von Cortez in die Neue Welt gebracht wurde.

Wurde das amerikanische Pferd etwa vom Menschen ausgerottet? In unserer Zeit ist der amerikanische Bison vom Menschen beinah ausgerottet worden, doch brauchte er Pferde zu seiner Verfolgung und Feuerwaffen zu seiner Austilgung.

C. O. Sauer brachte die Theorie vor (1944), die Fauna am Ende der Eiszeit sei vom Menschen vernichtet worden, von Jägern, die Feuertreibjagden veranstalteten. Doch wären Steinzeitjäger durch das Verbrennen von Wäldern nicht in der Lage gewesen, viele Tierarten vollständig auszurotten, ohne von Küste zu Küste und von Alaska bis Tierra del Fuego (im äußersten Süden Argentiniens) ein einziges Paar übrig zu lassen.

F. Rainey von der Universität von Pennsylvanien hat beobachtet, daß »in gewissen Regionen Alaskas die Knochen dieser ausgestorbenen Tiere so dicht verstreut liegen, daß von menschlicher Tätigkeit keine Rede sein kann. Obwohl der Mensch auf dem Schauplatz des entscheidenden Untergangs vorhanden war, hatte er damals weder den Appetit noch die Fähigkeit für ein derart gigantisches Schlachten.«[1] Und infolge dieser plötzlichen Massenvernichtung der Fauna »scheint es unmöglich, das Phänomen dem kaum bewaffneten Menschen zuzuschreiben«.[2] »Sogar bei Berücksichtigung der destruktiven Eigenschaften des Menschen ist es schwierig, sich vorzustellen, wie diese frühen Jäger, gerüstet mit schwächlichen Speeren mit Feuersteinspitzen, genügend Tiere hätten umbringen können, um ein totales Aussterben herbeizuführen. Doch was immer die eigentliche Ursache oder die Ursachen gewesen sein mögen, es läßt sich nicht daran zweifeln, daß das Ende der Eismassen auch mit dem Ende der exotischen Tiere der gleichen Periode zusammenfiel ... Die Eisklippen im Hintergrund sind zusammengeschmolzen und verschwunden. Die trompetenden Mammutherden und die stampfenden Hufe der anderen Tiere sind nicht mehr.«[3]

L.C. Eiseley von der Universität von Kansas schrieb: »Wir behandeln hier nicht das isolierte Relikt einer einzelnen Art, sondern eine beachtliche Vielfalt pleistozäner (eiszeitlicher) Formen, die im Licht des kulturellen Zeugnisses gesamthaft ungefähr gleichzeitig total vernichtet wurden.«[4]

Konnte es dann eine Seuche gewesen sein, welche die Vernichtung bewirkte? Oder der Klimawechsel infolge der zu Ende ge-

1 Zitiert von Eiseley, *American Antiquity,* Vol. VIII, No. 3 (1943), 214.
2 Ebenda, 212.
3 Hibben, *Treasure in the Dust,* 58–59.
4 Eiseley, *American Antiquity.* Vol. VIII, No. 3 (1943), 215.

henden Eiszeit? Professor Eiseley findet, daß epidemische Seuchen oder klimatische Ereignisse anläßlich des glazialen Rückzuges »für die Erklärung einer enormen Reduktion im Bestand einer bestimmten Spezies zureichen könnten, daß sie aber nicht genügten, den Grund für das Unvermögen der Arten zu erhellen, sich in einigen wenigen Jahren vom dezimierten Zustand wieder zu erholen«.[1] Außerdem würde keine bekannte Seuche so viele Arten und Gattungen angreifen. Und was den klimatischen Faktor betrifft, wenn glaziale Bedingungen die Ursache wären, so sagt G. E. Pilgrim: »Zu ungefähr derselben Zeit sind wir Zeugen einer gleichartigen Vernichtung von Säugetierfaunen in Afrika und Asien, obwohl sie dort nicht von glazialen Bedingungen verursacht worden sein konnte.«[2]

Aber sogar eine weltweite plötzliche Klimakatastrophe könnte in sich selbst kaum ausreichend gewesen sein, eine so weitreichende und für manche Arten so vollständige Vernichtung herbeizuführen. »Klimatische Veränderung allein genügt nicht, die Vernichtung der erstaunlichen pleistozänen Fauna zu erklären. Es hat andere Vorschläge gegeben, wie Wolken vulkanischer Gase, die ganze Säugetierherden vernichteten ...«[3] Von welcher Ausdehnung müssen diese Wolken gewesen sein? Sie müssen fast die gesamte Erdkugel bedeckt haben. Doch der Ausbruch aller Vulkane der Erde zusammen wäre nicht fähig gewesen, so viele Arten und Gattungen zu vernichten. Viele vernichtende Kräfte müssen gemeinsam mit dem plötzlichen Klimasturz aufgetreten sein, um einen bedeutenden Teil der Tierbevölkerung der Erde mit vielen Gattungen und Arten auszulöschen, ohne Überlebende zu hinterlassen.

Die Ausrottung einer großen Anzahl von Tieren jeder Spezies, und vieler Arten in ihrem vollen Umfang, war die Auswirkung wiederholter Weltkatastrophen. Von einigen Arten wurde in einem Teil der Welt jedes einzelne Exemplar vernichtet, aber in einem anderen Teil der Welt gelang es einzelnen Tieren, zu überle-

1 Eiseley, *American Anthropologist*, XLVIII(1946), 54.
2 G.E. Pilgrim, »The Lowest Limit of the Pleistocene in Europe and Asia«. *Geological Magazine* (London), Vol. LXXXI, No. 1, 28.
3 Hibben, *Treasure in the Dust, 59.*

ben; so sind die amerikanischen Pferde und Kamele ohne Überlebende vernichtet worden, überlebten indessen, obwohl dezimiert, in Eurasien. Aber manche Arten wurden völlig ausgelöscht, sowohl in der Alten als auch in der Neuen Welt – Mammut und Mastodon und noch andere. Sie verschwanden nicht wegen Mangel an Nahrung oder ungenügender organischer Entwicklung, wegen minderwertiger Gestaltung oder mangelhafter Anpassung. Nahrung im Überfluß und prächtige Körper und ausgezeichnete Anpassung und sichere Fortpflanzung, aber kein Überleben des Tüchtigsten. Sie starben, als hätte ein Wind ihr Leben ausgelöscht, und hinterließen ihre Kadaver ohne Anzeichen der Degeneration in Asphaltgruben, Sümpfen, Sedimenten und Höhlen. Einige der dezimierten Arten überlebten wahrscheinlich noch eine Weile, vielleicht mehrere Jahrhunderte lang, in wenigen Exemplaren ihrer Spezies; doch in der veränderten Umwelt, unter klimatischen Härten, auf verdorrten Weiden, ohne die Pflanzen, die einst als Nahrung gedient hatten und ohne die früheren Beutetiere, folgten sie den übrigen im aussichtslos gewordenen Kampf ums Dasein und gaben schließlich auf im Ringen um das Überleben ihrer Art.

Brennende Wälder, hereinstürzende Seen, ausbrechende Vulkane, überschwemmte Länder forderten die meisten Opfer; erschöpfte Felder und niedergebrannte Wälder boten den verängstigten und abgesonderten Überlebenden keine verheißungsvollen Bedingungen und forderten ihren eigenen Anteil am Werk der Vernichtung.

Kapitel 15

Kataklystische Evolution

Katastrophentheorie und Evolution

Die Evolutionstheorie geht zurück auf die klassische Zeit Griechenlands – Anaximander war ein Befürworter –, und von Zeit zu Zeit ist von Philosphen Evolution als Erklärung für die Herkunft der Vielfalt der Arten vorgebracht worden, und zwar im Gegensatz zur Schöpfungstheorie, d. h. der Theorie über die Unveränderlichkeit der Arten. Lamarck (1744–1829) dachte, angenommene Merkmale würden sich vererben und führten so zu neuen Lebensformen. Im Jahr 1840, als Agassiz' Eiszeittheorie veröffentlicht wurde, erschien ein anonym gedrucktes Buch, *Vestiges of Creation* – »Spuren der Schöpfung« –, das einen jahrelang anhaltenden Aufruhr verursachte. Wegen seiner Lehre, daß Menschen »Kinder von Affen und Erzeuger von Monstern« seien, wie sich einer der Kritiker, nämlich der Präsident der Geologischen Gesellschaft, Adam Sedgwick, ausdrückte, wurde es von allen britischen Wissenschaftlern verbittert angegriffen. Darwin anerkannte später, daß die Hauptwucht des Angriffs gegen seine eigene Theorie von *Vestiges* aufgefangen worden sei.

Was in Darwins Lehre neu war, war nicht das Prinzip der Evolution ganz allgemein, sondern die Erklärung ihres Mechanismus durch natürliche Zuchtwahl. Es handelte sich dabei um die Übernahme in der Biologie der Theorie von Malthus, wonach die Bevölkerung schneller wachse als die Mittel zu ihrer Existenz. Darwin anerkannte seine Dankesschuld gegenüber Malthus, dessen Buch er 1838 gelesen hatte. Herbert Spencer und Alfred R. Wallace gelangten unabhängig voneinander zu den gleichen Ansichten wie Darwin, und der Begriff »Überleben des Tüchtigsten« stammte von Spencer.

Darwin richtete seine Theorie gezielt gegen die Katastrophentheorie. Er erwartete kaum, daß ihm von der angegriffenen Seite keine Opposition erwachsen würde, oder er hätte sich nicht so vollkommen Lyells Theorie der Gleichmäßigkeit in einer leblosen

Natur angeschlossen, oder derart viele Argumente aufgewendet, um die Katastrophentheorie zu bekämpfen. Wie sich herausstellte, kamen die meisten Angriffe gegen Darwin von der Kirche, die nicht damit einverstanden sein konnte, daß der Mensch von niedrigeren Geschöpfen abstammen sollte. Die Kirche blieb bei den Dogmen über eine Schöpfung in 6 Tagen vor weniger als 6000 Jahren, sowie beim Sündenfall Adams, zu dessen Sühne der Menschensohn auf diese Welt gekommen sei; sie blieb ebenfalls bei der Ansicht, daß die Tiere keine Seele haben und deshalb eine Schranke zwischen Mensch und Tier errichtet sei.

Die Emotionen dieser in die Länge gezogenen Kontroverse richteten sich auf folgenden Sachverhalt: Gibt es die Evolution oder nicht? Immer mehr Wissenschaftler befürworteten die Evolution; die religiöse Meinung hielt am Glauben fest, es habe seit der Schöpfung der Welt keine Veränderungen gegeben. In Wirklichkeit wurde die Debatte zwischen den Liberalen und den Konservativen in Sachen der Wissenschaft ausgetragen. Die Radikalen nahmen nicht daran teil; denn die Katastrophentheorie war mit der Generation der Gründer und Klassiker der geologischen Wissenschaften am Aussterben. Cuvier starb 1832; in England schrieben Geologen wie Buckland in Oxford und Sedgwick in Cambridge – fest verankert in ihrem mosaisch begründeten Glauben – die allgegenwärtigen Katastrophenspuren der Auswirkung der Sintflut zu. Sie vermochten aber nicht, eine befriedigende physische Ursache einer solchen Katastrophe zu nennen; Berechnungen von Experten machten offensichtlich, daß auch eine gleichzeitig überall auf der Erde ausgelöste Entleerung aller Wolken den Boden nicht einmal mit 30 Zentimeter Wasser bedeckt haben würde.

Darauf ergab sich aus den geologischen Zeugnissen, daß es nicht nur eine, sondern mehrere Fluten gegeben haben mußte. Lyell schrieb einen Brief: »Conebeare (Geologe und Bischof von Bristol) gesteht drei Fluten zu vor derjenigen Noahs! Und Buckland fügte noch Gott weiß wie viele andere Katastrophen hinzu, so daß wir sie leidlich aus der mosaischen Tradition vertrieben haben«.[1]

1 *Life, Letters and Journals,* I, 253.

Sedgwick, laut Lyell, »entschloß sich für vier oder mehr Sintfluten«.[1]

In seiner letzten Ansprache als Vorsitzender der Geologischen Gesellschaft gab Sedgwick zu, seine religiöse Gläubigkeit habe ihn veranlaßt, eine philosophische Häresie zu verbreiten: »Ich halte es für richtig, als einen meiner letzten Akte vor der Aufgabe dieses Sitzes öffentlich meine Widerrufung zu verlesen. Wir hätten in der Tat zuwarten sollen, bevor wir uns die Fluttheorie zu eigen machten und das gesamte alte Oberflächengeröll der Auswirkung der mosaischen Flut zuschrieben. Denn vom Menschen und vom Werk seiner Hände haben wir unter den Überresten einer vorhergegangenen, in diesen Ablagerungen begrabenen Welt, keine einzige Spur gefunden.«[2]

Wo befanden sich also die Überreste der sündigen Bevölkerung? Cuvier lehrte, menschliche Überreste seien nie zusammen mit ausgestorbenen Tieren gefunden worden. Auch Lyell erklärte in der ersten Ausgabe seiner *Grundsätze der Geologie*, der Mensch sei erst nach dem Tod aller ausgestorbenen Tiere erschaffen worden; und nicht vor 1858, ein Jahr vor der Veröffentlichung von Darwins *Entstehung der Arten*, zerschlugen die Funde in der Brixham-Höhle diesen Glauben in das Nicht-Nebeneinanderbestehen des Menschen und ausgestorbener oder »vorsintflutlicher« Tiere.[3] Im Erscheinungsjahr der *Entstehung* gelangten die führenden englischen Geologen endlich durch J. B. de Perthes – einem Notar aus Abbeville in Frankreich, der 20 Jahre lang tauben Ohren gepredigt hatte – zur Überzeugung, daß menschliche Artefakte (bearbeiteter Feuerstein) Seite an Seite zusammen mit ausgestorbenen Tieren in denselben Formationen anzutreffen sind. Das öffnete weit die Tore zu Darwins Theorie. Bis dahin hatten die Zweifel der Katastrophisten, die nicht verstehen konnten, weshalb es

1 Ebenda.

2 C. C. Gillispie, *Genesis and Geology* (1951), 142–143; Sedgwick. »Presidential Address (1831)«, *Proceedings of the Geological Society,* I, 313.

3 Bereits 1832 behauptete Sir Henry T. de la Beche in seinem *Geological Manual,* 173, die Koexistenz von Mensch und ausgestorbenen Tieren, weil »mit aus einer Entfernung herangetragenen Steinbrocken« verschlossene Höhlen die Überreste von Menschen und ausgestorbenen Tieren enthalten. Der Mensch »existierte vor der Katastrophe, die ihn und sie überwältigte«.

Anzeichen für mehr als eine Flut gab, und warum keine Knochen all der sündigen, in der Sintflut untergegangenen Generationen übriggeblieben sein sollten, bereits zur Aufgabe der Katastrophentheorie geführt, einer Theorie, die sich im Widerspruch zu den biblischen Aufzeichnungen zu befinden schien.

So konnte es geschehen, daß die gesamte Kontroverse für und gegen den Darwinismus die eigentliche Herausforderung Darwins überhaupt nicht berührte: nämlich seinen Versuch, aufzuzeigen, daß das, was als Auswirkungen von Katastrophen erschienen war, als das Ergebnis allmählicher, mit der Zeit zu multiplizierender Veränderungen erklärt werden könne, ohne dazwischentretende gewaltsame Umstürze. Die Opposition konzentrierte sich gegen die Idee der Evolution, indem sie sich auf die Unveränderlichkeit der Schöpfung stützte. Da sie darauf beharrten, alle Tiere seien in der Form erschaffen worden, in welcher sie heute vorgefunden werden, führten die Gegner der Evolution ihre Schlacht in, geologisch gesehen, unhaltbarem Gelände.

Warum aber stellte sich Darwin gegen die Vorstellung von großen Katastrophen in der Vergangenheit, im Gegensatz zu seinen eigenen Beobachtungen im Feld, indem er die Theorie uniformer geologischer Vorgänge zu allen Zeiten bis in die Gegenwart bevorzugte? Damit sich Arten als ein Ergebnis unaufhörlichen Existenz- und Überlebenskampfes herausbilden konnten, von allereinfachsten Formen bis zum *Homo sapiens* und anderen hochentwickelten Organismen, ist eine enorme Zeitspanne erforderlich. Die Katastrophenlehre ließ die Weltgeschichte sehr kurz erscheinen: Wenn die Sintflut sich vor weniger als 5000 Jahren ereignete, dann mußte die Schöpfung – laut Genesis – vor weniger als 6000 Jahren erfolgt sein. Um den vom Evolutionsprozeß vorausgesetzten, fast unbegrenzten Zeitbedarf verfügbar zu haben, übernahm Darwin Lyells Lehre; und wo Lyell versucht hatte aufzuzeigen, daß normale Vorgänge – wie Sedimente schwemmende Flüsse – relativ schnell wirkten, zog es Darwin vor, deren Trägheit zu betonen.

Er schrieb: »Wer also einigermaßen die Zeitdauer vergangener Epochen erfassen will ..., der muß die ungeheuren Massen der übereinandergelagerten Schichten prüfen, die Bäche beobachten, die Schlamm mit sich führen, und die Wellen, die Uferfelsen zernagen.« Die Meereswogen tragen das Gestein Teilchen um Teilchen ab, und wenn sich daraus eine sichtbare Veränderung ergibt, so vergehen darüber Tausende von Jahren.

»Nichts hinterläßt in uns einen stärkeren Eindruck von der verflossenen langen Zeitdauer als die daraus gewonnene Überzeugung, daß die Einflüsse der Atmosphäre, sowenig Kraft sie haben und so langsam sie sich auch bemerkbar machen, anscheinend so große Resultate hervorbringen.«[1] Darwin ging sogar so weit, nahezulegen, »Wer Charles Lyells großes Werk ›*The Principles of Geology*‹ . . . liest und nicht ohne weiteres zugibt, daß die verflossenen Zeitläufe ungeheuer lang waren, der mag das Werk (Entstehung der Arten) nur getrost wieder zuschlagen«.[2]

Das geologische Zeugnis und veränderte Lebensformen

Darwin stützte seine These über die Entstehung der Arten durch natürliche Zuchtwahl mit Hinweisen (1) auf Varietäten bei Haustieren, besonders wo der Züchter vorsätzlich eine besonders wünschbare Eigenschaft entwickelt; (2) auf die anatomische Ähnlichkeit vieler verwandter Arten; und (3) auf die geologischen Urkunden. Obwohl aber Züchter neue Rassen oder Varietäten zu entwickeln vermochten, gelang es nie, eine neue Tierart ins Leben zu rufen. In der Anatomie der Lebewesen »bietet die Verschiedenheit der spezifischen Formen und das Fehlen von zahlreichen Übergangsformen offenbar große Schwierigkeiten« (Darwin); und so wurde die gesamte Beweislast auf die geologischen Zeugnisse verlagert.

Diese Urkunden zeigen indessen »Das fast gleichzeitige Wechseln der Lebensformen auf der ganzen Erde« – so der Titel eines Abschnittes im 11. Kapitel der *Entstehung der Arten.* Darwin schrieb: »Fast keine paläontologische Entdeckung ist erstaunlicher als die, daß die Lebensformen auf der Erde fast gleichzeitig

1 *Die Entstehung der Arten,* Kapitel 10.
2 Ebenda.

wechseln.« Das erscheint verwirrend, denn laut seiner Theorie »kann die Abänderung vielmehr nur langsam erfolgen und wird im allgemeinen nur wenige Arten gleichzeitig betreffen; denn die Veränderlichkeit der Arten ist verschieden«. Konnte es sich nicht um eine plötzliche Veränderung der physischen Bedingungen gehandelt haben, welche die Lebensformen zu ein und derselben Zeit auf der ganzen Welt änderte? Nein, antwortet Darwin. »Es ist in der Tat unnütz, im Wechsel der Strömung, im Klima oder in anderen physikalischen Veränderungen die Ursache dieser großen Wandlung der Lebensformen auf der ganzen Erde und unter den verschiedensten Klimaten suchen zu wollen.« Wenn das Klima oder andere physikalische Voraussetzungen sich in einem Teil der Welt veränderten, wie konnte das Lebensformen in allen anderen Teilen der Welt verändern? Daß sich eine Veränderung der physikalischen Voraussetzungen gleichzeitig überall auf der Welt hätte zutragen können, zog Darwin nicht einmal in Erwägung. Welche Art einer Antwort konnte Darwin dann zur Lösung seines Problems vorschlagen?

»... langwährende fossilienlose Zwischenzeiten kamen vor ... Während dieser langen und leeren Zeiträume unterlagen meines Erachtens die Bewohner jeder Region beträchtlichen Abänderungen und starben aus.« Deshalb handle es sich bei den parallelen Veränderungen in der Fauna und Flora in gleichartigen Schichten auf der Welt nicht um wahre Zeitparallelen: »Ihre Anordnung würde sogar fälschlich genau parallel erscheinen.«

Darwin überlegte sich dann »Das Fehlen von Zwischenformen in allen Formationen« und schrieb: »Beschränken wir unsere Aufmerksamkeit auf eine einzelne Formation, so verstehen wir noch schwerer, warum sich keine genau abgestuften Varietäten zwischen den verwandten Arten finden, die vom Beginn der Formation bis zum Ende lebten.« Und er fand die Antwort in einer Vermutung: »Obgleich die Formationen sehr lange Zeiträume umfaßten, war jede doch wahrscheinlich kurz im Vergleich zu der Periode, die zur Verwandlung einer Art in die andere erforderlich war.«

Des weiteren zeigt das geologische Zeugnis »Das plötzliche Auftreten ganzer Gruppen verwandter Arten« (wiederum der Titel eines Abschnittes, im 10. Kapitel, der *Entstehung der Arten).*

»Die plötzliche Art und Weise, in der ganze Artengruppen in gewissen Formationen erscheinen, ist von mehreren Paläontologen, z. B. Agassiz, Pictet und Sedgwick, als ein gefährlicher Einwand gegen die Veränderlichkeit der Arten erhoben worden. Wenn wirklich zahlreiche zur selben Gattung oder Familie gehörige Arten mit einemmal ins Leben getreten wären, so müßte das meiner Theorie der Entwicklung durch natürliche Zuchtwahl gefährlich sein. Denn die Entwicklung einer Gruppe von Formen, die alle vom gleichen Vorfahren abstammen, muß ein sehr langsamer Vorgang gewesen sein, und die Vorfahren müssen lange vor ihren abgeänderten Nachkommen gelebt haben.«

Darwin erklärte auch diese Beobachtungen durch die Lückenhaftigkeit der geologischen Zeugnisse, die infolge ihrer Unterbrechungen den Eindruck plötzlicher Veränderungen erwecken.

Die geologischen Urkunden über das Erlöschen der Arten werden unter dem Titel »Über das Aussterben« behandelt. Darwin schrieb: »Das Erlöschen der Arten war lange geheimnisvoll dunkel.« Was geschah, war ein »offenbar plötzliches Erlöschen ganzer Familien oder Gattungen«. Gemäß seiner Theorie ist »das Aussterben einer ganzen Artengruppe ein langsamerer Vorgang als ihre Entstehung«, und doch »starben ganze Gruppen merkwürdig rasch aus«. Auch hier dachte Darwin einmal mehr, die Lückenhaftigkeit des geologischen Zeugnisses simuliere in einigen Fällen die Plötzlichkeit des Erlöschens; in anderen Fällen gestand er aber seine Unfähigkeit ein, das spontan auftretende Erlöschen einiger Arten erklären zu können. Er fragte sich noch immer, etwa zur Zeit seiner Reisen in Südamerika, weshalb das Pferd aus dem vorkolumbianischen Amerika verschwunden sei, wo es unter fortpflanzungsbegünstigenden Bedingungen gelebt hatte; und in einem Brief an Sir Henry H. Howorth gestand er sein Unvermögen ein, das Aussterben des Mammuts, eines gut angepaßten Tieres, erklären zu können. Doch im allgemeinen wurde die Lückenhaftigkeit der geologischen Urkunden dazu herangezogen, sowohl das offenbar spontane Verschwinden als auch die Plötzlichkeit zu erklären, mit welcher neue Arten scheinbar auftraten.

Laut der Theorie der natürlichen Zuchtwahl werden zufällige Variationen oder neue Merkmale unter den Individuen einer Art im Kampf ums Dasein nutzbar gemacht und können, da vererbbar, durch Akkumulation zur Entstehung einer neuen Art führen. Wegen der zufälligen Natur dieser neuen Charakteristiken und der Herkunft einer neuen Spezies mutmaßte Darwin, »daß die verschiedenen Arten derselben Gattung, obgleich sie weit auseinanderliegende Länder bewohnen, ursprünglich derselben Quelle entsprangen, d. h. von demselben Vorfahren abstammen . . . Die Annahme eines einzigen Entstehungsmittelpunktes scheint mir unbedingt richtig zu sein.«

Die Wanderung von Pflanzen von Kontinent zu Kontinent und vom Festland zu Inseln erklärte Darwin mit dem Transport von Samen in den Eingeweiden von Vögeln; die Wanderung von Mollusken mit beobachteten Fällen von an den Füßen herumfliegender Vögel haftenden kleinen Schalen. Diese Verbreitungsmittel erklären nicht die geographische Verteilung größerer Tiere, denen das Überfliegen oder Durchschwimmen des Meeres oder die Durchquerung von ihrer Spezies unzugänglichen Klimazonen unmöglich war.

Da Tiere solcher Spezies an durch Ozeane weit voneinander getrennten Orten auftreten, gelangte Darwin zur Ansicht, daß »während der großen klimatischen und geographischen Veränderungen, die sich seit früheren Zeiten ereigneten, fast jedes Ausmaß an Wanderungen möglich ist«. Das erfordert die Existenz von »Landbrücken« zwischen Inseln und Festland und zwischen allen Kontinenten. Doch Darwin schrieb diesen geographischen und klimatischen Veränderungen »eine untergeordnete« Rolle in der Entwicklungsgestaltung der Tiere zu; eine wichtige Rolle spielten sie nur für die Wanderungen der Tiere.

Wo sich das Festland ununterbrochen erstreckt, wie in Amerika, erklärte Darwin die Tatsache, daß in den hohen Breiten Nord- und Südamerikas gleichartige Tiere leben, die es in den gemäßigten und tropischen Zonen nicht gibt, mit einer Theorie, wonach sich die Eiszeiten auf der nördlichen und südlichen Halbkugel nicht gleichzeitig, sondern nacheinander ereignet haben sollen. Wenn eine Eiszeit sich über den Norden ausbreitete, wanderten Tiere langsam in den Süden, zum Äquator hin; wenn sich diese Glazialperiode ihrem Ende näherte und das Klima in den Subtropen heiß wurde, kehrten einige Tiere in den Norden zurück, während andere in den subtropischen Zonen blieben und in die kühleren Berge stiegen. Wenn die nächste Eiszeit – dieses Mal aus dem Süden – heraufzog, kamen die Tiere aus den Bergen herunter: Beim Ende dieses Zeitalters kehrten dann einige in die Berge zurück, während andere in den Süden wanderten. So sind in den kühleren Regionen sowohl der nördlichen als auch der südlichen Halbkugel identische Tiere anzutreffen. (Gegenwärtig hat diese Ansicht von auf der Süd- und Nordhalbkugel einander folgenden Eiszeiten kaum mehr Anhänger.)

Die Theorie der natürlichen Zuchtwahl käme ohne die Theorie der Eiszeiten nicht aus. Sie benötigte die Eiszeittheorie zur Erklärung der Herkunft identischer Spezies in den durch die heiße Zone voneinander getrennten Süd- und Nordhalbkugeln; sie war sogar noch mehr erforderlich, um das Driftphänomen erklären zu können. Findlinge konnten mit einiger Mühe noch mit der Tätigkeit von Eisbergen erklärt werden. Doch Drift, d. h. die Ansammlungen von Lehm, Blöcken und Sand, die an vielen Orten Täler Hunderte von Metern tief anfüllen, konnten nicht durch Eisberge herangebracht worden sein; und schließlich erforderten Eisberge selbst, um in großen Mengen entstehen zu können, ausgedehnte Gletscher, von denen sie losbrechen konnten. Darwins Evolution benötigte die Eiszeittheorie als Ersatz der Flutwellentheorie – bei der es sich um eine katastrophentheoretische Vorstellung handelt.

Darwin übernahm die Lehre von Agassiz, allerdings nicht in ihrer Originalform mit einem katastrophenartigen Beginn der Eiszeit. Doch Agassiz wies Darwins Theorie zurück. Den Grund dafür sah er in den Skelettüberresten früher Fischarten, in einem Bereich, für den er als Autorität galt. In vielen Fällen waren die Fische ausgestorbener Arten besser entwickelt und weiter fortgeschritten in der Evolution als spätere Spezies, mit inbegriffen die modernen. Auch unter den Säugetieren starben besser entwickelte Arten aus. Doch diese gegen die Evolutionstheorie stehenden Schwierigkeiten traten in der Hitze des Kampfes gegen die Opponenten, die auf einer 6000 Jahre alten Welt und der Unveränderlichkeit der Arten beharrten, weniger in Erscheinung.

Darwins Theorie stellte im Vergleich mit den Lehren der Kirche einen Fortschritt dar. Die Kirche unterstellte eine seit dem Anfang in der Natur unverändert gebliebene Welt. Darwin führte den Grundsatz langsamer, aber stetiger Veränderung ein, in einer einzigen Richtung, von einem Zeitalter zum nächsten, einem Aeon zum anderen. Verglichen mit der kirchlichen Unveränderlichkeitslehre entsprach Darwins Theorie der allmählichen Evolution durch natürliche Zuchtwahl oder das Überleben des Tüchtigsten einem Fortschritt, wenn auch nicht der letzten Wahrheit.

Die Geschichte seiner Erfahrungen wird von seinem Zeitgenossen und Anhänger Thomas Huxley erzählt. Darwin wurde »als eine ›verdrehte‹ Person ausgelacht, deren Versuche, ›ihr erzverderbtes Gewebe von Mutmaßungen und Spekulationen zu stützen und deren Art, mit der Natur umzugehen, als ›eine Schandtat gegenüber der Naturwissenschaft‹ verdammt wird«. So Huxley, zitiert aus einem Artikel von Bischof Wilberforce in der *Quarterly Review* vom Juli 1860. Huxley schrieb 1887 ebenfalls: »Alles in allem befanden sich die Anhänger Darwins 1860 in zahlenmäßig ganz unbedeutender Minderheit. Es gibt nicht den geringsten Zweifel, daß wir im Wissenschaftsrat der Kirche, hätte damals eine Verhandlung stattgefunden, durch eine erdrükkende Mehrheit verurteilt worden wären. Und es ist ebensowenig daran zu zweifeln, daß, wenn heute ein solcher Rat zusammentreten würde, das Dekret genau das Gegenteil aussprechen würde.«

Darwins *Entstehung der Arten,* fuhr Huxley fort, »ist von der Generation, der das Werk erstmals vorgestellt wurde, schlecht aufgenommen worden, und es ist traurig über die Ergüsse wütenden Unsinns nachzudenken, die es hervorrief. Doch die heutige Generation wird sich wohl ebenso schlecht verhalten, wenn ein anderer Darwin auftreten und sie dem gegenüberstellen sollte, was die menschliche Allgemeinheit am meisten haßt – der Notwendigkeit, ihre Überzeugungen zu ändern. Laßt sie uns Alten gegenüber deshalb nachsichtig sein; und sollten sie sich nicht besser verhalten als die Männer meiner Zeit gegenüber einem neuen Wohltäter, so mögen sie sich darauf besinnen, daß letztlich unser Grimm sich nicht besonders auswirkte und sich hauptsächlich in der unflätigen Sprache scheinheiliger Zankteufel entlud. Laßt sie schnell eine strategische Rechtsumkehrtwendung vollziehen und der Wahrheit folgen, wo immer sie hinführt. Die Gegner der neuen Wahrheit werden entdecken, wie es die Opponenten Darwins tun, daß, wenn alles getan und gesagt ist, Theorien keine Tatsachen verändern und daß das Universum unbeeindruckt bleibt, auch wenn die Texte zerbröckeln.«[1]

Der Mechanismus der Evolution

Natürliche Zuchtwahl – der Darwinsche Evolutionsmechanismus – ist zugleich destruktiv und konstruktiv. Im Kampf ums Dasein eliminiert er alle untüchtigen unter den Gliedern einer Spezies; und er vernichtet die Spezies, die sich im Wettbewerb mit anderen um die begrenzten Hilfsquellen zum Dasein nicht zu behaupten vermögen. Die Sieger in diesem Kampf sind jene Individuen, die sich infolge eines Charakteristikums – oder einer bevorzugenden Variation – einen Vorteil über ihre Konkurrenten erwarben. »Unter diesen Umständen würden vorteilhafte Variationen dahin tendieren, erhalten zu bleiben, und ungünstige, zerstört zu werden. Das Ergebnis dieser Vorgänge wäre die Entstehung einer neuen Art« (Darwin).

Wie auf den vorangehenden Seiten gezeigt wurde, erfolgte die Vernichtung vieler Individuen und ganzer Arten des Tierreiches nicht nur unter Wettbewerbsbedingungen, sondern auch in katastrophenartigen Ereignissen. Vollständige Spezies ohne irgendein Zeichen der Degeneration fanden in Naturkatastrophen plötzlich ihr Ende. Indessen kann eine Art auch durch Verhungern oder Ausrottung durch Feinde erlöschen: Moa, der nicht flugfähige Riesenvogel Neuseelands, der eine Größe von 4 Metern erreichte, ging vor einigen Jahrhunderten unter. Von den nordamerikanischen Kranichen waren 1953 noch 21 Exemplare übrig. Natürliche Zuchtwahl vermag die totale Vernichtung vieler Gattungen und Arten in einem einzigen Augenblick nicht zu erklären; sie mag gelegentlich die Ursache für das Erlöschen einer einzigen Art sein. Kann aber natürliche Zuchtwahl neue Arten entstehen lassen?

1 Thomas H. Huxley, »On the Reception of the *Origin of Species*, veröffentlicht als Kapitel 14 des 1. Bandes von *The Life and Letters of Charles Darwin*, hrsg. von seinem Sohn Francis Darwin, in der Appleton-Ausgabe der *Works* von Charles Darwin.

In den geologischen Urkunden liegen Beweise, daß in der Vergangenheit Tiere lebten, die es heute nicht mehr gibt; und ebenfalls, daß von den heutigen Lebensformen viele in der Vergangenheit nicht existierten. Wie aber konnten sie dann entstehen?

Die Tier- und Pflanzenreiche sind unterteilt in Stämme und diese in Klassen, Ordnungen, Gattungen und schließlich Arten. Eine Art läßt sich auf folgende Weise erkennen: Die Paarung von zwei nicht der gleichen Art zugehörigen Individuen ergibt normalerweise keine Nachkommen, während sie bei den Ausnahmen (Pferd und Esel mit dem Maultier als Nachkömmling) unfruchtbar bleiben. Somit entspricht die gesamte Menschheit nur einer Art; und sämtliche Hunderassen, im Körperbau so verschieden, sind Glieder einer einzigen Art. Sowohl im Tier- als auch im Pflanzenreich gibt es Hunderttausende von Arten oder Spezies.

Laut der Evolutionstheorie entwickelten sich alle Lebensformen durch allmähliches Auftreten aus denselben, allerprimitivsten einzelligen Lebewesen. Zufallsvariationen erscheinen in jeder Art – keine zwei Individuen sind genau identisch. Wie schon erklärt, können sich begünstigende Variationen – jene, die sich im Kampf ums Dasein als hilfreich herausstellen – bis zu einem solchen Grad akkumulieren, daß laut Darwin eine neue Art entsteht, deren Individuen mit den Mitgliedern ihrer elterlichen Art keine fruchtbaren Abkömmlinge mehr zeugen können.

Seit erste wissenschaftliche Beobachtungen angestellt worden sind, ist nie die Entstehung einer wahren neuen Art festgestellt worden. Im Jahr nach der Veröffentlichung von *Die Entstehung der Arten* schrieb Thomas Huxley: »Aber es gibt gegenwärtig keinen positiven Beweis dafür, daß aus irgendeiner Tiergruppe, sei es durch Varietäten oder Zuchtwahl, eine neue Gruppe hervorgegangen ist, die auch nur im geringsten Grade mit der ursprünglichen Gruppe nicht mehr fruchtbar wäre.«[1] Ein paar Jahre danach schrieb Darwin in einem Brief (an Bentham): »Der Glaube in die natürliche Zuchtwahl muß sich gegenwärtig völlig auf allgemeine Überlegungen stützen . . . Wenn wir uns die Einzelheiten ansehen . . . vermögen wir nicht nachzuweisen, daß sich eine einzige

1 Thomas H. Huxley. »The Origin of Species« (1860), nachgedruckt in seinem *Darwiniana, Collective Essays* (1893), II, 74.

Art verändert hätte; noch können wir nachweisen, daß die vermuteten Veränderungen begünstigend gewesen wären, was den Grundsatz meiner Theorie ausmacht.«[1] Und am Jahrhundertende fand sich Huxley zur folgenden Erklärung gezwungen: »Ich bleibe bei der Meinung ..., daß bis zum Nachweis, daß Zuchtwahl zu untereinander unfruchtbaren Varietäten führen kann, die logische Begründung der Theorie natürlicher Zuchtwahl unvollständig ist. Über die Ursache von Variationen bleiben wir nach wie vor beträchtlich im Dunkeln ...«.[2]

Bei der Zuchtwahl schafft der Züchter Voraussetzungen, die im natürlichen Leben nicht vorkommen; und neue Rassen oder Varietäten, die aus Zuchtwahl und -isolation hervorgingen, kehren zu ihrer elterlichen, nicht ausgelesenen Form zurück, sobald sie freigesetzt werden; so gleichen die Abkömmlinge von Hunden aus verschiedener Zucht wieder ihren gemeinsamen Vorfahren. Trotz all ihrer Bemühungen ist es den Züchtern nie gelungen, die wahre Grenze der Arten zu überschreiten. Wie könnte also eine neue Art aus Zufallsvariationen und durch Kreuzungen im natürlichen Leben entstehen? Und wie könnten derart viele neue Arten produziert werden, daß ihre Anzahl, zusammen mit den ausgestorbenen, in die Millionen geht? Und wie vermöchte ein menschliches Wesen, das so kompliziert ist, nicht nur sich aus gemeinsamen Ahnen mit den Primaten (Affen) zu entwickeln, sondern auch aus gemeinsamen Ahnen mit geflügelten Insekten und kriechenden Würmern? Also zogen die Evolutionisten noch weitere Wechsel auf die Zeit.

Des weiteren ergeben sich aus dem Zufallscharakter der Variationen, wenn sie erstmals in einem Individuum erscheinen, noch besondere Schwierigkeiten für den gedachten Fortschritt. Darwin bekundete, er kenne die Ursache dieser in Individuen auftauchenden Variationen oder neuen Merkmale nicht; und es wurde allgemein angenommen, bei Zufallsvariationen müsse es sich in den meisten Fällen um Unvollkommenheiten handeln: In einem komplizierten und ausgeglichenen Organismus wäre eine Zufallsvariation wahrscheinlicherweise eine Behinderung, nicht eine Begün-

1 Darwin, *Life and Letters,* Hrsg. Francis Darwin, II, 210.
2 Huxley, *Darwiniana, Collective Essays* (1893), II, Vorwort.

stigung. Durch welch seltene Zufälle konnten dann aber immer perfektere Arten entstanden sein?

Diverse Theorien sind angeboten worden – eine davon ist die *évolution créatrice* von Henri Bergson –, welche die Existenz eines führenden Prinzips in der Evolution annehmen, das die Zufallsvariation ersetzt; diese Theorien werden oft unter dem Begriff *Orthogenese* zusammengefaßt, der bekanntesten dieser Ideen. Die Anhänger der Orthogenese behaupten die Existenz eines Planes und eines Zieles. Da indessen in einer derartigen Theorie die göttliche Fügung auf den Plan tritt, deren Abtrennung von der Natur eines der Hauptziele der Evolutionstheorie – im Gegensatz zur besonderen Schöpfung – gewesen war, wurde die Orthogenese, oder schöpferische Evolution, nach einiger Überlegung abgelehnt. Ihre Anhänger konnten vorbringen, viele Züge seien bei ihrem erstmaligen Erscheinen völlig zwecklos, wenn auch nicht sinnlos gewesen, wenn sie dazu bestimmt waren, nach vielen Generationen nützlich zu werden. Warum sollten sich diese Merkmale dann aber von Zeitalter zu Zeitalter weiterentwickelt haben, um schließlich zu einer nutzbringenden Eigenschaft der Art zu werden, wenn nicht Orthogenese im Spiele war; weshalb sollte sich der Känguruhbeutel durch viele Generationen hindurch vergrößert haben, bis er schließlich zum Tragen des Jungen groß genug war?

Die offensichtliche Schwierigkeit, den Evolutionsprozeß mit Zufallsvariationen zu erklären, brachte ein Wiederaufleben des Lamarckismus. 1809, im Geburtsjahr Darwins, hatte Lamarck seine *Philosphie zoologique* veröffentlicht: In seiner Evolutionstheorie erscheinen neue Merkmale und Fähigkeiten als Antwort auf Beanspruchung; Beanspruchung als Antwort auf Bedürfnisse; und Bedürfnisse als Folge von Umweltveränderungen. Er nahm an, diese neuangenommenen Merkmale seien vererblich. Lamarck lehrte ebenfalls Gleichmäßigkeit und war so ein Gegner seines Zeitgenossen Cuvier, der die Katastrophentheorie lehrte. Charles Darwin zeigte sich zwar gegenüber Alfred R. Wallace großzügig, den er zum unabhängigen Mitentdecker der natürlichen Zuchtwahl erklärte, gab aber trotz der Vorhaltungen Lyells und Huxleys keine Dankesschuld gegenüber Lamarck zu, dessen Werk er in einem Brief an Lyell als »absurd« und »Quatsch« und auch als ein »elendes Buch« bezeichnete.[1] Dafür bot Darwin die *Pangenesis*-Theorie an, laut welcher jede Zelle im Körper eines Tieres oder einer Pflanze ein Keimchen, ein unsichtbares Abbild der Stammzelle an die Keimzelle abgibt. Auf diese Weise wollte Darwin Erblichkeit interpretieren. Er ging so mit der Beschreibung der Zellen als Erbmassenträger, was der vererbbaren Übertragung angenommener Merkmale entspricht, sogar noch weiter als Lamarck. Die Pangenesistheorie wird heute endgültig von jedermann abgelehnt.

In den Gefechten, die sich die Repräsentanten der diversen Evolutionslehren lieferten, attackierten die von August Weismann angeführten Neodarwinisten die Neolamarckisten; und durch das Wegschneiden von Mäuseschwänzen in sich folgenden Generationen konnte Weismann zeigen, daß angenommene Merkmale nicht vererblich sind. Tatsächlich bewies er das nicht ganz: der Verlust des Schwanzes durch Wegschneiden ist kein durch Beanspruchung oder Bedürfnis angenommenes Merkmal. Eigentlich widerlegte Weismann nicht Lamarck, sondern Darwins Pangenesistheorie, und er betonte mit vollem Recht, daß die Erbsubstanzträger im Keimplasma enthalten sind, d. h. in Sperma und Ovum; die Körperzellen, d. h. der Körper, entstehen in jeder sich folgenden Generation durch das Keimplasma, und nur Veränderungen im Plasma sind erblich. Darwins Zufallsvariationen stellen derartige Veränderungen im Keimplasma dar und werden deshalb vererbt; die Körperreaktion auf äußere Einflüsse würde keine erblichen Merkmale hervorrufen und ist deshalb für die Evolution wertlos.

Über die Evolution als einer geologischen Tatsache stimmten alle überein, doch über den Evolutionsmechanismus gab es fundamentale Meinungsverschiedenheiten. Die Mehrheit der Evolutionisten hat die Idee zurückgewiesen, daß angenommene Merkmale erblich seien; aber Lamarcks Standpunkt fand Anhänger im Osten, bei Michurin, der an Pflanzen experimentierte, und für einige Zeit bei Pawlow, der Tierversuche anstellte, und vor noch nicht langer Zeit bei der in Rußland herrschenden Lehre.

1 Darwin, *Life and Letters*, II, 199; L. T. Moore, *The Dogma of Evolution* (1925), 172.

Die Neodarwinisten bestreiten, daß physikalische Umgebungen neue Arten entstehen lassen können; in einem Organismus mögen sie zwar Veränderungen hervorrufen, doch sind diese angenommenen Merkmale nicht erblich. Können dann aber natürliche Zuchtwahl oder Wettbewerb mit anderen Tieren neue Arten kreieren? Das klassische Beispiel der Giraffe mit dem längsten Hals, die überlebt, wenn es Blätter nur noch am höchsten Baum gibt, beweist nicht, daß sich Giraffen mit längeren Hälsen zu einer neuen Art entwickeln würden. Und in jedem Fall könnte sich unter den beschriebenen Bedingungen auch keine neue Spezies bilden: Die Giraffenweibchen, die einen kleineren Körperbau haben, würden vor den Männchen aussterben, so daß es keine Abkömmlinge gäbe; käme es trotzdem zur nächsten Generation, würden die jungen Giraffen wohl sterben, weil sie an die Blätter nicht heranreichten.

Die Position der Darwinisten würde mit der Entstehung einer neuen Tierart bedeutend verstärkt, auch wenn sie nur aus einer kontrollierten Zucht hervorgingen. Darwin behauptete, der Prozeß des Erscheinens neuer Arten verlaufe sehr langsam, aber er behauptete ebenfalls, der Vorgang des Erlöschens einer Spezies ginge noch viel gehemmter vor sich.[1] Trotzdem sind aber einige Tierarten vor den Augen der Naturforscher erloschen und doch keine neuen entstanden. Die Theorie der natürlichen Zuchtwahl, sogar die eigentliche Tatsache der Entstehung einer Art aus einer anderen, bedurfte der Beweise. Einige Wissenschaftler gingen so weit, zu sagen, möglicherweise sei der gesamte Entwicklungsplan bereits erfüllt, so daß die geologischen Urkunden nur noch vom Weg bis zu dieser Stufe berichten und seitdem Evolution nicht mehr stattfinde.

Einer der Teile von Darwins Auslesetheorie ist allgemein aufgegeben worden: Es handelt sich um die Idee der geschlechtlichen Auswahl als einem Evolutionsfaktor. Bei der natürlichen Zuchtwahl dreht sich der Wettbewerb um die Mittel zum Dasein. Bei der sexuellen Zuchtwahl – einer in *The Descent of Man* (1871) entwikkelten Theorie – findet der Wettbewerb zwischen Männchen um die Annahme durch ein Weibchen statt. Darwin dachte, damit die

1 *Die Entstehung der Arten,* Kapitel 11.

Herkunft verschiedener sekundärer Geschlechtsmerkmale zu erklären, wie etwa die Musterung und Färbung von Vogelfedern; er wollte damit sagen, sie seien das Ergebnis einer durch viele Generationen hindurchwirkenden allmählichen Auslese durch das Weibchen, das sich sichtbaren attraktiven Merkmalen zuwende. Es ist aber gezeigt worden, daß, wenn die farbenprächtigen Flügel männlicher Schmetterlinge abgeschnitten und an ihrer Stelle weibliche Flügel befestigt wurden – häufig ohne die charakteristische Färbung –, das Weibchen sich der Annäherung des Männchens nicht widersetzte. Es versäumte auch, einen Unterschied gegenüber Männchen zu sehen, die überhaupt keine Flügel hatten. Es ist ebenfalls beobachtet worden, daß einige Fischmännchen die Fischeier besamen, ohne daß das Fischweibchen gegenwärtig oder sich des Besamungsaktes gewahr wäre. Die Theorie der geschlechtlichen Zuchtwahl erlitt bis zu einem gewissen Grad dasselbe Schicksal wie die Pangenesistheorie. Doch die Theorie der natürlichen Zuchtwahl gibt ihre Position nicht auf – es sei denn, eine bessere Erklärung des Evolutionsmechanismus wird gegeben.

Mutationen und neue Arten

Der erste Lichtstrahl erschien zur Jahrhundertwende, als Hugo de Vries, ein holländischer Botaniker, an Nachtkerzengewächsen spontane Mutationen beobachtete. Diese Pflanzen zeigten ohne sichtbare Ursache neue Merkmale, die an ihren Vorfahren nicht beobachtet worden waren. Obwohl de Vries behauptete, es handle sich bei diesen Mutationen um »Kleinarten«, wie er es nannte, gelangten die Nachtkerzen nicht über die Grenze ihrer Art hinaus. Doch ist damit nachgewiesen worden, daß innerhalb einer Art Varietäten doch auf spontane Weise und recht plötzlich erscheinen und nicht, wie Darwin dachte, in winzigen Schritten von Generation zu Generation. Huxley hatte recht, als er Darwin dazu drängte, sich nicht so dogmatisch an seinen Glauben zu klammern, es gäbe in der Natur keine Sprünge – *natura non facit saltum.*[1] De Vries

1 Darwin, *Life and Letters,* II, 27.

zeigte, daß Varietäten in Sprüngen auftreten, und daraus entwikkelte er die Mutationstheorie für die Evolution.

Zur Zeit seiner Arbeit an dieser Theorie kannte er noch nicht Gregor Mendels genetische Untersuchungen, die schon 1865 in einem Aufsatz veröffentlicht worden waren, nur 6 Jahre nach *Die Entstehung der Arten.* Mendels Werk, das im 19. Jahrhundert Darwin und seinen Anhängern unbekannt geblieben war, wurde von de Vries wiederentdeckt – und unabhängig von ihm im Jahr 1900, als er seine Mutationstheorie schrieb, auch von E. Tschermak und K. Correns. Indem er sorgfältig Kreuzungen zwischen Varietäten von Gartenerbsen beobachtete, ihre Rassenmerkmale durch aufeinanderfolgende Generationen und die Übertragung einzelner Merkmale zählte, fand Mendel die fundamentalen genetischen Gesetzmäßigkeiten über die Erblichkeit körperlicher Merkmale. Seit dem Anfang dieses Jahrhunderts beruht die gesamte Arbeit über die Evolution auf der Genetik und den Mendel-Regeln. Ironischerweise war Mendel ein Augustinermönch und leistete seinen grundlegenden Beitrag zu einer Zeit, als nach der Veröffentlichung von Darwins Hauptwerk der Krieg zwischen Wissenschaft und Kirche am stärksten tobte. Die spontanen Variationen in Mutanten können als erbliche Merkmale durch aufeinanderfolgende Generationen von Nachkommen verfolgt werden. Die Gene im Keimplasma sind die Merkmalträger, und eine Variation (Mutation) in einem Gen würde eine Varietät (Mutation) bei den nachfolgenden Generationen verursachen. Im allgemeinen erscheinen aber nur einzelne Variationen auf einmal; sie können zu neuen Rassen, nicht zu neuen Arten führen.

Es gibt viele zu wenige und in ihrer Wirkung viel zu ungenügende Mutationen, als daß aus ihnen eine neue Art entstünde und man daraus erklären könnte, wie das Tierreich entstehen konnte. Trotz aller spontanen Variationen sind keine neuen Säugetierspezies bekannt, die seit dem Ende der Eiszeit entstanden wären. V. L. Kellog von der Stanford-Universität kam 1907 zu folgendem Schluß:

»Die eigentliche Wahrheit ist, daß die Darwinschen Zuchtwahltheorien in bezug auf ihren Anspruch, eine genügend unabhängige mechanische Abstammungserklärung zu sein, heute in der Welt der Biologie ernsthaft diskreditiert sind. Andererseits ist es ebenfalls fair, wahrheitsgemäß zu sagen, daß von den Gegnern der Zuchtwahl keine Ersatzhypothesen oder -theorien für die Entstehung der Arten vorgebracht worden sind, welche auf allgemeine oder auch nur beträchtliche Annahme durch Naturforscher gestoßen wären. Mutationen scheint es zu wenige und in zu großen Abständen zu geben; für Orthogenese vermögen wir keinen zufriedenstellenden Mechanismus zu entdecken; und dasselbe muß man von den Lamarckschen Theorien sagen, die Veränderung durch die Kumulation während der Vererbung von angenommenen oder ontogenetischen Merkmalen.«[1]

Kellog stellte ebenfalls fest, daß eine Gruppe von Wissenschaftlern »gesamthaft Wirksamkeit oder Fähigkeit der natürlichen Zuchtwahl bestreitet, Serien zu bilden, indes die andere, größere Gruppe ... in der natürlichen Zuchtwahl einen evolutionären Faktor sieht, der aus sich selbst nichts vollbringe und für seine Wirksamkeit völlig von einem oder mehreren Primärfaktoren abhänge, welche die Ursache und Richtung der Variation kontrollierten und zur Vernichtung aller unangepaßten, untüchtigen Entwicklungszüge fähig seien ... Ich für meinen Teil«, so fuhr Kellog fort, »ziehe es vor, mich auf den alten und bewährten Ignoramus-Standpunkt zurückzuziehen«. So wurde das gesamte Problem auf den Platz zurückrangiert, den es vor der *Entstehung der Arten* eingenommen hatte.

Evolution ist ein Prinzip. Darwins Beitrag zum Prinzip besteht in der natürlichen Zuchtwahl als dem Mechanismus der Evolution. Sollte die natürliche das Schicksal der geschlechtlichen Zuchtwahl teilen und nicht der Mechanismus für die Entstehung der Arten sein, dann reduziert sich der Beitrag Darwins auf einen sehr kleinen Rest – lediglich die Rolle der natürlichen Zuchtwahl bei der Ausscheidung des Untüchtigen bleibt übrig.

H. Fairfield Osborn, ein führender amerikanischer Evolutionist, schrieb: »Im Gegensatz zur Einheit der Meinungen über das *Gesetz* der Evolution stehen die Meinungsverschiedenheiten über die *Ursachen* der Evolution. In der Tat sind die Ursachen der Evolution des Lebens so geheimnisvoll wie das Gesetz der

1 V. L. Kellog, *Darwinism Today* (1907), 5.

Evolution gewiß ist.«[1] Und wiederum: »Es kann gesagt werden, daß Darwins Gesetz der Auslese als eine natürliche Erklärung für die Herkunft *aller* Tüchtigkeiten in Form und Funktion heute auch seinen Ruf verloren hat und daß alles, was vom Darwinismus heute allgemein akzeptiert wird, das Gesetz des Überlebens des Tüchtigsten ist: eine limitierte Anwendung von Darwins großer Idee, wie es von Herbert Spencer ausgedrückt wird.«[2]

Das waren nicht die Ansichten einzelner Evolutionisten, sondern es entsprach der allgemeinen Meinung. William Bateson, ein führender englischer Evolutionist, sagte 1921 in seiner Ansprache vor der American Association for the Advancement of Science:

»Wenn die Studierenden anderer Wissenschaften uns fragen, was heute über die Entstehung der Arten geglaubt würde, dann haben wir keine klare Antwort abzugeben. Glaube wurde durch Agnostik ersetzt ... Vielfältige und oft beachtliche Variationen beobachten wir täglich, aber nicht die Entstehung von Arten ... Ich habe ihnen sehr offen die Überlegungen vorgelegt, die uns betreffend der eigentlichen Form und Vorgänge der Evolution agnostisch werden ließen.«[3]

L.T. More fragte in einer Serie von Gastvorlesungen an der Princeton-Universität:

»Wenn natürliche Zuchtwahl eine Kraft ist, die nur zerstören, aber keine neuen Arten hervorbringen kann, und wenn die Gründe zu dieser Zerstörung unbekannt sind, von welchem Wert ist dann die Theorie für die Menschheit? ... Der Zusammenbruch der Theorie natürlicher Zuchtwahl hinterläßt die Philosophie des mechanistischen Materialismus in einer betrüblichen Misere.«[4]

Über de Vries' Theorie der Evolution durch Mutation sagte More:

»Die Idee wirkt sich auf die wissenschaftliche Theorie destruktiv aus, da sie in Wirklichkeit auf den gesamten Gedanken der Kontinuität verzichtet, welcher der Grundsatz einer Evolution sein müßte ... Es taucht sofort die Überlegung auf, daß jeder der überraschenden Brüche im paläontologischen Zeugnis, wie jener,

1 Henry Fairfield Osborn, *The Origin and Evolution of Life* (1917), IX.
2 Ebenda, XV.
3 William Bateson, »Evolutionary Faith and Modern Doubts«, *Science*, LV, 55.
4 More, *The Dogma of Evolution* (1925), 240.

der die Reptilien vom befiederten Vogel trennt, in einem einzigen Sprung während einer überreizten Periode in der Natur erfolgt sein könnte.«[1]

De Vries stellte Beobachtungen über spontane Mutationen in Pflanzen an; ein Jahrzehnt danach fand T. H. Morgan spontane Mutationen in *Drosophila melanogaster*, der Essigfliege, in Form verschiedener Augenfarben, Flügelgrößen und vielen anderen Veränderungen bei Nachkommen, die bei deren Vorläufern nicht vorhanden gewesen waren. H. J. Muller, der die Essigfliege der Wirkung von Röntgenstrahlung aussetzte, vermehrte dadurch die Mutationshäufigkeit 150mal. Ebenfalls stellte sich heraus, daß einige Chemikalien und Temperaturen, die sich nahe an den Grenzen bewegten, die der Insektenorganismus auszuhalten vermochte, als mutationsfördernde Ursachen wirken können.

Muller kam zum Schluß, spontane Mutationen seien »gewöhnlich die Folge einer zufälligen molekularen oder submolekularen Kollision, die im Laufe thermischer Bewegung stattfindet«, die gekennzeichnet ist »durch die Steigerungsrate in der Mutationshäufigkeit, solange wie die dem Organismus entsprechenden Normaltemperaturen nicht überschritten werden. Da chemische Veränderungen ähnlich den durch Wärme hervorgerufenen, aber mit stärkerer Auswirkung auch durch Röntgenstrahlen, andere hochenergetische und Ultraviolettstrahlen verursacht werden können, überrascht es nicht, daß Mutationen wie die sogenannten ›spontanen‹ durch diese Mittel in großer Zahl hervorgerufen werden können und daß die Anzahl dieser Mutationen im allgemeinen proportional zur Anzahl der physischen ›Treffer‹ verläuft, die von der Strahlung verursacht werden.«[2]

Die Herkunft von Mutationen in Nachtkerzen, die de Vries beobachtete, muß wie jede andere spontane Mutation einem dieser Reize zugeschrieben werden, die direkt auf die Gene einwirken. Es konnte sich um das Ergebnis von Treffern durch kosmische Strahlen handeln; es ist nur aufzuzeigen, weshalb die Nachtkerze für eine solche Ursache empfänglicher ist als die meisten anderen Pflanzen.

1 Ebenda, 214.
2 Muller, »The Works of the Genes«, in H. J. Muller, C. G. Little und L. H. Snyder, *Genetics, Medicine and Man* (1947), 27.

Weil Röntgenstrahlung in der natürlichen Umgebung praktisch überhaupt nicht vorkommt, wurde diese im Laboratorium mächtig wirkende Quelle für Veränderungen als Herkunft spontaner Mutationen und deshalb auch für den Ablauf der Evolution ausgeschlossen. Muller betonte diesen Punkt. Indessen sind Röntgenstrahlen ein Teil der Radiumstrahlung. Zu Beginn unseres Jahrhunderts wurde festgestellt, daß Kaulquappen, d. h. Froschlarven, verschiedene Mißbildungen entwickeln, wenn sie der Radiumstrahlung ausgesetzt werden.[1] Radioaktivität und kosmische Strahlung sind in der Natur vorhandene Kräfte, die eine irdischer und die andere außerirdischer Herkunft.

Wenn, wie die Experimente mit der Essigfliege zeigen, die Mutation eines Gens eine flügellose Fliege hervorbringen kann, so wären viele gleichzeitige oder sich in schneller Sequenz folgende Mutationen durchaus in der Lage, ein Tier oder eine Pflanze zu einer neuen Art zu verändern. In den Bombenkratern von London wurden Pflanzen beobachtet, die es vorher auf den Britischen Inseln nicht gegeben hatte und die man vielleicht nirgendwo kannte. »Seltene Pflanzen, unbekannt in der modernen britischen Botanik, wurden 1943 in den Bombenkratern und Ruinen von London entdeckt.«[2] Es scheint, daß die Wärmeeinwirkung der Bombenexplosionen die Ursache für multiple Metamorphosen in den Genen der Samen und Pollen war. Trifft das zu, so ist die frühere Erklärung, das Auftreten einer neuen Spezies sei nie beobachtet worden, zurückzunehmen.

Angesichts der Behauptungen einer gewissen Schule von Pflanzengenetikern muß sie, soweit sie Pflanzen (nicht Tiere) betrifft, sowieso zurückgenommen werden: Danach können einige Pflanzen hin und wieder Nachkömmlinge mit der doppelten Anzahl von Chromosomen produzieren und dann – obwohl pflanzliche Hybriden wie Tiermischlinge gewöhnlich unfruchtbar bleiben – vermögen Hybriden aus Eltern mit Doppelchromosomen gelegentlich eine echte neue Art zu bilden. Sie kann sich unbegrenzt weiter reproduzieren, aber nicht durch Kreuzung mit der Spezies ihrer Herkunft; oder wenn dies möglich bleibt, sind diese Ab-

1 R. H. Bradbury, »Radium and Radioactivity in General«. *Journal of the Franklin Institute*, Vol. CLIX, No. 3 (1905).

2 »Botany«, *Britannica Book of the Year, 1944, 117.*

kömmlinge unfruchtbar. Bei der Behandlung von Zellen, die sich in der Teilung befinden, mit einem Alkaloid (Colchicin) aus der Wurzel des Herbstkrokus, können Zellen mit der doppelten als ihrer normalen Anzahl Chromosomen entstehen. So wurde eine fruchtbare Kreuzung zwischen dem Rettich und dem Kohl erzielt, und die Proponenten der »kataklystischen Evolution« behaupten, daß das zufällige Auftreten von Doppelchromosomenpflanzen in der Vergangenheit verantwortlich war für die Herkunft von Kulturpflanzen wie Weizen, Hafer, Zuckerrohr, Baumwolle und Tabak; und daß sich mit dieser Methode im Laboratorium eine Kornart herstellen ließe, welche die wünschbaren Qualitäten sowohl des Weizens als auch des Roggens in sich vereinigte. Was eine Pflanze dazu veranlaßt, spontan Nachkommen mit der doppelten Anzahl von Chromosomen zu produzieren, ist bis jetzt nicht in befriedigender Weise bekannt; am wahrscheinlichsten werden wiederum thermische, chemische oder radioaktive Ursachen daran teilhaben.

Kataklystische Evolution

Als die Erde daher, von der Flut noch schlammig, durch hohe
Himmlische Strahlen der Sonne in mächtiger Hitze erglühte,
Schuf sie unzählige Arten: sie zeugte zum Teil die alten Formen,
dazwischen erwuchsen erstaunliche Wundergeschöpfe.

Ovid, *Metamorphosen* (Übers. H. Breitenbach)

Eine enorme Zunahme der Radioaktivität in vergangenen Zeitaltern wurde von verschiedenen Theoretikern als eine Erklärung ausgedehnter Klimaschwankungen in der Vergangenheit postuliert; der thermische Effekt weitverbreiteter Radioaktivität wird auch vom Autor der modernen Version der Kontinentalverschiebung (du Toit) als bewegende Kraft herangezogen. Es scheint mir, daß, wenn derartige Radioaktivität wirklich vorhanden war, auch ihre Mutationswirkungen nicht ausbleiben konnten.

Kosmische Strahlung oder Ladungen, welche in der Atmosphäre auf Stickstoffatome treffen, verwandeln dieses Element zu

Radiokarbon. Diese Strahlungen, die aus dem Raum auf der Erde eintreffen, weisen pro Teilchen sehr hohe Ladungen auf, die im Durchschnitt mehrere Milliarden Elektronenvolt und manchmal ein Potential von 100 Milliarden Elektronenvolt aufweisen. Da relativ wenige solcher Strahlungen oder Ladungen unsere Atmosphäre treffen, ist ihre allgemeine Wirkung nicht spektakulär. Es ist aber vorstellbar, daß dort, wo ein Gen durch kosmische Strahlung getroffen wird, eine biologische Mutation erfolgt, vergleichbar mit der physikalischen Umwandlung der Elemente. Letztlich sind die Gene, wie alle Proteine, biochemische Verbindungen aus Kohlenstoff, Stickstoff und einigen weiteren Elementen. Würde ein somatisches Chromosom von einem hochenergetischen Strahlungsteilchen getroffen, so würde es schlimmstenfalls ein desorganisiertes Wachstum hervorbringen und die Ursache eines Neoplasmas sein; wenn indessen die Gene des Keimplasmas von Primär- oder Sekundärstrahlung getroffen werden sollten, könnte daraus eine Mutation der Nachkommen folgen; und sollten sich mehrere derartige Kollisionen ereignen, könnte die Entstehung einer neuen Art erwartet werden: sehr wahrscheinlich unfähig zum individuellen oder genetischen Leben, in einigen Fällen aber dazu fähig. Derart könnte vermehrte Radioaktivität von außerhalb oder aus dem Innern der Erde die Ursache einer spontanen Entstehung einer neuen Spezies sein. Sollte sich zwischen der Erde und einem anderen kosmischen Körper – wie einem Planeten, einem Planetoiden, einem Meteoritenschwarm oder einer energetisch geladenen Gaswolke – eine interplanetare Entladung ereignen, mit einer Differenz zwischen den Potentialen möglicherweise von Milliarden von Volt und begleitet von Kernspaltung oder -fusion, so wäre die Wirkung ähnlich der einer Explosion vieler Wasserstoffbomben mit darauf folgender Zeugung von Monstrositäten und Wachstumsanomalien in großem Maßstab.

Auf was es ankommt, ist, daß das Prinzip, welches die Entstehung neuer Arten verursachen *kann*, in der Natur vorkommt. Die Ironie liegt im Umstand, daß Darwin in der Katastrophentheorie den Hauptgegner seiner Theorie über die Entstehung der Arten sah, weil er von der Überzeugung geleitet war, neue Spezies könnten sich als ein Ergebnis des Wettbewerbs mit als Waffen dienenden zufälligen Merkmalen nur entwickeln, wenn fast unbegrenzte

Zeit zur Verfügung des Wettbewerbs stände, ohne dazwischentretende Katastrophen. Jetzt ist genau das Gegenteil wahr: Der Wettbewerb vermag nicht die Entwicklung neuer Arten zu verursachen. Mutationen in einzelnen Zügen und die daraus resultierenden neuen Varietäten innerhalb einer Art werden durch auf ein Gen treffende Strahlung verursacht, wie es durch die Röntgenstrahlung in den Experimenten an der Essigfliege geschah; es handelt sich um einen Treffer oder eine Kollision oder um eine Katastrophe im kleinen. Damit eine simultane Mutation vieler Merkmale erfolgen kann, so daß eine neue Spezies daraus hervorgeht, muß sich ein Strahlungsschauer irdischer oder außerirdischer Herkunft ereignen. Deshalb sehen wir uns zur Ansicht geführt, daß Evolution ein von Katastrophen eingeleiteter Prozeß ist. Zahlreiche Katastrophen oder wirkungsvolle Strahlungsstürme müssen sich in der geologischen Vergangenheit ereignet haben, um die Lebensformen auf der Erde so tiefgreifend zu verändern, wie es die fossilen, in Lava und Sedimenten begrabenen Zeugnisse bestätigen.

Wie würde dieses Verständnis von Evolution sich zu den Tatsachen verhalten, die immer im Widerspruch zur Theorie der natürlichen Zuchtwahl zu stehen schienen?

Die Tatsache, daß einige Organismen, wie Wurzelfüßler, alle geologischen Zeitalter überstanden, ohne an der Evolution teilzunehmen – ein für die Theorie der natürlichen Zuchtwahl Verwirrung stiftender Punkt –, wäre erklärt durch kataklystische Evolution, in der viele Arten zerstört, andere mehrfachen Mutationen unterzogen und ein paar Arten von Mutationen verschont und in ihrer alten Form weiterleben würden.

Die Tatsache, daß die geologischen Urkunden das plötzliche Auftauchen neuer Lebensformen zu Beginn jedes geologischen Zeitalters bezeugen, ist nicht auf die gekünstelte Erklärung angewiesen, die Urkunden seien immer lückenhaft; das geologische Zeugnis reflektiert auf wahrhaftige Weise die Veränderungen im Tier- und Pflanzenreich von einer geologischen Zeitperiode zur nächsten. Viele der neuen Arten entwickelten sich im Sog der Weltkatastrophe zu Beginn eines neuen Zeitalters und wurden in einer nächsten Naturkatastrophe jenes Zeitalters begraben.

Die Tatsache, daß in vielen Fällen die Zwischenglieder zu den heutigen Arten fehlen, wie auch jene zwischen verschiedenen Arten der geologischen Urkunden – ein lästiges Problem –, ist verständlich im Licht plötzlicher und mehrfacher Variationen, die neue Arten zur Folge hatten.

Es wurde eingewendet, daß, wenn ein neues Merkmal in nur einem einzigen Individuum erscheine, wie die Theorie der natürlichen Zuchtwahl es behauptet, oder wenn es sich sogar bei mehreren Tieren derselben Art zeige, es in den folgenden Generationen durch Kreuzung wieder verschwinden würde, falls ein neues Tier davor nicht durch Isolation auf abgeschlossenen Inseln geschützt wäre. Indessen könnte die simultane Mutation vieler Gene durch kataklystische Evolution eine neue Art bei der ersten Befruchtung hervorrufen; sämtliche Individuen eines Wurfes wären gleichartig betroffen. Und es ist nicht undenkbar, daß in mehr als einem Geschöpf derselben Art unter gleichartigen Strahlenbedingungen ähnliche Veränderungen der Gene stattfänden; so geschehen in den Röntgenstrahlenexperimenten an *Drosophila*, bei denen gleichartige Mutationen in mehr als einer Fliege vorkamen.

Der Einwand gegenüber der Theorie der natürlichen Zuchtwahl, wonach ein im voraus ausgebildetes Merkmal in einer neuen Art sich abrupt einstellen muß, wenn die Art nicht aussterben soll – wie im Fall der Känguruhbeutel – läßt sich innerhalb des Rahmens der kataklystischen Evolution beantworten; indessen wird die Zweckmäßigkeit tierischer Strukturen ein ebenso bewunderungswürdiges Problem bleiben, wie beispielsweise das zielbewußte Verhalten von Leukozyten im Blut, die dem Kampf gegen einen schädlichen Eindringling entgegenjagen.

Die von Agassiz betonte Tatsache, daß zahllose frühere Fischarten im Vergleich mit späteren Fischspezies einen höher entwickelten Organismus aufweisen, kann mit der Vernichtung früherer Formen nicht im Wettbewerbsprozeß, sondern durch Katastrophen erklärt werden, gegen die eine höherwertige Struktur keine Verteidigung ist.

Die Beobachtung, daß gesunde Tierarten wie Mammuts ohne ein Zeichen von Degeneration plötzlich ausstarben, hat die Evolutionisten beträchtlich verwirrt. Diese Tatsache kann nicht durch natürliche Zuchtwahl erklärt werden oder durch das Wettbewerbsprinzip; diese Schwierigkeit besteht nicht im Falle katastrophenartiger Einbrüche der Natur.

Die geheimnisvolle Beobachtung, daß die größeren Tiere der Vernichtung in besonderem Maße ausgesetzt waren – die Riesensäugetiere, die am Ende des Tertiärs untergingen und auch wieder im Pleistozän, ebenso wie früher die Dinosaurier – wird beim Gedanken verständlich, wieviel bessere Chancen kleinere Tiere bei der Suche nach Schutz vor der Verheerung anrichtenden Natur genießen.

Der natürlichen Zuchtwahl stand ebenfalls eine Rolle zu, aber nicht bei der Entstehung neuer Arten; sie war ein entscheidender Faktor für das Überleben oder Sterben neuer Lebensformen im Kampf ums Dasein, und zwar nicht nur zwischen Individuen, Rassen, Arten und Gattungen, sondern auch gegen die Elemente. Bei der natürlichen Zuchtwahl schieden alle jene Formen aus, die dem Wettbewerb oder den rapide sich ändernden Lebensbedingungen einer sich im Aufruhr befindenden Erde nicht standzuhalten vermochten.

Die Entstehung neuer aus alten Arten konnte durch die Vorgänge verursacht werden, die sich in Laboratorien reproduzieren lassen – durch exzessive Strahlung oder einen anderen thermischen oder chemischen Reiz in abnormaler Dosierung, die alle Teil einer Naturkatastrophe in der Vergangenheit sein und eine Rolle bei der Ausbildung neuer Arten gespielt haben konnten, wie die Fälle der neuen Pflanzen in den Bombenkratern anzudeuten scheinen.

Durch die Katastrophen in der Vergangenheit der Erde wird die Evolutionstheorie bestätigt; der erklärte Feind dieser Theorie erwies sich als ihr einziger Verbündeter. Der wahre Feind der Evolutionstheorie ist die Lehre der Gleichmäßigkeit, das Fehlen irgendwelcher außerordentlicher Ereignisse in der Vergangenheit. Diese Lehre, von Darwin als Hauptstütze der Evolutionstheorie begriffen, stellte die Theorie beinahe außerhalb der Realität.

Große Katastrophen in der Vergangenheit, begleitet von elektrischen Entladungen und gefolgt von Radioaktivität konnten plötzliche und mehrfache Mutationen in der Weise hervorrufen, wie sie heute von Experimentatoren erreicht werden, aber in einem immensen Ausmaß. Die Vergangenheit der Menschheit und der Tier- und Pflanzenreiche muß heute aber auch auf dem Hintergrund der Erfahrungen in Hiroshima betrachtet werden, und nicht mehr durch die Bullaugen der *Beagle.*[1]

1 Das Schiff, auf welchem Charles Darwin als junger Naturforscher die Welt umsegelte.

Kapitel 16

Ende

Im vorliegenden Buch ist das Zeugnis der Steine und Knochen vorgelegt worden. Wir haben uns in die Urkunden verschiedener Epochen vertieft – frühe und späte, aus vielen Breiten, des Nordens und Südens, von mannigfaltiger Herkunft, den Gipfeln der Berge und aus den Tiefen des Meeres: Skelette und Asche und Lava. Lange bevor der Stoß von Akten zur Neige ging, wußten wir, welche Schlußfolgerung nicht zu umgehen war: Globale Katastrophen hatten unsere Welt erschüttert. Ich habe hier das Zeugnis der alten Quellen von Menschenhand nicht mit aufgenommen. Werde ich mich dem Argument gegenübersehen, zwar sprächen die geologischen und archäologischen Urkunden für katastrophenartige Ereignisse in der Vergangenheit, doch würde das durch die Abwesenheit menschlicher Aussagen bestritten? Ist nicht *Welten im Zusammenstoß* ein Buch menschlicher Aussagen? Und wurde jenen Zeugnissen vor allem nicht deshalb widersprochen, weil sie nicht im Einklang mit den geologischen Urkunden stünden?

Obwohl hier keine Hinweise auf historische Inschriften oder literarische Denkmäler aus alter Zeit angeführt wurden, um die Übereinstimmung zwischen geologischen und historischen Urkunden darzustellen, kann kein aufmerksamer Leser – auch wenn er einen nur flüchtigen Überblick gewinnen wollte – diese Seiten gelesen haben, ohne deren Inhalt mit demjenigen vieler Kapitel von *Welten im Zusammenstoß* in Verbindung zu bringen, wenn er dieses andere Buch auch kannte. Dort wurde die Geschichte erzählt von weltumgreifenden Orkanen, von brennenden und fortgeschwemmten Wäldern, von Staub, Steinen, Feuer und Asche, die vom Himmel fielen, von Bergen, die wie Wachs zusammenschmolzen, von Lava, die aus dem aufgespalteten Boden strömte, von kochenden Meeren, vom Asphaltregen, vom wankenden Boden und von zerstörten Städten, von Menschen, die Schutz in

Höhlen und Spalten, in Feld und Bergen suchten, von Meeren, die aus ihrem Bett und auf das Land geschleudert wurden, von polwärts und wieder zurückrollenden Flutwogen, vom Festland, das sich senkte und zum Meer wurde und von Meeresflächen, die sich zu Wüsten verwandelten, von neu geborenen und ertrunkenen Inseln, von eingeebneten Gebirgen und anderen, die sich erhoben, von Flüssen, die sich neue Betten suchten, von Quellen, die versiegten und anderen, die bitter wurden, von großen Verheerungen im Tierreich, von der Dezimierung der Menschheit und den Wanderungen der Überreste, von dichten Staubwolken, die jahrzehntelang das Antlitz der Erde verhüllten, von magnetischen Störungen, vom veränderten Klima, von den verschobenen Himmelsrichtungen und geänderten Breiten, von unterbrochenen Kalendern, von Sonnen- und Wasseruhren, die andere Tages-, Monats- und Jahreslängen zeigen, und von einem neuen Polarstern.

All das ist in den zwei Teilen von *Welten im Zusammenstoß* dargestellt worden: eine erste Reihe von Ereignissen im 15. Jahrhundert vor unserer Zeitrechnung, vor 34 Jahrhunderten, und die zweite Abfolge weniger geballter Vorgänge im 8. Jahrhundert und zu Beginn des 7., vor 27 Jahrhunderten. Ereignisse gleicher Art und in einem noch großartigeren Rahmen, wickelten sich in früheren Zeitaltern ab. Die Geschichte einiger dieser Ereignisse, soweit das Menschheitsgedächtnis sie in der Erinnerung behalten hat, ist einem weiteren Band, einem Folgeband zu *Welten im Zusammenstoß*, vorbehalten.

Wo immer wir die geologischen und paläontologischen Zeugnisse der Erde erforschen, finden wir die Zeichen von früheren und späteren Katastrophen und Umstürzen. Gebirge stiegen aus Ebenen empor, und andere Gebirge wurden eingeebnet; Schichten der Erdkruste wurden gefaltet und verworfen, fortbewegt und über andere Formationen geschoben; Eruptivgestein überflutete enorme Landflächen mit kilometermächtigen Schichten; der Grund des Ozeans wurde von geschmolzenem Gestein überdeckt; Asche senkte sich herab und bildete viele Meter dicke Schichten auf dem trockenen Land und auf dem Boden des Ozeans in seiner ganzen Ausdehnung; die Strände alter Seen wurden verschoben und liegen nicht mehr horizontal; Meeresstrände lassen Senkungen und Hebungen erkennen, an einigen Stellen über mehr als 300

Meter; Gesteine der Erde sind voller Überreste ausgelöschter Lebewesen in der Haltung ihres Todeskampfes; Sedimentgesteine stellen einen einzigen riesigen Friedhof dar, und ebenso in Granit und Basalt sind zahllose lebende Organismen eingehüllt; und die Klappen von Muscheln sind verschlossen wie im Leben, so unerwartet kam die Verschüttung; und riesige Wälder verbrannten und wurden weggeschwemmt und vom Wasser des Meeres unter Sand begraben und wurden zu Kohle; und Tiere wurden in den hohen Norden geschwemmt, zu Haufen geworfen und mit bituminösen Massen durchtränkt; und zerbrochene Knochen, zerrissene Gewebe und Häute von Tieren lebender und ausgestorbener Arten wurden zusammen mit zersplitterten Wäldern zu riesigen Halden aufgetürmt; und Wale wurden aus dem Ozean auf Berge geschleudert; und Felsbrocken von zertrümmerten Gebirgskämmen wurden über weite Festlandstrecken getragen, von Norwegen zu den Karpaten und in den Harz und nach Schottland und vom Montblanc auf den Jura und von Labrador nach Poconos; und die Rocky Mountains bewegten sich meilenweit von ihrem Platz, und die Alpen zogen 160 Kilometer gegen Norden, und der Himalaja und die Anden stiegen immer höher empor; und die Gebirgsseen leerten ihr Wasser über Gebirgsschwellen, Kontinente wurden zerspalten, und Schluchten bildeten sich auf dem Meeresboden; und Festland verschwand im Meer, und die See stieß neue Inseln aus ihrem Boden empor, und Meeressenken verwandelten sich zu hohen Bergen mit Seemuscheln auf ihren Gipfeln, und Fischschwärme wurden vergiftet und verbrüht in den Meeren, und zahllose Flüsse gerieten aus ihren Tälern, wurden von Lava eingedämmt und flossen rückwärts, und das Klima veränderte sich plötzlich; bestellbares Land wandelte sich zu ausgedehnten Wüsten. Rens aus Lappland und Polarfüchse und Eisbären aus schneebedeckten Tundren und Nashörner und Flußpferde aus afrikanischen Dschungeln, und Löwen aus der Steppe und Strauße und Robben wurden zusammengehäuft und mit Geröll, Lehm und Tuff überschüttet, und die Klüfte zahlreicher Felsen sind angefüllt mit ihren Knochen; Regionen, wo die Palme gedieh, kamen in die Arktis zu liegen, und die Ozeane dampften, und das Wasser kondensierte unter den Staubwolken und bildete bergesgleiche Eisdecken über weiten Festlandbereichen, und das

Eis schmolz ab auf dem heißen Boden und warf Eisberge in enormen Flotten in die See; und alle Vulkane brachen aus, und alle menschlichen Siedlungen wurden zerstört und verbrannt, und wilde und zahme Tiere und mit ihnen Menschen suchten Schutz in den Höhlen der Berge, und die Berge verschlangen und begruben die, welche die Zuflucht erreicht hatten, und viele Arten und Gattungen und Familien des Tierreiches wurden bis auf ihr letztes Glied vernichtet; und die Erde und das Meer und der Himmel vereinigten ihre Elemente immer von neuem zu einem riesigen Werk der Zerstörung.

Indem wir dem Pfad der Geologie folgten, wurden wir durch die gnadenlose Logik der Tatsachen zum Schluß geleitet, daß die Erde wiederholt einer Bühne glich, auf welcher sich Akte eines großen Dramas abspielten, vor denen kein Ort auf dem Globus sicher war.

Angesichts des Beweismaterials waren wir ebenfalls gezwungen einzuräumen, daß sich die letzten Naturkatastrophen in geschichtlicher Zeit ereigneten, vor nur wenigen Tausend Jahren, als in einigen Teilen der Welt Kulturen gerade in die Eisenzeit eintraten und andere Teile noch im Neolithikum oder gar im Paläolithikum, der Altsteinzeit, verharrten. Die Schichtung von Seen, der Salzgehalt von Seen ohne Abfluß, das Rückschreiten von Wasserfällen, die Hebung von Gebirgen, Pollenanalyse und archäologische Funde, wie auch das Fallen des Meeresspiegels vor nicht langer Zeit zeigen insgesamt, wie nahe unserer eigenen Zeit die späteren Naturkatastrophen liegen müssen.

Überwältigendes Beweismaterial zeigt außerdem, daß die großen Weltkatastrophen begleitet oder verursacht waren von Verlagerungen der Erdachse oder einer Störung der Tages- und Jahresbewegungen der Erde. Die Verlagerung der Erdachse konnte nicht von irdischen Kräften verursacht worden sein, wie das die Proponenten der Eiszeittheorie im 19. Jahrhundert vermuteten; sie muß sich, und zwar wiederholt, unter der Einwirkung außerirdischer Kräfte ereignet haben. Lava mit umgekehrter Polarisation, hundertemal stärker als sie vom umgekehrten Erdmagnetfeld hätte hervorgerufen werden können, enthüllt die Natur der tätig gewesenen Kräfte.

So gelangten wir mit den geologischen Urkunden zum Schluß,

der sich uns auch auf dem Weg der historischen und literarischen Traditionen der Menschheit auftat –, daß die Erde wiederholt weltweite kataklystische Ereignisse erlebte, daß die Ursache dieser Ereignisse eine extraterrestrische Gewalt war, und daß einige dieser kosmischen Katastrophen sich vor nur wenigen Tausend Jahren, in historischer Zeit, ereigneten.

Viele weltweite Phänomene, für deren jedes die Ursache vergeblich gesucht wird, sind mit einer einzigen Ursache erklärbar: Die plötzlichen Veränderungen des Klimas, die Transgressionen des Meeres, ausgedehnte vulkanische und seismische Aktivität, die Bildung der Eisdecken, Regensturzfluten, das Entstehen von Gebirgen und ihre Verrückung, Hebung und Senkung von Stränden, das Kippen von Seen, Sedimentbildung, Fossilienbildung, das Vorkommen tropischer Tiere und Pflanzen in Polargebieten. Ansammlungen von Fossilien und Tieren aus verschiedenen Breiten und Lebensräumen, das Aussterben von Arten und Gattungen, das Auftreten neuer Spezies, die Umkehrung des Erdmagnetfeldes und Dutzende weiterer weltweiter Phänomene.

So wichtig die »Weltkatastrophen«-Schlußfolgerung sein mag, ihre Bedeutung nimmt für jeden Wissenschaftszweig noch zu, wenn auf die daraus hervorgehende Frage, »Aus Alter oder Neuer Zeit?«, zu antworten ist: »Aus Alter und Neuer Zeit.« Es gab Weltkatastrophen in vormenschlichen Zeiten, in vorgeschichtlichen Zeiten und in geschichtlicher Zeit. Wir sind die Nachkommen von Überlebenden, die ihrerseits Abkömmlinge von Überlebenden waren. Wir lesen hier einige Seiten aus dem Logbuch der Erde, einem durch den Raum rollenden Felsen, der sich zusammen mit seinem lebenslosen Satelliten um einen feuerspeienden Stern dreht und sich mit ihm und den anderen kreisenden Planeten durch die Galaxie der Milchstraße bewegt – Hunderte von Millionen brennender Sterne, ein Heer auf der Reise durch die Leere des Alls.

Register